21 世纪全国高职高专电子信息系列技能型规划教材

电子产品组装与调试实训教程

主　编　何　杰　黄贻培
副主编　韩亚军　张志平　王晓勤
参　编　彭凤英　梅琼珍　张　郭
　　　　朱亚红

PEKING UNIVERSITY PRESS

内 容 简 介

本书从实用的角度，结合“基于工作过程”的教学理念和“工学结合”的教学模式，以课程标准、任务书、作业指导书的形式，形象直观地介绍电子产品生产工艺过程；同时参照工业和信息化部颁布的电子产品装配工职业技能规范，对电子产品装配工所应具备的知识和技能进行了系统介绍，主要从电子产品的结构框图设计、电气原理图设计、PCB 板电路设计制作、常用电子元器件识别检测、电子产品装配工艺、电子产品故障维修与调试以及安全生产等方面，完成电子产品从设计、组装到调试的整个过程。

本书是一本综合性、实践性很强的教材，适合于高等职业院校电子类专业学科作为教材使用，也可作为大学生电子设计制作竞赛辅导教程，还可作为电子制造企业的岗位培训教材和广大电子爱好者的参考书。

图书在版编目(CIP)数据

电子产品组装与调试实训教程/何杰，黄贻培主编. —北京：北京大学出版社，2013.6

(21 世纪全国高职高专电子信息系列技能型规划教材)

ISBN 978-7-301-22362-8

Ⅰ. ①电…　Ⅱ. ①何…②黄…　Ⅲ. ①电子设备—组装—高等职业教育—教材②电子设备—调试方法—高等职业教育—教材　Ⅳ. ①TN605②TN606

中国版本图书馆 CIP 数据核字(2013)第 070739 号

书　　名：电子产品组装与调试实训教程

著作责任者：何　杰　黄贻培　主编

策 划 编 辑：张永见

责 任 编 辑：李婷婷

标 准 书 号：ISBN 978-7-301-22362-8/TM・0052

出 版 发 行：北京大学出版社

地　　址：北京市海淀区成府路 205 号　100871

网　　址：http://www.pup.cn　新浪官方微博：@北京大学出版社

电 子 信 箱：pup_6@163.com

电　　话：邮购部 62752015　发行部 62750672　编辑部 62750667　出版部 62754962

印　刷　者：北京京华虎彩印刷有限公司

经　销　者：新华书店

787 毫米×1092 毫米　16 开本　14.75 印张　335 千字

2013 年 6 月第 1 版　　2017 年 2 月第 2 次印刷

定　　价：28.00 元

前　言

“电子产品组装与调试实训”是高等职业教育培养技能型、应用型人才的重要实践课程，更是高等职业院校电子技术、通信技术、应用电子技术、电气自动化等专业必修的一门专业性实践课程。该实训不仅能使学生提高学习兴趣、掌握操作技能，更能够使其树立学好本专业的信心，学生通过了解现代电子产品生产工艺，能掌握电子产品设计方法、装配流程，从而掌握电子专业人员必备生产工艺和操作技能。本书结合现代行业、企业对人才需求及高等职业院校办学特色来编写，为学生实习和生产实践活动打下坚实基础。

本书主要针对高等职业院校教育的特点，注重理论与实践相结合的培养模式，以项目为导向、工作任务为驱动，系统介绍了电子产品从电路原理图设计、PCB板电路设计与制作、电子元器件识别与检测、电子产品装配工艺、产品调试、产品故障维修和安全生产操作技术规范等。本书在项目设置过程中，充分考虑以学生为主体、教师为主导。在整个项目实施过程中老师给予引导，学生通过相互交流完成整个电子产品设计和制作。

本书在内容编写上以高素质、高技能和创新能力人才为培养目标，内容具有科学性、先进性、启发性、适用性；更注重培养学生知识、能力与素质等目标，在内容编写过程中力求做到图文并茂，通俗易懂；在设计上打破传统教材按章节划分的模式，将电子产品从设计、安装、调试设置成了7个实训项目，项目1为电子产品电路设计，项目2为电子产品PCB制作，项目3为电子产品元器件识别与检测，项目4为电子产品装配工艺，项目5为功率放大器装配与调试，项目6为串联稳压电源装配与调试，项目7为SMT微型贴片收音机装配与调试。本书设置的7个实训项目，参考学时为60～80学时，教师可根据不同层次设计实训项目。

本书由何杰、黄贻培担任主编，具体编写分工为：项目1由黄贻培老师编写；项目2由韩亚军老师编写；项目3由张志平、王晓勤老师编写；项目4～项目7由何杰老师负责编写；同时还要感谢彭凤英、张郭、梅琼珍和朱亚红老师参与本书的编写。

因编者的能力和水平所限，加之时间仓促，书中不妥之处在所难免，恳请广大读者批评斧正，以便修订时加以完善，在此致谢。

编　者

2013年3月

前　言

编　者

2013年5月

目　录

绪论

一、电子产品组装与调试课程介绍

1. 课程性质

“电子产品组装与调试”是电子信息工程技术、通信工程技术、应用电子技术等专业的重要专业课程。它建立在“电路分析”、“电子技术基础”、“电工电子技能训练”等专业课程之上，注重实践操作。本课程以学生为主体，通过学习掌握电子产品设计、生产、调试及维修知识等，培养学生发现问题、分析问题及解决问题的能力，提高学生的技术运用能力和岗位工作能力。

2. 课程概述

本课程为电子专业课程，突出培养学生掌握电子产品的制作过程。为电子产品生产、制造、安装、调试、维修、营销、技术培训人才。学生掌握了电子产品组装与调试课程后，能够从事电子产品安装、技术管理、调试与维护、质检管理、电子产品的营销与售后服务等工作。

锻炼学生的应变能力、创新能力是本课程的宗旨，因此本课程的项目教学以培养学生具有一定创新能力和创新精神、良好的发展潜力为主旨，以行业科技和社会发展的先进水平为标准，充分体现规范性、先进性和实效性。

本课程主要以学生为主体开展学习活动，创设易于调动学生学习积极性的环境，结合学生特点引导学生主动学习，形成自主学习的氛围。

3. 课程的设计思路

遵循由简到难的原则确定教学项目，确定好教学项目以后，关键的任务是使学生在教师指导下自主学习，全面提高职业能力，实现人才培养与人才需求的对接。本课程将传统的以理论教学为主、实践教学为辅的形式，转变为以实践教学为主、理论教学为辅的形式。

1) 项目任务的下达及工作计划的制订

在教学过程中，由教师下达学生的学习任务，实施教学项目。学生收到任务书后，要经过自主学习、讨论，制订具体的工作计划，包括确定项目要达到的目的、对项目的原理进行分析、确定项目所需器材、项目实施内容及步骤、项目的注意事项等。

2) 工作过程

学生在实施项目时根据项目所需的电子元器件及工具，对电子产品进行安装。连接完毕后，通过通电进行调试、故障诊断，从而学习电子产品装配、维修及安装生产，掌握相应的理论知识。在工作过程中，教师可以进行提问，引导学生发现问题、提出问题，从而解决问题，学习更多的知识。

3) 项目验收及评价

学生完成一个项目后，由教师对项目进行验收、考核。在考核过程中需灵活多变地实现项目考核。根据各小组完成的情况，选做内容或学生在实践中有自选内容或创新内容，可在原有成绩等级基础上提升，从而提高学生在以后工作中的竞争力。

4. 技能知识要求

1) 电子产品设计实训相关基础知识

(1) 了解电子产品设计流程图。

(2) 根据电子产品设计组装框图，用 Protel 99 SE 绘制音频电子产品设计电气原理图。

(3) 掌握电子产品设计的电气原理图作用及功能，并能分析工作原理。

2) 制作合格电子产品设计 PCB 板

(1) 了解电子产品 PCB 板设计与制作的方法及步骤。

(2) 掌握 Protel 99 SE 软件的使用方法。

(3) 掌握 Protel 99 SE 软件完成电子产品 PCB 板的设计。

(4) 掌握 PCB 板的手工制作过程。

(5) PCB 板转印机的操作技能。

(6) PCB 腐蚀操作技能。

(7) PCB 板钻孔的操作技能。

(8) PCB 制板设备操作注意事项。

3) 电子元器件识别与检测

(1) 电阻器、电容器、电感器、变压器的识别与检测。

(2) 半导体二极管、三极管的识别与检测。

(3) 开关接插件扬声器传声等识别与检测。

(4) 其他器件的识别与检测。

4) 电子产品安装工艺、焊接工艺

(1) 电子产品安装工艺。

(2) 电子产品焊接工艺。

(3) 焊接注意事项(安全用电、焊接工序)。

5) 音频功率放大器组装与调试

(1) 分析音频功率放大器电路原理，掌握功率放大器的基本组成及工作原理。

(2) 根据电气原理图和元器件清单，筛选合格的电子元器件并检测元器件质量好坏。

(3) 根据电气原理图和 PCB 板装配图，正确装配元器件；根据电子产品装配工序正确安装元器件。

(4) 功率放大器通电前的检测(电路有无短路、开路、虚焊、漏焊等)；焊接注意事项(安全用电、焊接工序)。

(5) 常用仪器仪表的使用及检测方法、仪器仪表使用注意事项等。

(6) 功率放大器通电后的检测(供电电源检测、各部分相关电路关键点检测)。

(7) 功率放大器整机维修基本知识。

6) 串联稳压电源组装与调试

(1) 分析串联稳压电源电路原理，掌握串联电源的基本组成及工作原理。

(2) 根据电气原理图和元器件清单，筛选合格的电子元器件并检测元器件质量好坏。

(3) 根据电气原理图和 PCB 板装配图，正确装配元器件；根据电子产品装配工序正确安装元器件。

(4) 串联稳压电源通电前的检测(电路有无短路、开路、虚焊、漏焊等)；焊接注意事项(安全用电、焊接工序)。

(5) 常用仪器仪表的使用及检测方法、仪器仪表使用注意事项等。

(6) 串联稳压电源通电后的检测(供电电源检测、各部分相关电路关键点检测)。

(7) 串联稳压电源整机维修基本知识。

7) 收音机电路组装与调试

(1) 分析收音机电路原理，掌握收音机的基本组成及工作原理。

(2) 根据电气原理图和元器件清单，筛选合格的电子元器件并检测元器件质量好坏。

(3) 根据电气原理图和 PCB 板装配图，正确装配元器件；根据电子产品装配工序正确安装元器件。

(4) 收音机通电前的检测(电路有无短路、开路、虚焊、漏焊等)；焊接注意事项(安全用电、焊接工序)。

(5) 常用仪器仪表的使用及检测方法、仪器仪表使用注意事项等。

(6) 收音机通电后的检测(供电电源检测、各部分相关电路关键点检测)。

(7) 收音机整机维修基本知识。

5. 职业能力培养要求

(1) 掌握常用电子产品一般设计方法和步骤

(2) 掌握常用电子产品 PCB 板的设计与制作

(3) 掌握常用电子元器件的识别与检测和质量好坏判断方法

(4) 熟练使用常用电工工具、电工仪表

(5) 学会分析电路、用仪器仪表维修与调试电路

(6) 能分析、排除常用电子产品常见故障

6. 过程与方法

通过理论实践一体化课堂学习，使学生获得较强的实践能力，使学生具备必要的基本知识，具有一定的查阅图书资料进行自学、分析问题、提出问题的能力。

通过本课程各项实践技能的训练，使学生经历基本的维修组装工作过程，学会使用相关工具从事生产实践，形成尊重科学、实事求是、与时俱进、服务未来的科学态度。

通过掌握电子产品设计维修方法的学习，深刻认识和领会教学实训过程中创新型的训练，培养学生独立分析问题、解决问题和技术创新的能力，使学生养成良好的思维习惯，掌握基本的思考与设计的方法，在未来的工作中敢于创新、善于创新。

在技能训练中，注意培养爱护工具和设备、安全文明生产的好习惯，严格执行电工安全操作规程。

7. 情感态度与价值观要求

(1) 培养学生对从事电子产品设计、装配行业充满热情。

(2) 有较强的求知欲，乐于、善于使用所学维修技术解决生产实际问题，具有克服困难的信心和决心，从发现问题、解决问题、完成项目内容、实现目标、完善成果中体验喜悦。

(3) 具有实事求是的科学态度，通过亲历实践，检验、判断各种技术问题。

(4) 在工作实践中，有与他人合作的团队精神，敢于提出与别人不同的见解，也勇于放弃或修正自己的错误观点。

二、电子产品设计组装与调试教学课时分配与标准

本课程从实用的角度出发，使学生掌握电子产品电路设计、PCB 板制作、电子元器件筛选、产品组装与焊接工艺、电子产品调试等实例，形成电子产品从设计到制作的整个过程。

1. 教学内容与学时分配

本实训教程共设置 7 个实训项目，前 4 个项目为公共教学项目内容，后 3 个项目可根据不同专业和层次选择性开设，每个项目都设有相应学习情境，根据项目情境达到项目培训目的。学习情境结构与学时分配详见表 0-1。

表 0-1 学习情境结构与学时分配

学习情境	学习情境说明	学习场地要求	学习方法	学时
1. 电子产品电路设计	通过这一情境学习，能掌握电子产品的设计方法和设计过程： 1. 了解电子产品设计流程；掌握(Protel 99 SE)软件设计流程图； 2. 掌握 Protel 99 SE 软件的安装方法； 3. 掌握 Protel 99 SE 软件新建工程及添加制作元器件库，绘制电气原理图； 4. 掌握生成元器件列表及网络表； 5. 掌握 Protel 99 SE 绘制各类电子产品电气原理图(如功率放大器、串联稳压电源、收音机等)	每 1～2 人一台电脑，装有 Protel 99 SE 或 DXP 2004 绘图软件	引导法； 讲述法； 实际操作观看法； 任务教学法； 讨论法	8
2. 电子产品 PCB 制作	通过这一情境学习，能掌握 PCB 板的制作方法和过程： 1. 了解电子产品 PCB 板设计与制作方法及步骤； 2. 掌握 Protel 99 SE 软件的使用方法； 3. 掌握 Protel 99 SE 软件完成电子产品 PCB 板的设计； 4. 掌握 PCB 板的手工制作过程；	每 1～2 人一台电脑，装有 Protel 99 SE 或 DXP 2004 绘图软件，转印机、PCB 腐蚀、PCB 板钻孔等	引导法； 讲述法； 实际操作观看法； 任务教学法； 讨论法	8

续表

学习情境	学习情境说明	学习场地要求	学习方法	学时
2. 电子产品PCB制作	5. PCB板转印机的操作技能； 6. PCB腐蚀操作技能； 7. PCB板钻孔的操作技能； 8. PCB制板设备操作注意事项	每1～2人一台电脑，装有Protel 99 SE或DXP 2004绘图软件，转印机、PCB腐蚀、PCB板钻孔等	引导法； 讲述法； 实际操作观看法； 任务教学法； 讨论法	8
3. 电子产品元器件识别与检测	通过这一情境学习，能掌握常用电子元器件识别与质量好坏检测等： 1. 电阻器、电容器、电感器、变压器的识别与检测； 2. 半导体二极管、三极管的识别与检测； 3. 开关接插件扬声器传声等识别与检测； 4. 其他器件的识别与检测	常用仪器仪表：MF47型万用表电子元器件、焊接工具、镊子、螺丝刀、尖嘴钳等	引导法； 讲述法； 实际操作观看法； 任务教学法； 讨论法	4
4. 电子产品装配工艺	通过这一情境学习，能掌握安装焊接工序流程等： 1. 常用电子产品焊接基本知识； 2. 常见电子产品安装基本知识； 3. 常见电子产品安装、焊接工艺； 4. 掌握电子产品的安装与焊接工艺(虚焊、漏焊、短路、桥接等)； 5. 常见电子产品焊接注意事项(安全用电、焊接工序)	常用仪器仪表：万用表、电子元器件、焊接工具、电烙铁、助焊剂(松香)、镊子、螺丝刀、尖嘴钳等	引导法； 讲述法； 实际操作观看法； 任务教学法； 讨论法	4
5. 功率放大器装配与调试	通过这一情境学习，能掌握音频功率放大器的组成结构、电路原理分析、产品装配与调试等： 1. 分析音频功率放大器电路原理，掌握功率放大器的基本组成及工作原理； 2. 根据电气原理图和元器件清单，筛选合格的电子元器件并检测元器件质量好坏； 3. 根据电气原理图和PCB板装配图，正确装配元器件；根据电子产品装配工序正确安装元器件； 4. 功率放大器通电前的检测(电路有无短路、开路、虚焊、漏焊等)；焊接注意事项(安全用电、焊接工序)； 5. 常用仪器仪表的使用及检测方法、仪器仪表使用注意事项等； 6. 功率放大器通电后的检测(供电电源检测、各部分相关电路关键点检测)； 7. 功率放大器整机维修基本知识	常用仪器仪表：示波器、信号发生器、万用表、电子元器件、焊接工具、电烙铁、助焊剂(松香)镊子、螺丝刀、尖嘴钳等	引导法； 讲述法； 实际操作观看法； 任务教学法； 讨论法	16

续表

学习情境	学习情境说明	学习场地要求	学习方法	学时
6. 串联稳压电源装配与调试	通过这一情境学习，能掌握串联稳压电源的组成结构、电路原理分析、产品装配与调试等： 1. 分析串联稳压电源电路原理，掌握串联电源的基本组成及工作原理； 2. 根据电气原理图和元器件清单，筛选合格的电子元器件并检测元器件质量好坏； 3. 根据电气原理图和 PCB 板装配图，正确装配元器件；根据电子产品装配工序正确安装元器件； 4. 串联稳压电源通电前的检测(电路有无短路、开路、虚焊、漏焊等)；焊接注意事项(安全用电、焊接工序)； 5. 常用仪器仪表的使用及检测方法、仪器仪表使用注意事项等； 6. 串联稳压电源通电后各部分相关电路关键点检测； 7. 串联稳压电源整机维修基本知识	常用仪器仪表：示波器、信号发生器、万用表、电子元器件、焊接工具、电烙铁、助焊剂(松香)、镊子、螺丝刀、尖嘴钳等	引导法； 讲述法； 实际操作观看法； 任务教学法； 讨论法	16
7. SMT 微型贴片收音机装配与调试	通过这一情境学习，掌握无线电广播发射与接收原理，收音机的组成、电路原理分析、装配与调试等： 1. 分析收音机电路原理，掌握收音机的基本组成及工作原理； 2. 根据电气原理图和元器件清单，筛选合格的电子元器件并检测元器件质量好坏； 3. 根据电气原理图和 PCB 板装配图，正确装配元器件；根据电子产品装配工序正确安装元器件； 4. 收音机通电前的检测(电路有无短路、开路、虚焊、漏焊等)；焊接注意事项(安全用电、焊接工序)； 5. 常用仪器仪表的使用及检测方法、仪器仪表使用注意事项等； 6. 收音机通电后的检测(供电电源检测、各部分相关电路关键点检测)； 7. 收音机整机维修基本知识	常用仪器仪表：示波器、信号发生器、万用表、电子元器件、焊接工具、电烙铁、助焊剂(松香)、镊子、螺丝刀、尖嘴钳等	引导法； 讲述法； 实际操作观看法； 任务教学法； 讨论法	16

2. 教师的要求

(1) 具备系统的电子技术基础、电路分析、电路设计等理论基础知识。

(2) 具备较强的电子产品生产装配工艺技术、产品质量检查、调试与维修实践操作能力。

(3) 具备较强的教学设计、教学课堂驾驭、电子产品装配调试与维修指导能力。

(4) 具备良好的职业道德、关心学生、指导学生及有较强的责任心。

3. 学习场地、设施要求

多媒体教室电子 Protel 99 SE 或 DXP 2004 软件设计实验室、电子产品装配实验室，如图 0-1、图 0-2 所示。

图 0-1　Protel 99 SE、DXP 2004 软件设计实验室

图 0-2　电子产品装配实验室

4. 考核标准与方式

为全面考核学生的知识与技能掌握情况，本课程主要以过程考核为主。课程考核涵盖项目任务全过程，主要包括项目实施等几个方面，见表 0-2。

表 0-2　考核方式与考核标准

学习情境	考核点	建议考核方式	评价标准			成绩比例
			优	良	及格	
1. 电子产品电路设计	有关知识(25 分)	1. 了解电子产品设计方法组成结构及各单元电路的作用；(8 分) 2. 根据电子产品设计组装框图用 Protel 99 SE 或 DXP 2004 绘制电子产品设计电气原理图；(10 分) 3. 掌握电子产品设计的电气原理图作用及功能，并能分析工作原理(7 分)				

续表

学习情境	考核点	建议考核方式	评价标准			成绩比例
			优	良	及格	
1. 电子产品电路设计	实践操作(65分)	1. 掌握电子产品绘图设计软件(Protel 99 SE)设计流程图；(10分) 2. 掌握Protel 99 SE软件的安装方法；(10分) 3. 掌握Protel 99 SE软件新建工程及添加制作元器件库；(10分) 4. 掌握Protel 99 SE绘制各类电子产品电气原理图(功率放大器、串联稳压电源、收音机等电子产品)(35分)				
	综合(10分)	1. 文明工作；(3分) 2. 纪律、出勤；(4分) 3. 团队精神(3分)				
2. 电子产品PCB板设计与制作	有关知识(25分)	1. 电子产品PCB板的设计的方法及步骤；(5分) 2. Protel 99 SE软件设计PCB板图；(7分) 3. 制作PCB板；(8分) 4. PCB制作注意事项(5分)				
	实践操作(65分)	1. 电子产品PCB板设计方法和步骤；(10分) 2. 掌握Protel 99 SE软件完成电子产品PCB板的设计；(10分) 3. 掌握PCB板的手工制作过程；(10分) 4. PCB板转印机的操作技能；(10分) 5. PCB腐蚀操作技能；(10分) 6. PCB板钻孔的操作技能；(10分) 7. PCB制板设备操作注意事项(5分)				
	综合(10分)	1. 文明工作；(3分) 2. 纪律、出勤；(4分) 3. 团队精神(3分)				
3. 电子元器件识别、检测	实践操作(65分)	1. 正确识读电阻器、电容器、电感器、变压器等元器件；(10分) 2. 正确识读二极管、发光二极、三极管等元器件；(10分) 3. 能正确检测电阻器、电容器、电感器、变压器等元器件；(15分) 4. 正确检测二极管、发光二极、三极管、开关接插件、扬声器等识别与检测；(20分) 5. 正确使用各类仪器仪表(10分)				
	相关知识(35分)	1. 安装、焊接工艺基本知识；(10分) 2. 正确焊接不同元器件及检查不合格焊点；(15分) 3. 焊接注意事项(10分)				
	综合(10分)	1. 文明工作；(3分) 2. 纪律、出勤；(4分) 3. 团队精神(3分)				

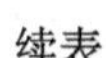

续表

学习情境	考核点	建议考核方式	评价标准			成绩比例
			优	良	及格	
4. 电子产品安装与焊接工艺	相关知识(35 分)	1. 安装、焊接工艺基本知识；(10 分) 2. 正确焊接不同元器件及检查不合格焊点；(15 分) 3. 安装焊接注意事项(10 分)				
	实践操作(65 分)	1. 掌握常用电子产品安装焊接工艺基本知识；(10 分) 2. 掌握电子产品安装工艺，对不同元器件正确安装，对不合格的元器件进行修正；(20 分) 3. 掌握电子产品焊接工艺步骤、流程焊接要领，对不合格的元器件进行修正；(20 分) 4. 掌握检查电子元器件焊接性能，对不合格的元器件进行修正(15 分)				
	综合(10 分)	1. 文明工作；(3 分) 2. 纪律、出勤；(4 分) 3. 团队精神(3 分)				
5. 音频功率放大器装配与调试	有关知识(35 分)	1. 音频功率放大器组成及工作原理；(10 分) 2. 常用电子产品装配工艺及关键点检测和产品调试方法等；(15 分) 3. 常用仪器仪表使用(10 分)				
	实践操作(65 分)	1. 掌握音频功率放大器组成及工作原理；(8 分) 2. 正确检测筛选合格的音频功率放大器所需的元器件；(10 分) 3. 掌握电气原理图和 PCB 板装配图，根据电子产品装配工序正确装配所有元器件；(10 分) 4. 掌握电子产品装配工艺，正确检测及元器件安装焊接工艺；(10 分) 5. 掌握功率放大器各部分相关电路关键点检测；(10 分) 6. 掌握音频功率放大器整机维修方法和步骤；(10 分) 7. 常用仪器仪表使用(7 分)				
	综合(10 分)	1. 文明工作；(3 分) 2. 纪律、出勤；(4 分) 3. 团队精神(3 分)				
6. 串联稳压电源装配与调试	有关知识(35 分)	1. 串联稳压电源组成及工作原理；(10 分) 2. 常用串联稳压电源装配工艺及关键点检测和产品调试方法等；(15 分) 3. 常用仪器仪表使用(10 分)				
	实践操作(65 分)	1. 掌握串联稳压电源组成及工作原理；(8 分) 2. 正确筛选检测合格的串联稳压电源所需的元器件；(10 分) 3. 掌握电气原理图和 PCB 板装配图，根据电子产品装配工序正确装配所有元器件；(10 分) 4. 掌握电子产品装配工艺，正确检测元器件及安装焊接工艺；(10 分)				

续表

学习情境	考核点	建议考核方式	评价标准			成绩比例
			优	良	及格	
6. 串联稳压电源装配与调试	实践操作(65分)	5. 掌握串联稳压电源各部分相关电路关键点检测；(10分) 6. 掌握串联稳压电源整机维修方法和步骤；(10分) 7. 常用仪器仪表使用(7分)				
	综合(10分)	1. 文明工作；(3分) 2. 纪律、出勤；(4分) 3. 团队精神(3分)				
7. SMT微型贴片收音机装配与调试	有关知识(35分)	1. SMT微型贴片收音机组成及工作原理；(10分) 2. 常用电子产品装配工艺及关键点检测和产品调试方法等；(15分) 3. 常用仪器仪表使用(10分)				
	实践操作(65分)	1. 掌握SMT微型贴片收音机组成及工作原理；(8分) 2. 正确筛选检测合格的SMT微型贴片收音机所需的元器件；(10分) 3. 掌握电气原理图和PCB板装配图，根据电子产品装配工序正确装配所有元器件；(10分) 4. 掌握电子产品装配工艺，正确检测元器件及安装焊接工艺；(10分) 5. 掌握SMT微型贴片收音机各部分相关电路关键点检测；(10分) 6. 掌握SMT微型贴片收音机整机维修方法和步骤；(10分) 7. 常用仪器仪表使用(7分)				
	综合(10分)	1. 文明工作；(3分) 2. 纪律、出勤；(4分) 3. 团队精神(3分)				

5. 学习情境设计

本课程设计了7个学习情境。下面对每一个学习情境进行描述，见表0-3～表0-9。

表0-3 学习情境S0-1设计

学习情境S0-1：电子产品电路设计		学时：4
学习目标	主要内容	教学方法
1. 了解电子产品设计的方法及步骤； 2. 掌握Protel 99 SE软件的使用方法； 3. 掌握 Protel 99 SE 软件完成电子产品电气原理图的设计； 4. 掌握 Protel 99 SE 绘制电子产品设计电气原理图技巧	1. 了解电子产品设计的方法及步骤； 2. 掌握Protel 99 SE软件的使用方法； 3. 掌握 Protel 99 SE 软件完成电子产品的原理图绘制的设计； 4. 用 Protel 99 SE 绘制电子产品设计电气原理图	实物解剖、投影、多媒体软件等媒体技术

续表

教学材料	使用工具	学生知识与能力准备	教师知识与能力要求	考核与评价	备注
演示视频文件； 实训报告文件； 说明书及相关文件； 各种常见电子产品设计	Protel 99 SE 绘制软件	1. 熟悉电子产品设计的方法； 2. 熟练掌握 Protel 99 SE 软件完成电子产品的原理图绘制的设计	扎实的电子产品设计知识； 熟练地使用 Protel 99 SE 绘图软件完成电子产品的设计能力	安全文明意识； 独立工作能力； 工作态度； 任务完成情况评价	
教学组织	主要内容			教学方法建议	
资讯	描述要完成的工作任务； 组织学生分组； 回答学生提问			讲述法； 任务教学法； 小组讨论法	
计划	学习电子产品设计流程； 学习 PROTEL99SE 软件的使用方法； 制订本任务工作计划； 查阅相关资料			任务教学法； 小组讨论法； 检索法	
决策	确定电子产品设计设计流程； 掌握 PROTEL99SE 软件完成电子产品的原理图绘制的设计； 掌握 PROTEL99SE 绘制电子产品设计电气原理图 学生根据工作计划学习相关内容			小组讨论法； 实际操作法	
实施	按步骤绘制电子产品设计电气原理图； 分析电子产品设计方法和步骤； 完成实训任务要求用 PROTEL99SE 绘制电子产品设计电气原理图，完成实训任务报告			实际操作法； 小组讨论法； 讲授法	
检查	根据方框图检查电气原理图是否正确； 完成学生自评表； 完成报告			小组讨论法	
评价	根据实训报告，教师对学生自评结果进行评价； 学生在教师评价的基础上进一步完善			课外检查； 实训报告抽查	

表 0-4　学习情境 S0-2 设计

学习情境 S0-2：电子产品 PCB 板设计与制作		学时：4
学习目标	主要内容	教学方法
1. 了解电子产品 PCB 板的设计方法及步骤； 2. 掌握 Protel 99 SE 软件 PCB 设计方法； 3. 完成 Protel 99 SE 软件设计 PCB 板，并生成 PCB 板图； 4. 了解手工制作 PCB 板制作流程； 5. 掌握手工制作 PCB 板流程相关知识； 6. PCB 制作注意事项	1. 电子产品 PCB 板的设计方法； 2. 掌握 Protel 99 SE 软件 PCB 设计方法； 3. 完成 Protel 99 SE 软件设计 PCB 板设计生成 PCB 板图； 4. 了解手工制作 PCB 板制作流程； 5. 掌握手工制作 PCB 板流程； 6. PCB 制作注意事项	任务驱动教学法； 讲授法； 实际操作法； 启发法

续表

教学材料	使用工具	学生知识与能力准备	教师知识与能力要求	考核与评价	备注
演示视频文件； 实训报告文件； 说明书及相关文件； 各种常见电子产品设计	Protel 99 SE软件、PCB电路板裁切机、转印机、快速腐蚀机、高速电路板钻孔机等	1. 电子产品PCB板的设计方法； 2. 掌握Protel 99 SE软件PCB设计方法； 3. 完成Protel 99 SE软件设计PCB板，设计生成PCB板图； 4. 了解手工制作PCB板制作流程； 5. PCB制作注意事项	扎实的PCB板设计能力； 熟练地操作各种制作设备及分析问题、解决问题的能力	安全文明意识； 独立工作能力； 工作态度； 任务完成情况评价	

教学组织	主要内容	教学方法建议	
资讯	描述要完成的工作任务； 组织学生分组； 回答学生提问	讲述法； 任务教学法； 小组讨论法	
计划	学习相关PCB制作流程； 学习手工制作PCB板； 制订本任务工作计划； 查阅相关资料	任务教学法； 小组讨论法； 检索法	
决策	确定制作PCB板工作流程； 学生根据工作计划学习相关内容	小组讨论法； 实际操作法	
实施	根据电气原理图绘制PCB板图； 了解工厂企业PCB板制作流程相关知识； 掌握手工制作PCB板流程相关知识； 制作电子产品设计PCB板； 完成实训任务报告	实际操作法； 小组讨论法； 讲授法	
检查	PCB板制作流程是否正确； 电子产品设计PCB板制作是否合格； 完成学生自评表； 完成报告	小组讨论法	
评价	根据实训报告，教师对学生自评结果进行评价； 学生在教师评价的基础上进一步完善	课外检查； 实训报告抽查	

表0-5　学习情境S0-3设计

学习情境S0-3：电子元器件识别与检测		学时：6
学习目标	主要内容	教学方法
1. 电阻器、电容器、电感器、变压器的识别与检测； 2. 半导体二极管、三极管的识别与检测； 3. 开关接插件、扬声器等识别与检测； 4. 其他器件的识别与检测	1. 电阻器、电容器、电感器、变压器的识别与检测； 2. 半导体二极管、三极管的识别与检测； 3. 开关接插件、扬声器等识别与检测； 4. 其他器件的识别与检测	任务教学法； 讲授法； 实际操作法； 启发法

续表

教学材料	使用工具	学生知识与能力准备	教师知识与能力要求	考核与评价	备注
演示视频文件； 实训报告文件； 说明书及相关文件	万用表 电烙铁 烙铁架 电子元器件 其他常用电工工具	1. 基本电子元器件识别； 2. 基本焊接知识的步骤和要领； 3. 电子产品的安装焊接工艺； 4. 电子产品装配注意事项	扎实的电子产品组装与焊接知识； 熟练地使用电烙铁焊接电子产品	安全文明意识； 独立工作能力； 工作态度； 任务完成情况评价	
教学组织	**主要内容**			**教学方法建议**	
资讯	描述要完成的工作任务； 组织学生分组； 回答学生提问			讲述法； 任务教学法； 小组讨论法	
计划	学习电子元器件识别相关知识； 学习使用仪器仪表检测电子元器件质量好坏； 制订本任务工作计划； 查阅相关资料			任务教学法； 小组讨论法； 检索法	
决策	确定常用元器件的识别与检测方法； 学生根据工作计划学习相关内容			小组讨论法； 实际操作法	
实施	掌握电阻器、电容器、电感器、变压器的识别与检测方法和步骤； 半导体二极管、三极管的识别与检测方法步骤； 开关接插件、扬声器及其他器件的识别与检测； 完成实训任务报告			实际操作法； 小组讨论法； 讲授法	
检查	电子元器件安装工艺是否符合要求； 电子元器件焊接工艺是否合格； 完成学生自评表； 完成报告			小组讨论法	
评价	根据实训报告，教师对学生自评结果进行评价； 学生在教师评价的基础上进一步完善			课外检查； 实训报告抽查	

表 0-6　学习情境 S0-4 设计

学习情境 S0-4：电子产品安装工艺与焊接工艺		学时：6
学习目标	**主要内容**	**教学方法**
1. 掌握常用电子产品安装工艺基本知识； 2. 掌握电子产品安装、焊接工艺要求和焊接要领； 3. 掌握电子产品焊接的步骤及流程； 4. 掌握如何检查焊接性能可靠性	1. 常用电子产品安装工艺基本知识； 2. 学习电子产品焊接的步骤及流程； 3. 电子产品焊接的步骤及流程布线符合工艺要求； 4. 检验电子产品焊接可靠性	任务教学法； 讲授法； 实际操作法； 启发法

续表

教学材料	使用工具	学生知识与能力准备	教师知识与能力要求	考核与评价	备注
演示视频文件 实训报告文件 说明书及相关文件	万用表 电烙铁 烙铁架 电子元器件 其他常用电工工具	1. 基本安装知识； 2. 基本焊接知识的步骤和要领； 3. 电子产品的安装焊接工艺； 4. 电子产品装配注意事项	扎实的电子产品组装与焊接知识； 熟练地使用电烙铁焊接电子产品	安全文明意识； 独立工作能力； 工作态度； 任务完成情况评价	
教学组织	主要内容			教学方法建议	
资讯	描述要完成的工作任务； 组织学生分组； 回答学生提问			讲述法； 任务教学法； 小组讨论法	
计划	学习电子产品安装与焊接工艺相关知识； 学习电子产品焊接方法步骤与注意事项； 制订本任务工作计划； 查阅相关资料			任务教学法； 小组讨论法； 检索法	
决策	确定电子产品安装步骤流程和电子元器件焊接步骤和要领； 学生根据工作计划学习相关内容			小组讨论法； 实际操作法	
实施	根据电子产品安装步骤和流程进行焊接； 检查所焊接电子元器件是否合格； 按要求排除故障； 完成实训任务报告			实际操作法； 小组讨论法； 讲授法	
检查	电子元器件安装工艺是否符合要求； 电子元器件焊接工艺是否合格； 完成学生自评表； 完成报告			小组讨论法	
评价	根据实训报告，教师对学生自评结果进行评价； 学生在教师评价的基础上进一步完善			课外检查； 实训报告抽查	

表 0-7　学习情境 S0-5 设计

学习情境 S0-5：功率放大器的装配		学时：16
学习目标	主要内容	教学方法
1. 分析音频功率放大器电路基本组成及工作原理； 2. 掌握电气原理图和筛选电子元器件并检测元器件质量好坏； 3. 掌握电气原理图和 PCB 板装配图，正确装配元器件；根据电子产品装配工序正确安装元器件；	1. 分析音频功率放大器电路基本组成及工作原理； 2. 根据电气原理图和元器件清单筛选合格的电子元器件并检测质量好坏； 3. 根据电气原理图和 PCB 板装配图，正确装配元器件；根据电子产品装配工序正确安装元器件；	任务教学法； 讲授法； 实际操作法； 启发法

续表

学习目标	主要内容	教学方法
4. 功率放大器安装工艺检测与焊接注意事项； 5. 掌握功率放大器通电后的检测(供电电源检测、各部分相关电路关键点检测)； 6. 掌握功率放大器维修方法和步骤	4. 功率放大器通安装工艺检测(电路中有无短路、开路、虚焊、漏焊等)；焊接注意事项(安全用电、焊接工序)； 5. 功率放大器通电后的检测(供电电源检测、各部分相关电路关键点检测)； 6. 功率放大器整机维修方法和步骤	

教学材料	使用工具	学生知识与能力准备	教师知识与能力要求	考核与评价	备注
演示视频文件 实训报告文件 说明书及相关文件 各种常见功率放大器	万用表； 电烙铁； 烙铁架； 双踪示波器； 螺丝刀； 其他常用电工工具	1. 音频功率放大器的工作原理； 2. 准确判断元器件好坏； 3. 正确使用各种工具及仪器仪表； 4. 常见电路部分故障能够维修	扎实的电路分析、放大电路知识； 音频功率放大器组成及电路工作原理； 熟练电子产品装配技能； 仪器仪表使用及测试方法； 常见分析问题、解决问题的能力	安全文明意识； 独立工作能力； 工作态度； 任务完成情况评价	

教学组织	主要内容	教学方法建议	
资讯	描述要完成的工作任务； 组织学生分组； 回答学生提问	讲述法； 任务教学法； 小组讨论法	
计划	学习功率放大器整机工作原理的相关知识； 学习功率放大器调试方法和维修方法； 制订本任务工作计划； 查阅相关资料	任务教学法； 小组讨论法； 检索法	
决策	确定整机安装与调试步骤； 学生根据工作计划学习相关内容	小组讨论法； 实际操作法	
实施	根据功率放大器电路原理图进行整机装配； 功率放大器整机调试、并测试相关数据，做好关键点参数记录； 完成实训任务报告	实际操作法； 小组讨论法； 讲授法	
检查	整机工作是否正常、产品的稳定性； 整机各关键点参数是否在规定范围内； 完成学生自评表报告	小组讨论法	
评价	根据实训报告教师对学生自评结果进行评价； 学生在教师评价的基础上进一步完善	课外检查； 实训报告抽查	

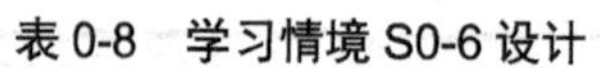

表 0-8　学习情境 S0-6 设计

学习情境 S0-6：串联稳压电源的装配		学时：16
学习目标	**主要内容**	**教学方法**
1. 分析音频串联稳压电源电路基本组成及工作原理； 2. 掌握电气原理图、筛选合格的电子元器件并检测元器件质量好坏； 3. 掌握电气原理图和 PCB 板装配图，正确装配元器件；根据电子产品装配工序正确安装元器件； 4. 串联稳压电源安装工艺检测与焊接注意事项； 5. 掌握串联稳压电源通电检测(供电电源检测、各部分相关电路关键点检测)； 6. 掌握串联稳压电源维修方法和步骤	1. 分析音频串联稳压电源电路基本组成及工作原理； 2. 根据电气原理图、筛选合格的电子元器件并检测质量好坏； 3. 根据电气原理图和 PCB 板装配图，正确装配元器件；根据电子产品装配工序正确安装元器件； 4. 串联稳压电源通安装工艺检测(电路中有无短路、开路、虚焊、漏焊等)；焊接注意事项(安全用电、焊接工序)； 5. 串联稳压电源通电检测(供电电源检测、各部分电路关键点检测)； 6. 串联稳压电源维修方法和步骤	任务教学法； 讲授法； 实际操作法； 启发法

教学材料	使用工具	学生知识与能力准备	教师知识与能力要求	考核与评价	备注
演示视频文件 实训报告文件 说明书及相关文件 各种常见串联稳压电源	万用表； 电烙铁； 烙铁架； 双踪示波器； 螺丝刀； 其他常用电工工具	1. 串联稳压电源的工作原理； 2. 准确判断元器件好坏； 3. 正确使用各种工具及仪器仪表； 4. 常见电路部分故障能够维修	扎实的电路分析、放大电路知识； 音频串联稳压电源组成及电路工作原理； 熟练电子产品装配技能； 仪器仪表使用及测试方法； 常见分析问题、解决问题的能力	安全文明意识； 独立工作能力； 工作态度； 任务完成情况评价	

教学组织	主要内容	教学方法建议	
资讯	描述要完成的工作任务； 组织学生分组； 回答学生提问	讲述法； 任务教学法； 小组讨论法	
计划	学习串联稳压电源整机工作原理相关知识； 学习串联稳压电源安装调试方法和维修方法； 制订本任务工作计划； 查阅相关资料	任务教学法； 小组讨论法； 检索法	
决策	确定整机安装与调试步骤； 学生根据工作计划学习相关内容	小组讨论法； 实际操作法	
实施	根据串联稳压电源电路原理图进行整机装配； 串联稳压电源整机调试、并测试相关数据，做好关键点参数记录； 完成实训任务报告	实际操作法； 小组讨论法； 讲授法	

续表

教学组织	主要内容	教学方法建议	
检查	整机工作是否正常、产品的稳定性； 整机各关键点参数是否在规定范围内； 完成学生自评表报告	小组讨论法	
评价	根据实训报告教师对学生自评结果进行评价； 学生在教师评价的基础上进一步完善	课外检查； 实训报告抽查	

表 0-9 学习情境 S0-7 设计

学习情境 S0-7：SMT 微型贴片收音机的装配					学时：16
学习目标			主要内容		教学方法
1. 分析 SMT 微型贴片收音机电路基本组成及工作原理； 2. 掌握电气原理图、筛选合格的电子元器件并检测元器件质量好坏； 3. 掌握电气原理图和 PCB 板装配图，正确装配元器件、根据电子产品装配工序正确安装元器件； 4. SMT 微型贴片收音机安装工艺检测与焊接注意事项； 5. 掌握 SMT 微型贴片收音机通电后的检测(供电电源检测、各部分相关电路关键点检测)； 6. 掌握 SMT 微型贴片收音机整机维修方法和步骤			1. 分析 SMT 微型贴片收音机电路基本组成及工作原理； 2. 根据电气原理图、筛选合格的电子元器件并检测元器件质量好坏； 3. 根据电气原理图和 PCB 板装配图，正确装配元器件；根据电子产品装配工序正确安装元器件； 4. SMT 微型贴片收音机通安装工艺检测(有无短路、开路、虚焊、漏焊等)；焊接注意事项(安全用电、焊接工序)； 5. SMT 微型贴片收音机通电后的检测(供电电源检测、各部分相关电路关键点检测)； 6. 微型贴片收音机维修方法和步骤		任务教学法 讲授法 实际操作法 启发法
教学材料	使用工具	学生知识与能力准备	教师知识与能力要求	考核与评价	备注
演示视频文件； 实训报告文件； 说明书及相关文件； 各种常见SMT微型贴片收音机	万用表； 电烙铁； 烙铁架； 双踪示波器； 螺丝刀； 其他常用电工工具	1. SMT 微型贴片收音机的工作原理； 2. 准确判断元器件好坏； 3. 正确使用各种工具及仪器仪表； 4. 常见电路部分故障能够维修	扎实的电路分析、放大电路知识； 音频 SMT 微型贴片收音机组成及电路工作原理； 熟练电子产品装配技能； 仪器仪表使用及测试方法； 常见分析问题、解决问题的能力	安全文明意识； 独立工作能力； 工作态度； 任务完成情况评价	
教学组织	主要内容			教学方法建议	
资讯	描述要完成的工作任务； 组织学生分组； 回答学生提问			讲述法； 任务教学法； 小组讨论法	
计划	SMT 微型贴片收音机工作原理； SMT 微型贴片收音机调试方法和维修方法； 制订本任务工作计划； 查阅相关资料			任务教学法； 小组讨论法； 检索法	

续表

教学组织	主要内容	教学方法建议
决策	确定整机安装与调试步骤； 学生根据工作计划学习相关内容	小组讨论法； 实际操作法
实施	根据 SMT 微型贴片收音机电路原理图进行整机装配； SMT 微型贴片收音机整机调试，并测试相关数据，做好关键点参数记录； 完成实训任务报告	实际操作法； 小组讨论法； 讲授法
检查	整机工作是否正常、产品的稳定性； 整机各关键点参数是否在规定范围内； 完成学生自评表报告	小组讨论法
评价	根据实训报告教师对学生自评结果进行评价； 学生在教师评价的基础上进一步完善	课外检查； 实训报告抽查

项目 1

电子产品电路设计

1.1 项 目 任 务

电子产品电路设计项目主要内容见表 1-1。

表 1-1 项目任务

项目内容	1. 掌握电子产品绘图设计软件 Protel 99 SE 设计流程图； 2. 掌握 Protel 99 SE 软件的安装方法； 3. 掌握 Protel 99 SE 软件新建工程及添加制作元器件库； 4. 掌握 Protel 99 SE 软件生成元器件列表及网络表； 5. 掌握 Protel 99 SE 绘制各类电子产品电气原理图(功率放大器、串联稳压电源、收音机等电子产品)
重难点	1. 掌握 Protel 99 SE 软件的安装方法； 2. 掌握 Protel 99 SE 软件新建工程及添加制作元件库绘制电气原理图； 3. 掌握 Protel 99 SE 软件生成元器件列表及网络表； 4. 掌握 Protel 99 SE 绘制各类电子产品电气原理图
参考的相关文件	GB/T 13869—2008《用电安全导则》； GB 19517—2009《国家电气设备安全技术规范》； GB/T 25295—2010《电气设备安全设计导则》； GB 50150—2006《电气设备交接试验标准》

项目导读

随着科学技术的发展，现代电子工业也取得了长足的进步，大规模、超大规模集成电路的应用使印制电路板日趋精密和复杂，传统的手工设计和制作印制电路板的方法已越来越难以适应生产的需要。为了解决这个问题，各类电路 CAD(计算机辅助设计)软件应运而生，Protel 就是这类软件的杰出代表。

Protel 99 SE 是 Protel Technology 公司的产品，是一个基于 Windows 平台的 32 位 EDA 设计系统，它具有丰富多样的编辑功能、强大便捷的自动化设计能力、完善有效的检测工具、灵活有序的设计管理手段，它为用户提供了极其丰富的原理图元件库、PCB 元件库以及出色的在线库编辑和库管理，良好的开放性还使它可以兼容多种格式的设计文件。

本项目主要介绍 Protel 99 SE 中的原理图的设计方法，各种电路原理图的编辑方法，元器件符号的绘制与管理，与原理图有关的各种报表的生成和原理图的设计等。

1.1.1 电子产品设计流程任务书

见表 1-2。

表 1-2 电子产品设计流程任务书

××学院	电子产品设计流程任务书	文件编号	
		版　次	
		共 3 页/第 1 页	
工序号：1	工序名称：电子产品设计流程	作 业 内 容	
新建原理图→设置图纸参数→载入原理图库→添加元件→编辑元件→原理图布线→原理图保存→设计规则检查→修改完善→生成元件列表→生成网络表 电子产品设计流程 Design Explorer 99 SE Protel 99 SE 软件设计流程		1	了解电子产品设计流程图及相关基础知识
		2	掌握 Protel 99 SE 软件的安装、运行环境
		3	设置图纸大小、放置方式、工作区及边框颜色
		4	掌握 Protel 99 SE 图纸设计、标题、文档编号、地址等设置
		5	通过查阅书籍、上网或其他途径搜集整理相关资料
		使用工具(书籍)	
		装有 Protel 99 SE 或 DXP 2004 绘图软件的电脑、教材	
		※工艺要求(注意事项)	
		1	正确设置图纸大小、工作区及边框
		2	正确保存、退出 Protel 99 SE 绘图软件
更改标记	编　制	批　准	
更改人签名	审　核	生产日期	

1.1.2　电子产品原理图库文件应用任务书

见表 1-3。

表 1-3　电子产品设计原理图库文件应用

××学院	电子产品原理图库文件应用任务书	文件编号	
		版　次	
		共 3 页/第 2 页	
工序号：1	工序名称：电子产品原理图库文件应用	作 业 内 容	
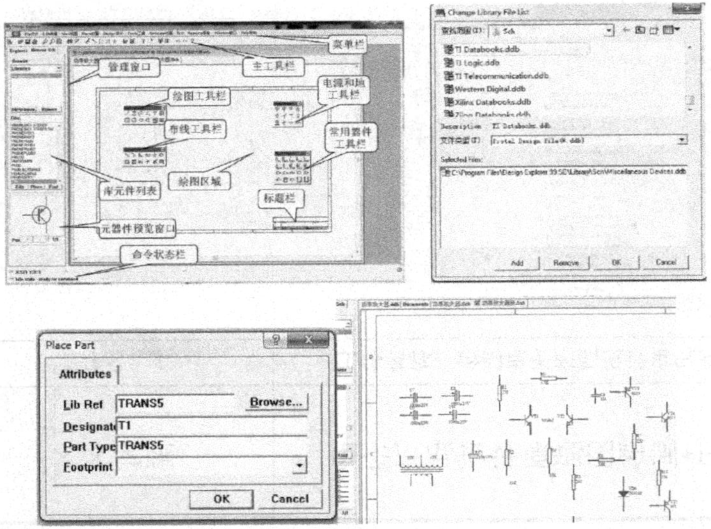 电子产品设计原理图库文件应用		1	了解电子产品设计流程 Protel 99 SE 软件界面
		2	掌握 Protel 99 SE 软件图纸设计、元器件库添加、元器件管理
		3	掌握 Protel 99 SE 软件元器件放置、元器件位置调整等
		4	使用 Protel 99 SE 软件绘制电气原理图(如功率放大器、串联稳压电源、收音机等)
		使用工具(书籍)	
		装有 Protel 99 SE 或 DXP 2004 绘图软件的电脑	
		※工艺要求(注意事项)	
		1	元器件的排列、布局是否合理
		2	掌握 Protel 99 SE 软件图纸设计、元器件库添加、元器件管理
		3	正确保存退出 Protel 99 SE 或 DXP 2004 绘图软件
更改标记		编　制	批　准
更改人签名		审　核	生产日期

1.1.3　电子产品设计原理图绘制任务书

见表 1-4。

表 1-4　电子产品设计原理图绘制

<table>
<tr><td rowspan="3" colspan="2">××学院</td><td rowspan="3" colspan="2">电子产品设计原理图绘制任务书</td><td colspan="2">文件编号</td><td></td></tr>
<tr><td colspan="2">版　　次</td><td></td></tr>
<tr><td colspan="3">共 3 页/第 3 页</td></tr>
<tr><td colspan="2">工序号：1</td><td colspan="2">工序名称：绘制电子产品设计电气原理图</td><td colspan="3">作 业 内 容</td></tr>
<tr><td colspan="4" rowspan="10">电子产品原理图绘制过程</td><td>1</td><td colspan="2">掌握 Protel 99 SE 软件各元器件连线、端口、放置总线等</td></tr>
<tr><td>2</td><td colspan="2">完善电路图系统检查、调整元器件位置</td></tr>
<tr><td>3</td><td colspan="2">掌握 Protel 99 SE 软件生成元件清单、产生网络比较表等</td></tr>
<tr><td>4</td><td colspan="2">使用 Protel 99 SE 软件绘制电气原理图(如功率放大器、串联稳压电源、收音机等)</td></tr>
<tr><td colspan="3">使用工具(书籍)</td></tr>
<tr><td colspan="3">装有 Protel 99 SE 或 DXP 2004 绘图软件的电脑</td></tr>
<tr><td colspan="3">※工艺要求(注意事项)</td></tr>
<tr><td>1</td><td colspan="2">调整元器件的排列、布局是否合理</td></tr>
<tr><td>2</td><td colspan="2">正确保存退出 Protel 99 SE 或 DXP 2004 绘图软件</td></tr>
<tr></tr>
<tr><td>更改标记</td><td></td><td>编　制</td><td></td><td colspan="2">批　　准</td><td></td></tr>
<tr><td>更改人签名</td><td></td><td>审　核</td><td></td><td colspan="2">生产日期</td><td></td></tr>
</table>

1.2 项目准备

1.2.1 电子产品电路设计基本知识

电子产品设计流程图，如图1-1所示。

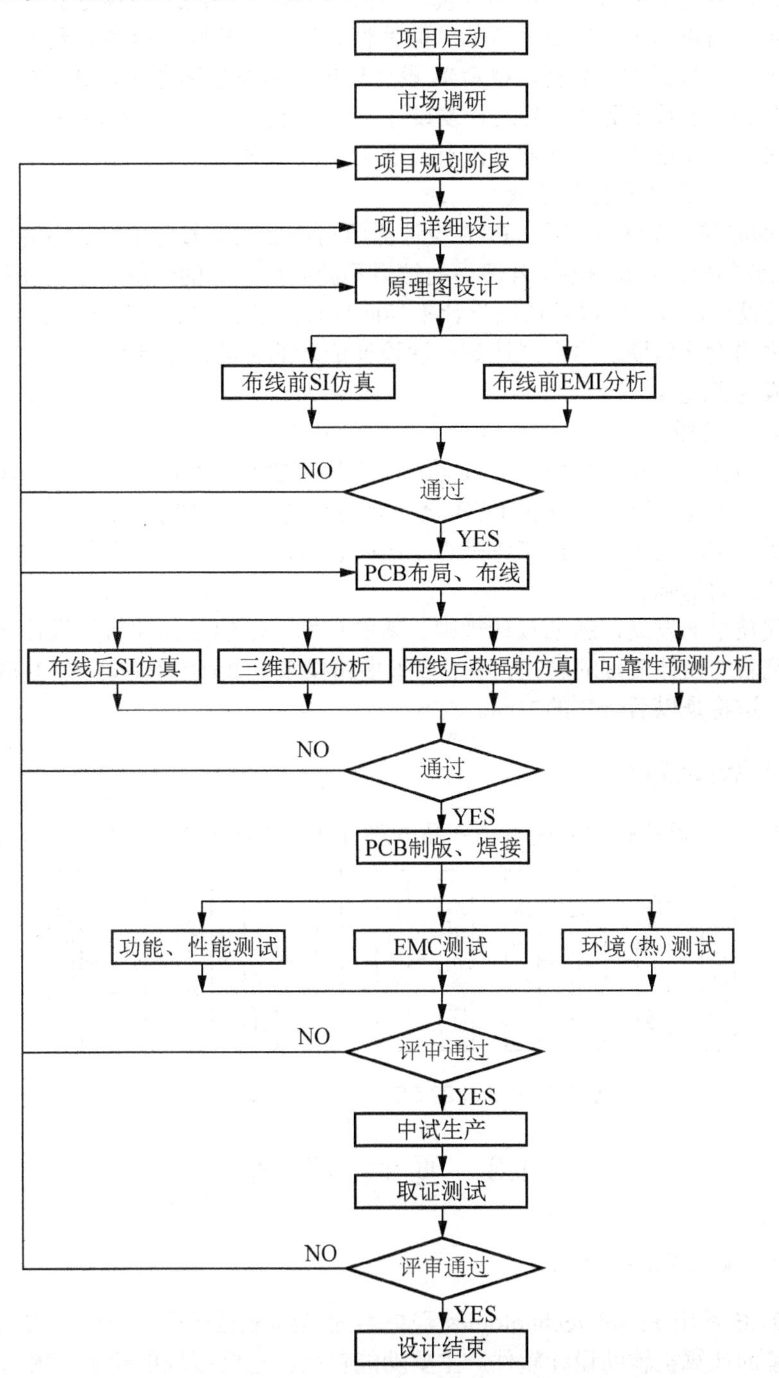

图1-1　电子产品设计流程图

根据流程图 1-1 可以很明显地看出，与传统的电子产品的开发流程相比，它在 PCB 设计的流程阶段上加入了两个重要的设计环节和一个测试验证环节，很好地克服了传统设计流程的弊端。现对加入的环节说明如下。

1) PCB 设计前的仿真分析阶段

设计工程师在原理设计的过程中，PCB 设计前通过对时序、信噪、串扰、电源构造、插件信号定义、信号负载结构、散热环境、电磁兼容等多方面进行预分析，可以使设计工程师在进行实际的布局布线前对系统的时间特性、信号完整性、电源完整性、散热情况、EMI 等问题做一个最优化的分析，对 PCB 设计作出总体规划和详细设计，制定相关的设计规则、规范用于指导后续整个产品的开发设计。当然这些工作大多需要由专业的 PCB 设计工程师来完成，原理设计工程师通常没有办法考虑得这样细致和全面。

2) PCB 设计后的仿真分析阶段

在 PCB 的布局、布线过程中，PCB 设计需要对产品的信号完整性、电源完整性、电磁兼容性、产品散热情况作出评估。若评估的结果不能满足产品的性能要求，则需要修改 PCB 图，甚至原理设计，这样可以降低因设计不当而导致产品失败的风险，在 PCB 制作前解决一切可能发生的设计问题，尽可能达到一次设计成功的目的。该流程的引入，使得产品设计一次成功成为了现实。

3) 测试验证阶段

设计工程师在测试验证阶段，一方面验证产品的功能、性能的指标是否满足产品的设计要求。另一个方面，可以验证在 PCB 设计前的仿真分析阶段和 PCB 设计后的仿真分析阶段所做的所有仿真工作、分析工作是否是准确、可靠，为下一个产品开发奠定很好的理论和实际相结合的基础。

随着现代技术的发展，新的设计规则、新的技术、新的工具和新的设计方法。将传统的设计流程到新的设计流程的转换，这需要很多路要走。如何用 Protel 99 SE 软件完成现代电路的设计，这将是以后研究的方向。

1.2.2 电子产品设计流程

用 Protel 99 SE 设计软件完成电子产品电路设计，设计流程图如图 1-2 所示。

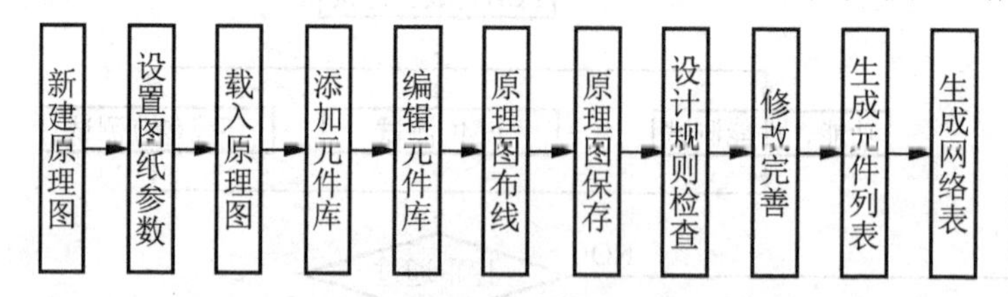

图 1-2 Protel 99 SE 软件设计基本流程图

1.3 项 目 实 施

1.3.1 电子产品设计软件

Protel 99 SE 是由 Protel technologies(现更名为 Altium)公司于 1999 年推出的一款基于 Windows 环境的计算机辅助设计软件。主要功能包括：电路原理图绘制、PCB 设计、电路信号仿真、可编程逻辑器件设计等。

下面就 Protel 99 SE 开始介绍，如图 1-3 所示为 Protel 99 SE 启动界面。

图 1-3　Protel 99 SE 启动界面

1.3.2　电子产品原理图设计

以“音频功率放大器”为例，介绍 Protel 99 SE 设计软件绘制电子产品电路的过程。

(1) 打开 Protel 99 SE 后，选择 File | New 菜单命令，如图 1-4 所示。

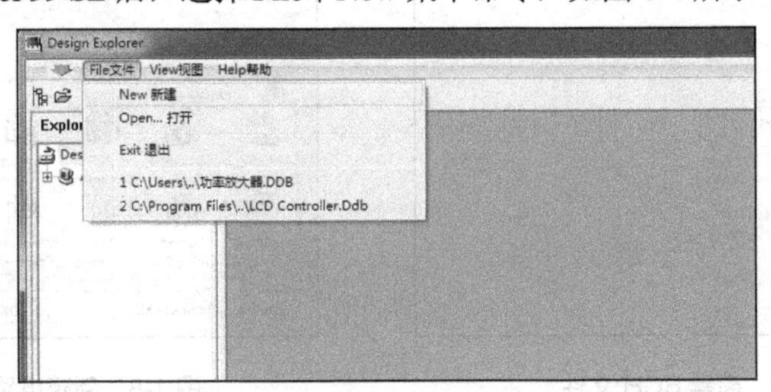

图 1-4　新建文件

(2) 执行 File | New 菜单命令，打开 New Design Database(新建设计数据库)对话框，选择新建的项目存放方式为.ddb 设计数据库文件为存放目录，Design Storage Type(设计存储方式)下拉框中选择 Windows File System(文档方式)或 MS Access Database(设计数据库方式)，通常选择后者。Database File Name(数据库文件名称)文本框中输入设计文件的名称，如“功率放大器.ddb”。Database Location(数据库位置)处显示了新建设计数据库文件的默认存储路径，可以单击 Browse…按钮进行修改，如图 1-5 所示。

(3) 设置完成后，单击 OK 按钮，完成新数据库文件的创建，如图 1-6 所示。

① Design Team(设计组文件夹)文件夹下有 3 个子文件夹，其中：Members 文件夹中存放的是能够访问设计数据库的成员列表；Permissions 文件夹中包含各个成员的访问权限；Sesssions 文件夹中汇集了当前处于打开状态的文档或文件夹窗口的信息列表。

② Recycle Bin(回收站)：用于存放临时删除的文档。

③ Documents(文档文件夹)：用于存放电路原理图、印制板图的设计文档以及生成的各种相关报告文件。

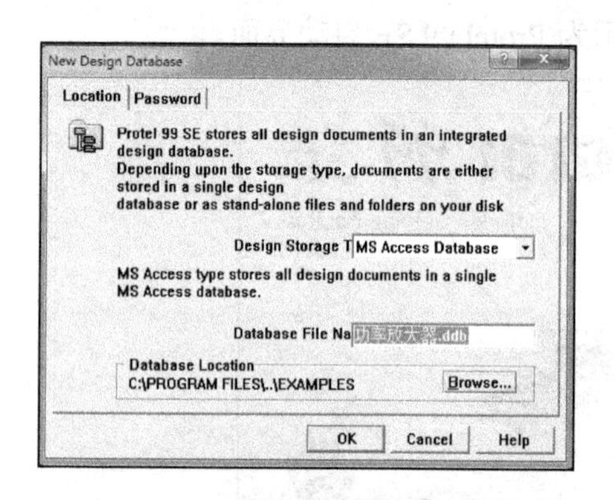

图 1-5 【新建设计数据库】对话框

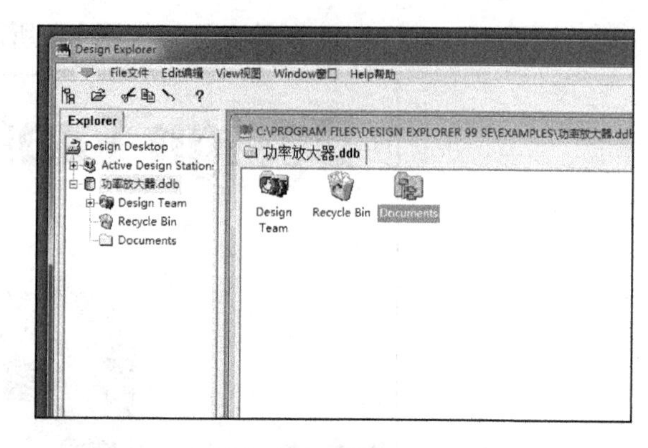

图 1-6 新建文件

(4) 新建 SCH 文件，也就是电路图设计项目如图 1-7 所示。

(5) 新建 SCH 绘制电气原理图文件，执行 File | New…菜单命令，打开 New Document 对话框，如图 1-8 所示。

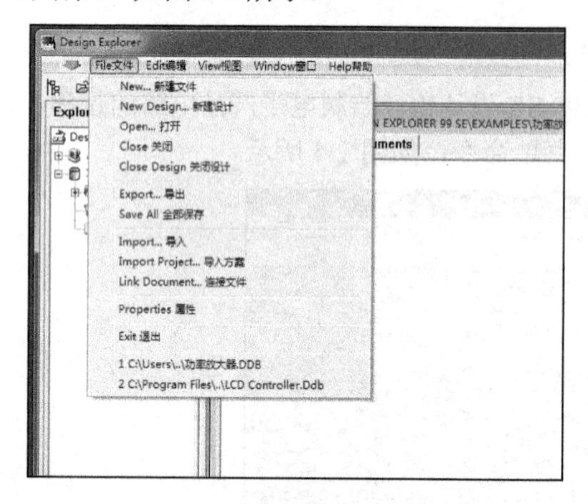

图 1-7 新建 SCH 文件

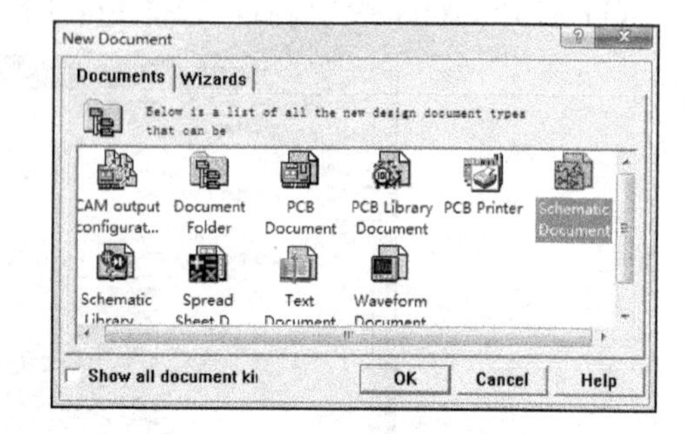

图 1-8 新建电路图文件

(6) 单击图 1-9 中的 Schematic Document(原理图设计文件)图标，然后单击 OK 按钮，或者直接双击图标，新建一个原理图设计文件，原理图设计文件名默认为“Sheet1.Sch”，现重命名为“功率放大器.Sch”，双击原理图设计文件图标，启动原理图编辑器，如图 1-9 所示。

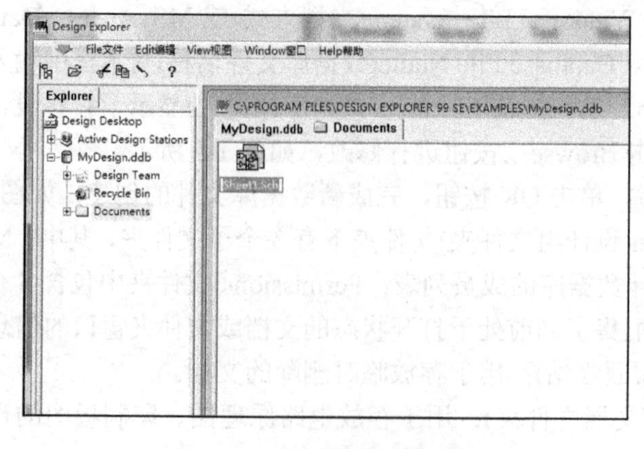

图 1-9 新建原理图设计文件

(7) 双击原理图设计文件图标，启动原理图编辑器，新建后 SCH 项目后，出现 Protel 99 SE 原理图编辑窗口，菜单栏、主工具栏、管理窗口、库元件列表、元器件预览窗口、命令状态栏、绘图工具栏、布线工具栏、电源和地工具栏、常用器件工具栏、标题栏等，如图 1-10 所示。

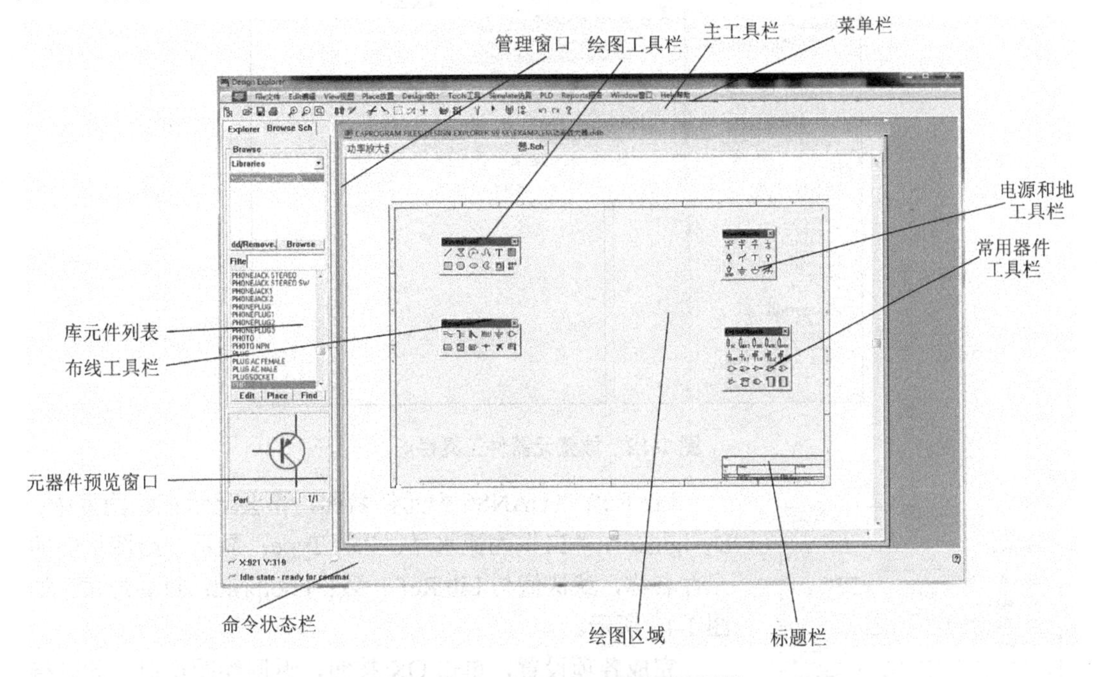

图 1-10　Protel 99 SE 原理图编辑器

(8) 添加元件库操作步骤如下。

① 在管理窗口中，单击 Add/Remove…按钮，打开 Change Library File List 对话框，如图 1-11 所示。

② 在【查找范围】选择框选择库文件所在目录，通常为“…\Design Explorer 99 SE\ Library\Sch\…”。

③ 在系统提供的库文件列表中选择要加载的库文件，然后单击 Add 按钮，或者直接双击要加载的库文件，此时加载的库文件会在 Selected Files 列表中出现。

④ 选择增加自己的元件库，最后单击 OK 按钮，完成加载。

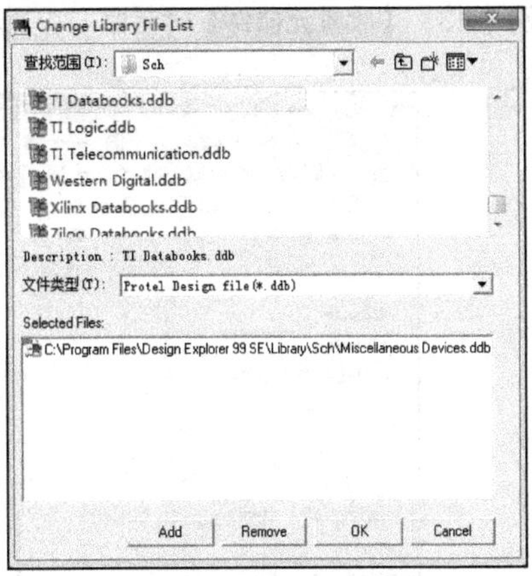

图 1-11　增加元件库

1.3.3　电子产品原理图绘制

1. 放置元器件

执行 Place | Part 菜单命令，或单击布线工具栏上的第 6 个按钮，打开 Place Part 对话框，如图 1-12 所示。将元件放进 SCH 原理图中，并且设计元件的属性。

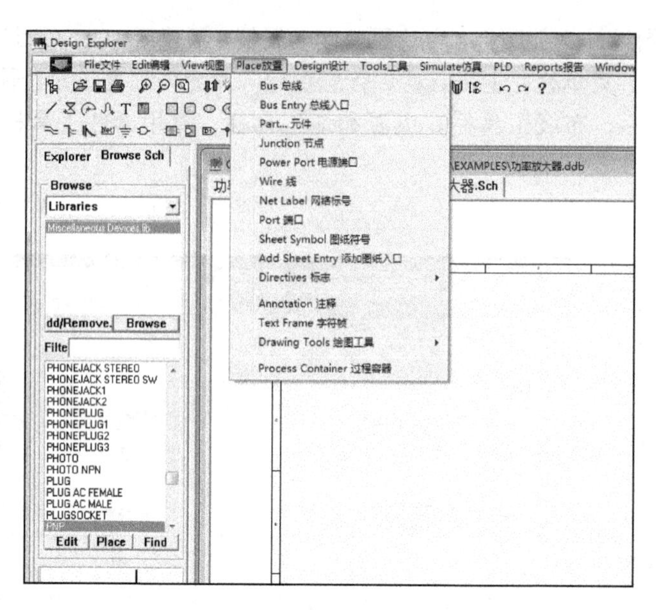

图 1-12　放置元器件工具栏

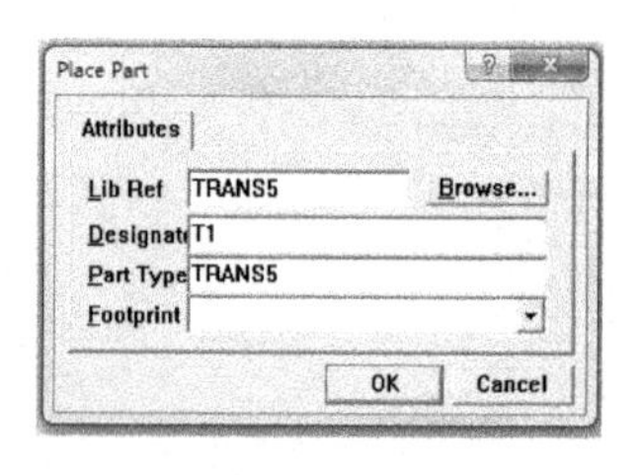

图 1-13　【放置元器件】对话框

Lib Ref：TUANS5 为元件名称，不会显示在绘图页中；Designator：“T1”为流水号；Part Type：显示在绘图页中的元件名称，默认值与 Lib Ref 一致；Footprint：封装形式，如图 1-13 所示。

完成各项设置，单击 OK 按钮，返回绘图窗口，此时待添加的元件粘在鼠标指针上，只需在放置位置单击，即可把元件添加到图纸上，如图 1-14 所示。

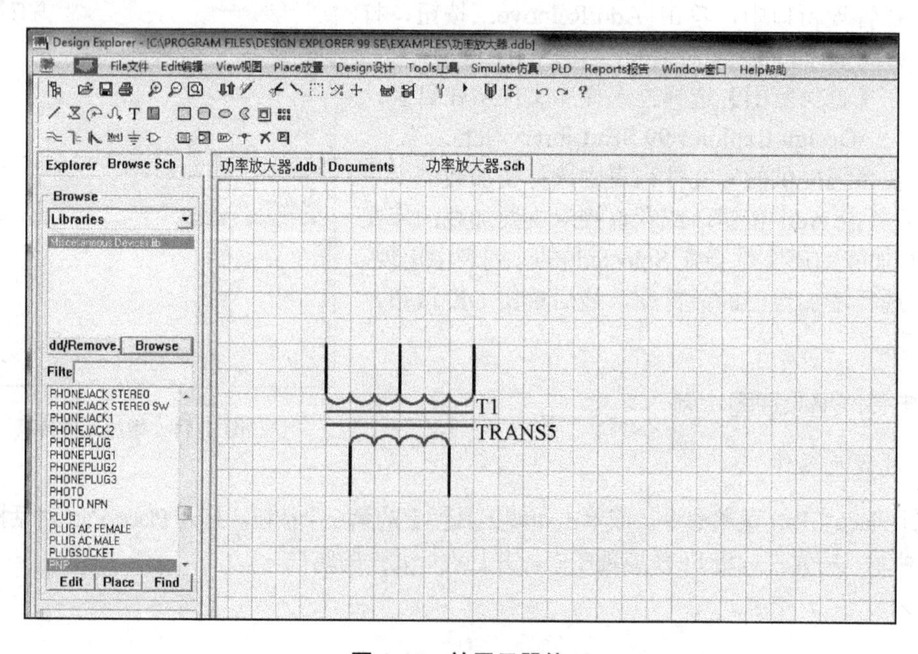

图 1-14　放置元器件

放置更多所需的元器件，如图 1-15 所示。

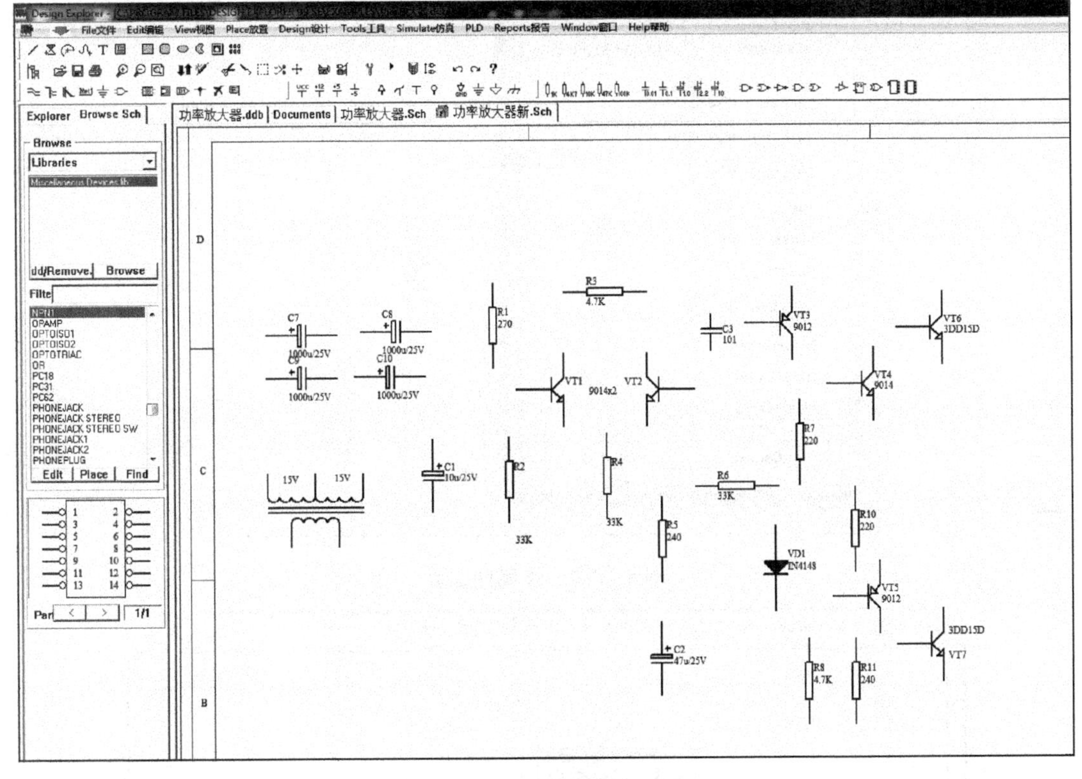

图 1-15　功放元器件

2. 设计元器件

设计元件的属性，包括封装、名称、元件属性等，如果元件已经添加到图纸上，可以双击元件打开元件属性对话框；如果元件粘连在鼠标指针上，按 Tab 键打开元件属性对话框，如图 1-16 所示。

在 Attributes 选项卡完成元件属性的设置如下。

Lib Ref——元件名称，不会显示在绘图页中。

Footprint——封装形式。

Designator——流水号。

PartType——显示在绘图页中的元件名称，默认值与 Lib Ref 一致。

Sheet Path——成为绘图页元件时，定义下层绘图页的路径。

Part——定义子元件序号。

Selection——切换选取状态。

Hidden Pins——是否显示元件的隐藏引脚。

在 Protel 99 SE 设计中，放入网络标号，在同一原理图中，所有相同的网络标号，在图纸中表示同一网络结点，如图 1-17 所示。

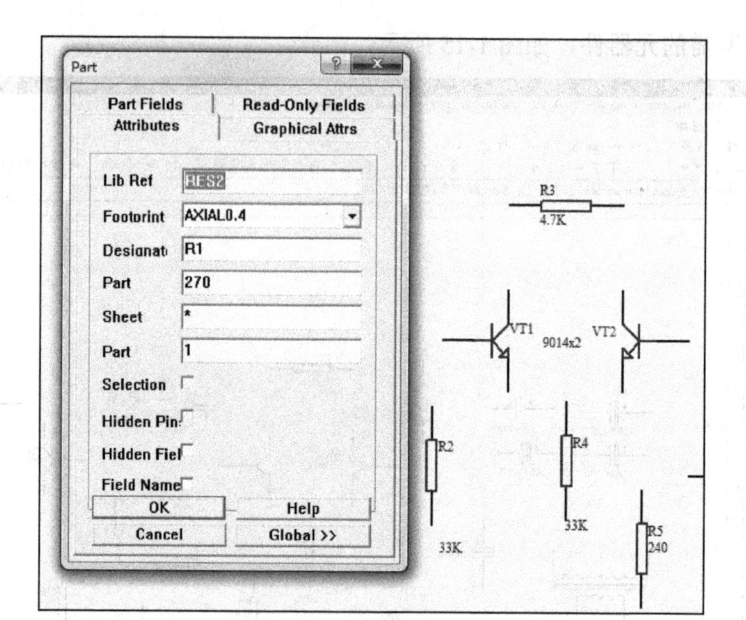

图 1-16　元件属性设置

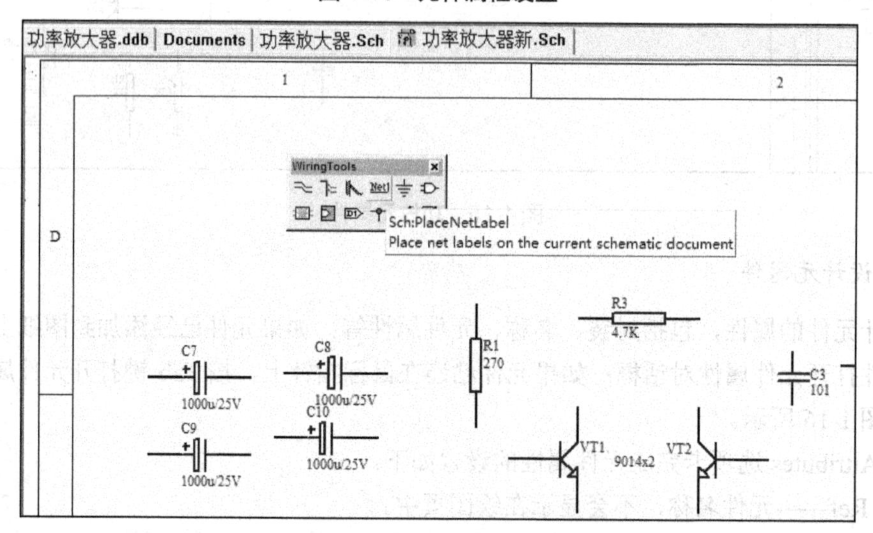

图 1-17　设置网络标号

3. 放置电源和接地元件

执行 Place | Power Port 菜单命令，或单击布线工具栏上的第 5 个按钮，然后按 Tab 键打开电源端口属性对话框，如图 1-18、图 1-19 所示。

Net——电源或地的网络标识。

Style——电源或地的不同类型选择。

X-Location、Y-Location——电源或接地符号在图纸上的坐标定位。

Orientation——符号方向。

Color ——符号颜色。

Selection——切换选取状态。

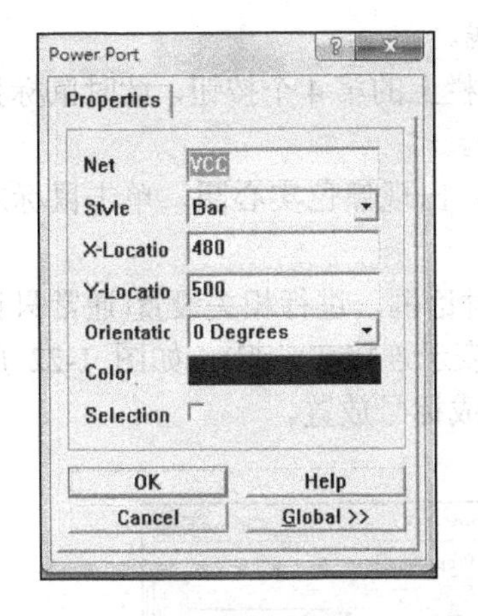

图 1-18　【电源端口属性】对话框

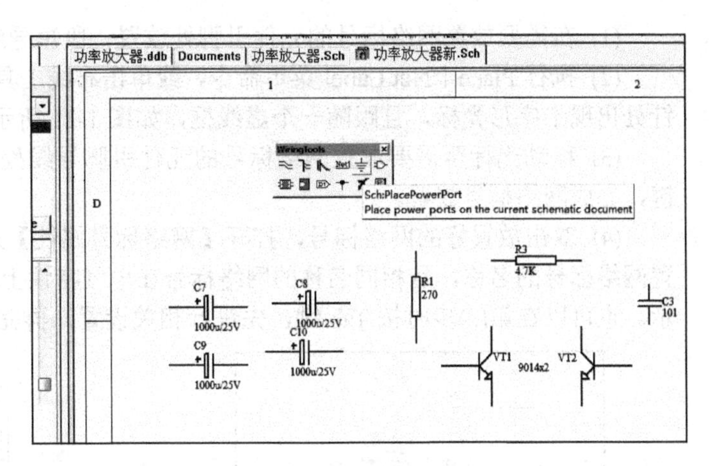

图 1-19　设置电源地

4. 连接线路

在原理图绘制过程中，需要将具有相同电气连接的元件引脚连接在一起，又叫原理图布线。常用的方法是放置导线和放置网络标号。放置导线方法适合于元件之间连线距离短，且导线之间交叉较少的情况。操作步骤如下。

(1) 执行 Place｜Wire 菜单命令，或单击布线工具栏上的第 1 个按钮，此时鼠标指针处出现十字形光标。

(2) 将十字形光标中心移到待连接的元件引脚，出现黑色实心圈，此时单击鼠标左键，即完成一端连接。

(3) 同理，移动鼠标至另一待连接引脚完成连接，过程中可以单击鼠标左键改变连线走向，单击右键取消连线。导线放置过程如图 1-20 所示。

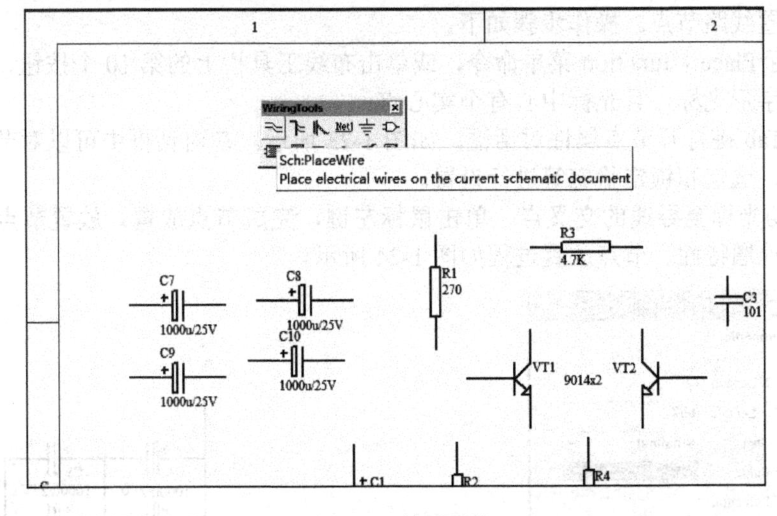

图 1-20　放置导线

5. 放置网络标号

当原理图比较复杂、元件较多且连线距离远，容易造成很多交叉连接时，可以通过设置网络标号来连接线路，操作步骤如下。

(1) 在需要放置网络标号的元件引脚处放置一段短导线。

(2) 执行 Place | Net Label 菜单命令，或单击布线工具栏上的第 4 个按钮，此时鼠标指针处出现十字形光标，且跟随一个虚线框，如图 1-21 所示。

(3) 移动光标至需要放置网络标号的元件引脚导线处，出现黑色实心圈，单击鼠标左键，完成网络标号放置。

(4) 双击放置好的网络标号，打开【网络标号属性】对话框，进行相关设置(通常只设置网络标号的名称，且相同名称的网络标号在电气特性上表示连接在一起)，如图 1-22 所示。也可以在第(2)步时按 Tab 键，先进行相关设置，再完成标号放置。

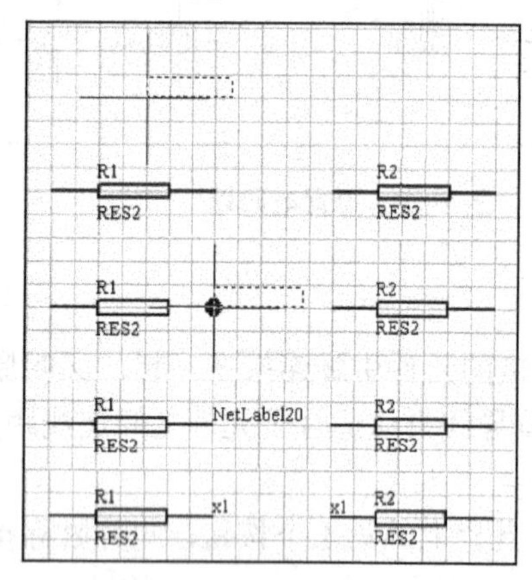

图 1-21　放置网络标号过程

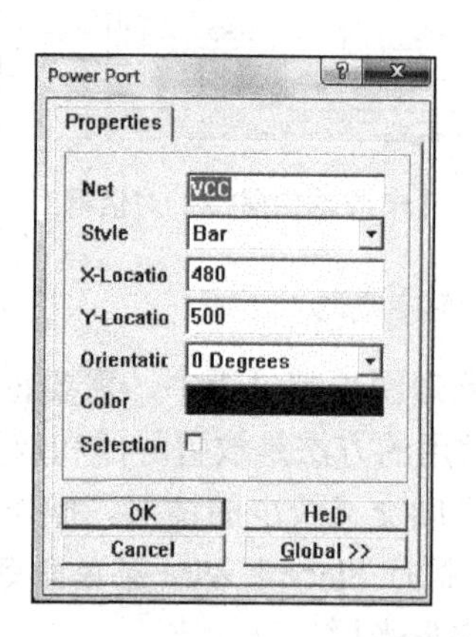

图 1-22　网络标号属性对话框

6. 放置节点

在布线过程中出现的导线交叉通常有 T 型交叉、十字连接和十字跨接 3 种情况。在 T 型交叉处，系统会自动添加线路节点；在十字跨接处，不需要线路节点；在十字连接处，需要手动放置线路节点。操作步骤如下。

(1) 执行 Place | Junction 菜单命令，或单击布线工具栏上的第 10 个按钮，此时鼠标指针处出现十字形光标，且光标中心有个实心点。

(2) 按 Tab 键打开节点属性对话框，如图 1-23 所示。在对话框中可以对节点的位置、大小、颜色、选定和锁定状态等进行设置。

(3) 移动光标至导线的交叉点，单击鼠标左键，完成节点放置。放置节点的十字交叉处具有电气连通特性。节点放置过程如图 1-24 所示。

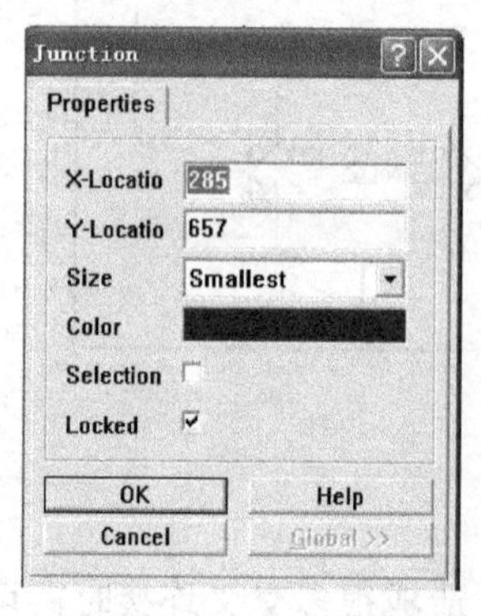

图 1-23　节点属性对话框

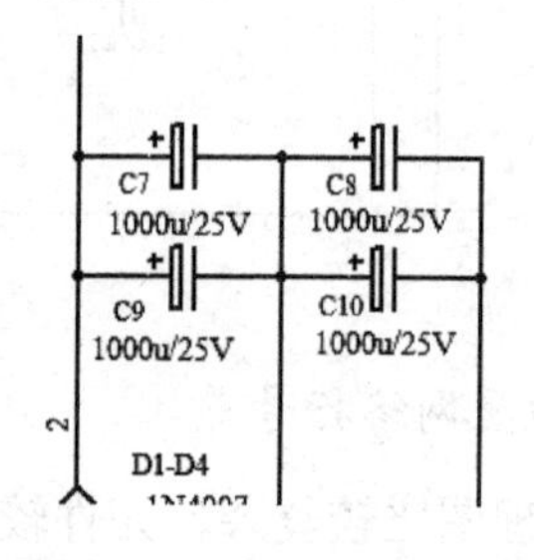

图 1-24　节点放置过程

根据以上步骤绘制功率放大器电气原理图，如图 1-25 所示。

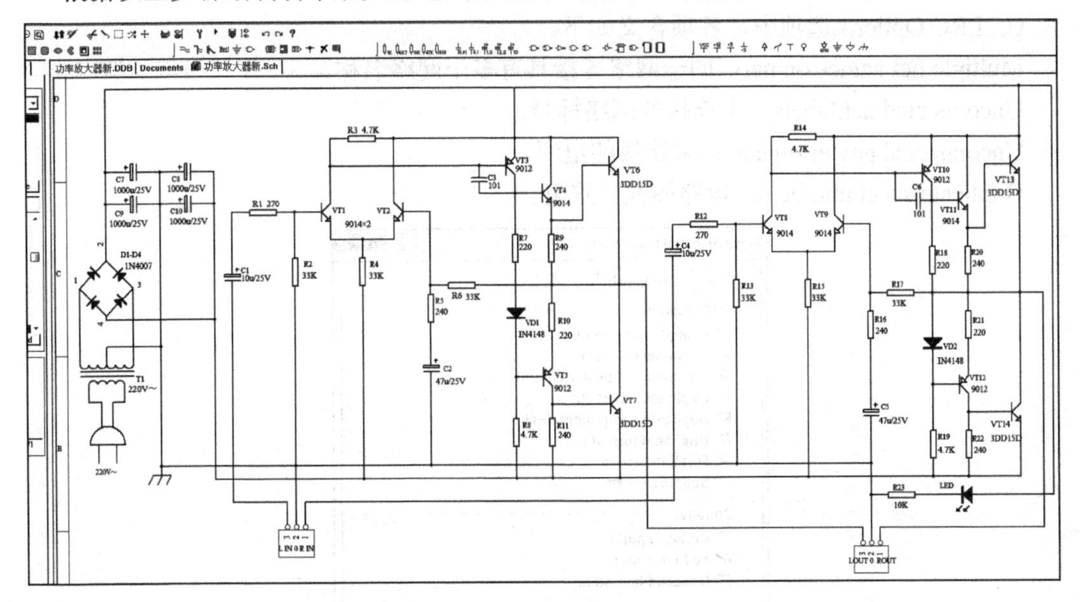

图 1-25　功率放大器电气原理图

7. 保存文件

执行 File | Save 菜单命令，或单击主工具栏上的保存按钮，即可完成原理图文件的保存，如图 1-26 所示。

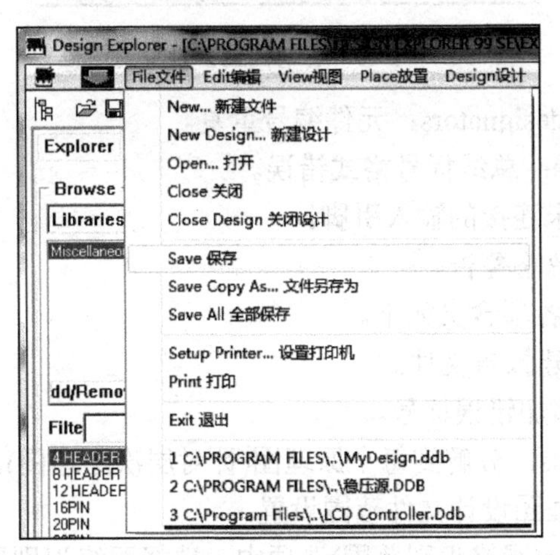

图 1-26　文件保存

8. 原理图电气规则检查

电气规则检查(Electrical Rules Check，ERC)，可以发现绘图中人为的疏漏或错误，如重复的元件编号、未连接的网络标号、未连接的电源等。操作步骤如下。

(1) 在原理图编辑窗口，执行 Tools | ERC…菜单命令，打开 Setup Electrical Rule Check 对话框，如图 1-27 所示。

(2) 在 Setup 选项卡中，相关设置如下。

① ERC Options 选项中，各项含义如下。

Multiple net names on net：同一网络连接具有多个网络名称。

Unconnected net labels：未连接的网络标号。

Unconnected power objects：未连接的电源。

Duplicate sheet numbers：电路图编号重复。

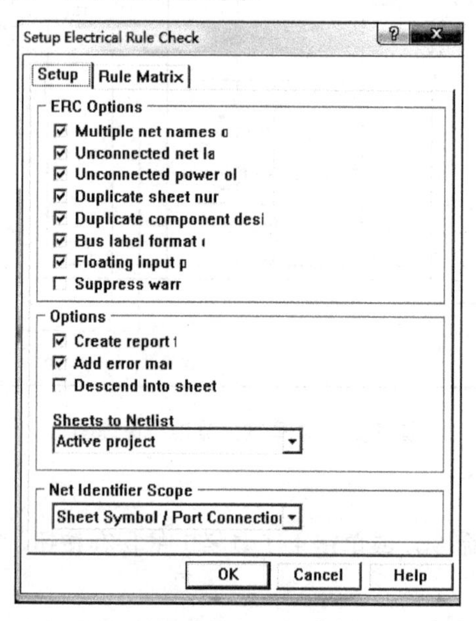

图 1-27 【电气规则检查】设置对话框

Duplicate component designators：元件编号重复。

Bus label format errors：总线标号格式错误。

Floating input pins：未连接的输入引脚。

Suppress warnings：忽略警告。

② Options 选项中，各项含义如下。

Create report file：创建报告文件。

Add error markers：添加错误标号。

Descend into sheet parts：分解到每个原理图(针对层次原理图)。

Sheets to Netlist：原理图设计文件范围设置。

③ Net Identifier Scope(网络识别范围)选项中，选择网络识别器的范围。

(3) Rule Matrix 选项卡进行规则矩阵的相关设置。

(4) 设置完成后，单击 OK 按钮，系统开始检查，并生成相应的测试报告。设计者根据测试报告，对原理图中的错误和警告信息进行处理，修改完善原理图。有些警告并不是由于原理图设计和绘制中的实质性错误而造成的，对此，设计者可以在测试规则设置中忽略警告性测试，或在原理图的相应位置放置 No ERC 符号避开 ERC 测试。如果在放置 No ERC 符号前已经进行过测试，应先将原理图上的警告符号删除。放置 No ERC 符号的操作步骤如下。

① 执行 Place | Directives | No ERC 菜单命令，或单击布线工具栏上的第 11 个按钮，此时鼠标指针处出现十字形光标，且光标中心有个“×”符号。

② 移动光标至符号放置位置，单击左键进行放置，单击右键退出放置。

③ 再次对放置 No ERC 符号的原理图进行电气规则检查，则相应位置的警告信息就不会出现了。

9. 生成元件列表

原理图绘制完成后，需要创建元件列表(或叫元件清单)，以便于统计元件的种类、数目等，为后面的市场采购、确定元件封装、创建网络表等工作做准备。生成元件列表的操作步骤如下。

(1) 打开设计好的原理图文件。

(2) 执行 Reports | Bill of Material 菜单命令，打开 BOM Wizard 对话框，如图 1-28 所示。选择 Project(工程项目)或 Sheet(当前图纸)单选按钮，完成设置。

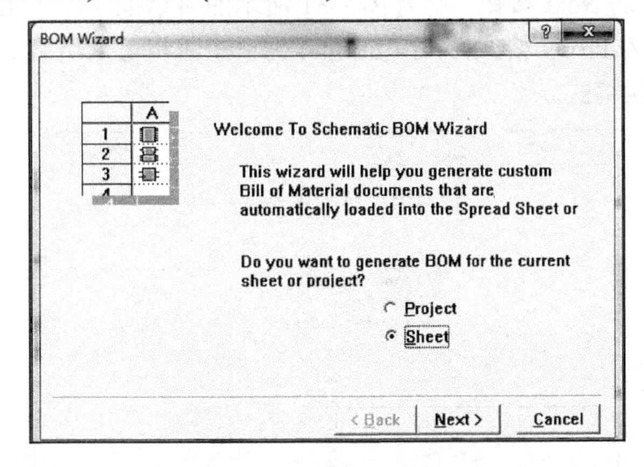

图 1-28　元器件生成向导 1

(3) 单击图 1-28 中的 Next 按钮，打开图 1-29 所示的对话框，设置元件列表包含的内容。其中 Footprint 为元件封装，Description 为元件详细信息，此两项可以复选。

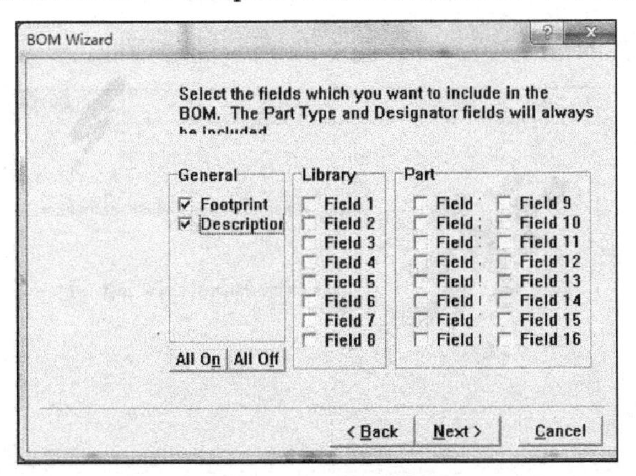

图 1-29　元器件生成向导 2

(4) 单击图 1-29 的 Next 按钮，打开图 1-30 所示的对话框，设置所列各项对应元件列表中各列的名称。

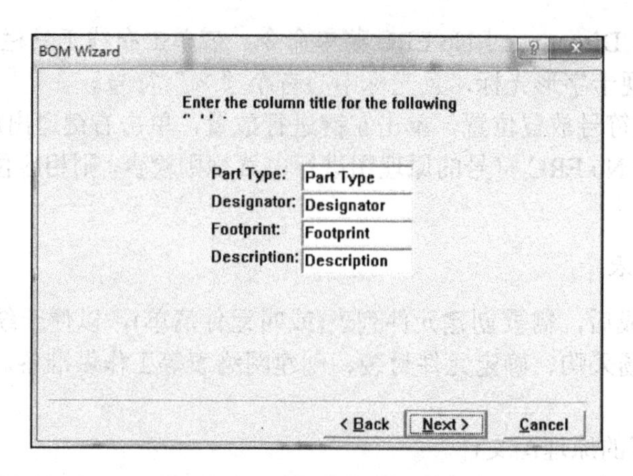

图 1-30　元器件生成向导 3

(5) 单击图 1-30 的 Next 按钮，打开图 1-31 所示的对话框，选择元件列表文件的格式。其中，Protel Format 为 Protel 格式，CSV Format 为电子表格可调用格式，Client Spreadsheet 为 Protel 99 SE 的表格格式。

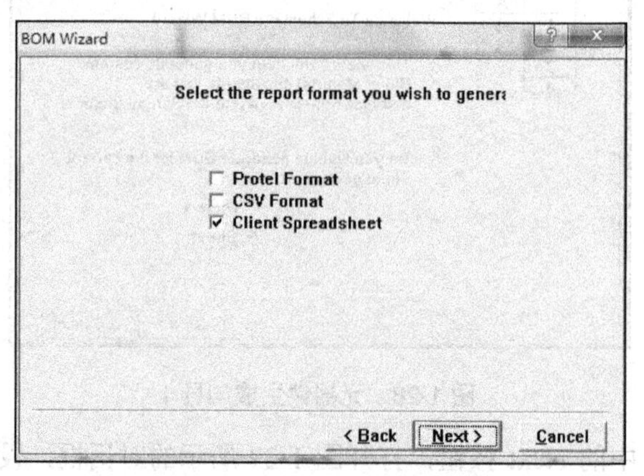

图 1-31　元器件生成向导 4

(6) 单击图 1-31 的 Next 按钮，打开图 1-32 所示的对话框。

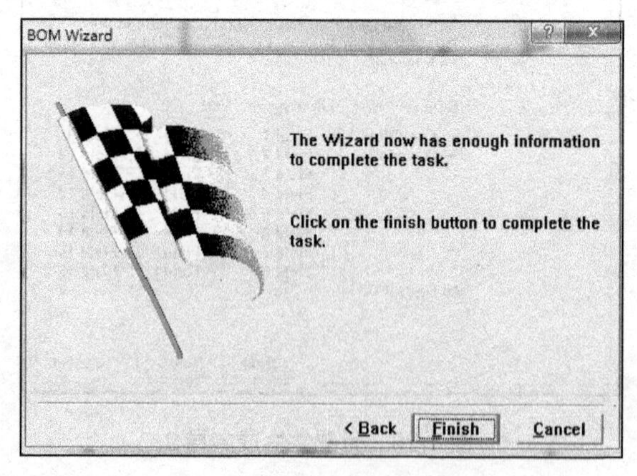

图 1-32　元器件生成向导 5

(7) 单击图 1-32 的 Finish 按钮，系统生成如图 1-33 所示的元件列表。

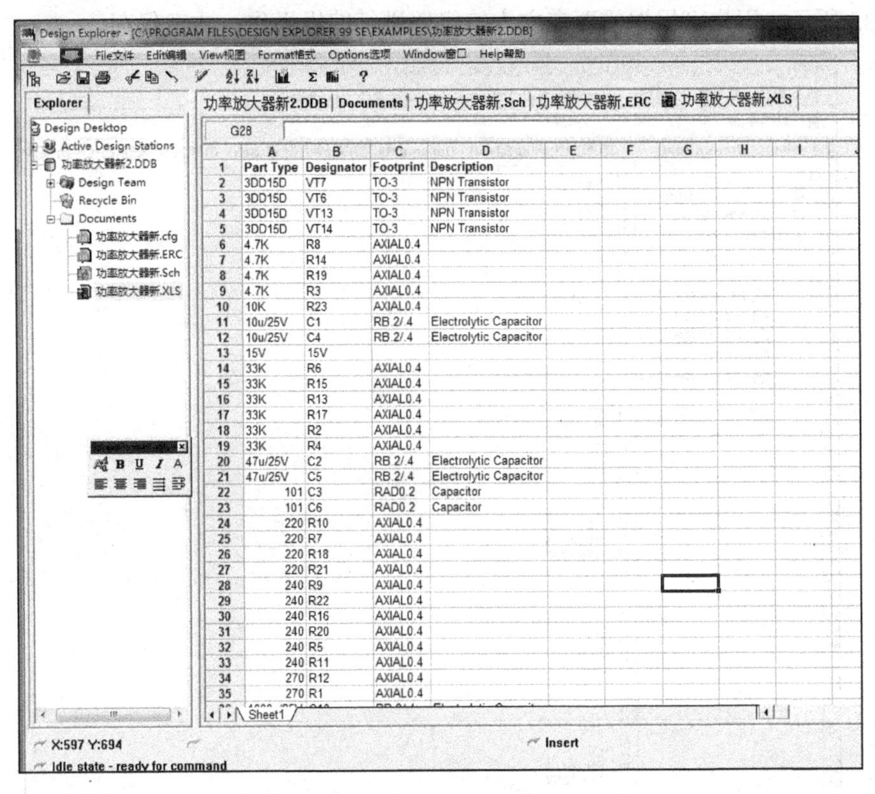

	A	B	C	D
1	Part Type	Designator	Footprint	Description
2	3DD15D	VT7	TO-3	NPN Transistor
3	3DD15D	VT6	TO-3	NPN Transistor
4	3DD15D	VT13	TO-3	NPN Transistor
5	3DD15D	VT14	TO-3	NPN Transistor
6	4.7K	R8	AXIAL0.4	
7	4.7K	R14	AXIAL0.4	
8	4.7K	R19	AXIAL0.4	
9	4.7K	R3	AXIAL0.4	
10	10K	R23	AXIAL0.4	
11	10u/25V	C1	RB.2/.4	Electrolytic Capacitor
12	10u/25V	C4	RB.2/.4	Electrolytic Capacitor
13	15V	15V		
14	33K	R6	AXIAL0.4	
15	33K	R15	AXIAL0.4	
16	33K	R13	AXIAL0.4	
17	33K	R17	AXIAL0.4	
18	33K	R2	AXIAL0.4	
19	33K	R4	AXIAL0.4	
20	47u/25V	C2	RB.2/.4	Electrolytic Capacitor
21	47u/25V	C5	RB.2/.4	Electrolytic Capacitor
22	101	C3	RAD0.2	Capacitor
23	101	C6	RAD0.2	Capacitor
24	220	R10	AXIAL0.4	
25	220	R7	AXIAL0.4	
26	220	R18	AXIAL0.4	
27	220	R21	AXIAL0.4	
28	240	R9	AXIAL0.4	
29	240	R22	AXIAL0.4	
30	240	R16	AXIAL0.4	
31	240	R20	AXIAL0.4	
32	240	R5	AXIAL0.4	
33	240	R11	AXIAL0.4	
34	270	R12	AXIAL0.4	
35	270	R1	AXIAL0.4	

图 1-33　元器件列表

(8) 执行 File | Save 菜单命令，将生成的元件列表进行保存。

10. 生成网络表

在 Protel 99 SE 中，网络表是连接电路原理图和印制电路板之间的桥梁和纽带，是印制电路板自动布线的根据，包含元件声明和网络定义两部分。生成网络表的操作步骤如下。

(1) 执行 Design | Create Netlist…菜单命令，打开如图 1-34 所示的对话框。其中，Output Format 为输出格式，Net Identifier Scope 为网络识别器范围，Sheets to Netlist 为网络表图纸设置。

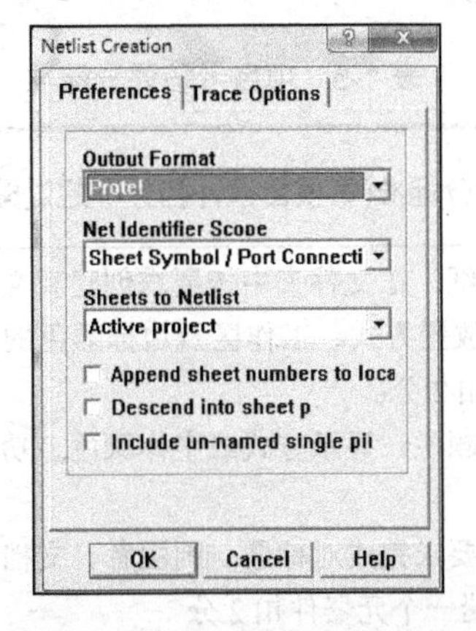

图 1-34　网络表生成对话框

(2) 设置完成后，单击 OK 按钮，系统自动生成网络表文件，并打开网络表文本编辑器，如图 1-35 所示。用户可根据需要在文本编辑器进行编辑操作，注意保存。

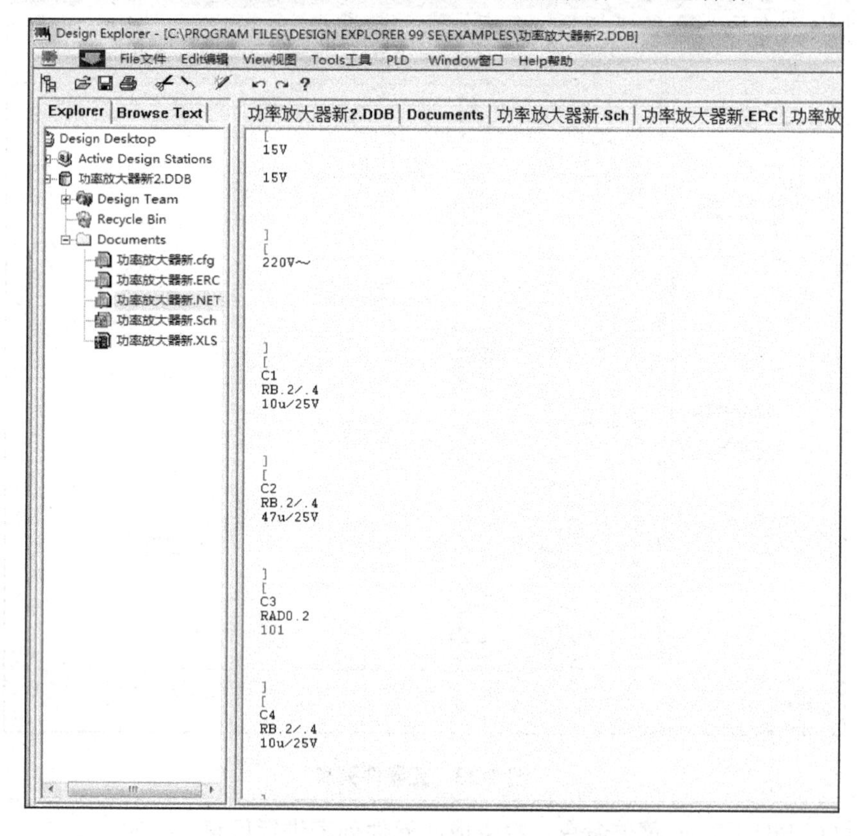

图 1-35　网络表生成后的文本编辑器

1.4 项 目 考 核

项目考核评分标准见表 1-5。

表 1-5　项目考核评分标准

项目	配分	扣分标准(每项目累计扣分不超过配分)	扣分记录	得分
原理图环境设置	20 分	1. 能正确设置图纸，在文件夹中按要求创建新文件，按试题要求完成对图纸大小、放置方式、工作区及边框颜色的设置，否则每缺选一个或错选一个扣 2 分； 2. 能正确设置标题栏、显示方式或字体颜色、功能，否则每错一个扣 1 分； 3. 能正确按试题要求完成对标题、制图者、文档编号、地址等的正确设置，否则每错一个元器件扣 2 分		

续表

项目	配分	扣分标准(每项目累计扣分不超过配分)	扣分记录	得分
原理图库操作	20分	1. 能完成原理图文件中的库操作，按要求在原理图中正确打开所有库，按要求向原理图中正确添加所有元件，按要求给新添加的元件命名，否则每缺选一个或错选一个扣2分； 2. 能完成库文件的库操作，正确创建新的库文件，正确对新创建的元件进行命名，完成对文件的保存，否则每错一个扣1分		
原理图设计	30分	1. 能正确绘制原理图，打开文件、调整元件位置，否则每缺选一个或错选一个扣2分； 2. 能正确放置连线、端口，放置总线及网络标号，否则每错一个扣1分		
编辑原理图	20分	1. 能正确编辑元件名称、编辑元件类型，否则每错一个扣1分； 2. 能正确按照要求设置文本框、按要求完成对文件的保存，否则每错一个扣1分		
安全操作	10分	1. 操作过程中做与本次课内容不相关的事，每次扣2分； 2. 使用电脑后不关机或不正确关机，扣10分		
总分				

项目 2

电子产品 PCB 制作

2.1 项目任务

电子产品 PCB 制作项目主要内容见表 2-1。

表 2-1 项目任务表

项目内容	1. 了解 PCB 印制电路板制作及相关基础知识； 2. 掌握 PCB 板制作流程框图； 3. 掌握 Protel 99 SE 创建 PCB 数据库文件及设计电路板的工作层参数； 4. 掌握 Protel 99 SE PCB 板设计规则检查、自动元件布线和手工调整布线方法； 5. 手工制作 PCB 板操作方法及步骤； 6. 转印机的操作、PCB 板切割、PCB 板腐蚀、PCB 板钻孔等操作技能； 7. PCB 制板设备操作注意事项
重难点	1. 掌握 Protel 99 SE 创建 PCB 数据库文件及设计电路板的工作层参数； 2. 掌握 Protel 99 SE PCB 板设计规则检查、自动元件布线和手工调整布线方法； 3. 手工制作 PCB 板操作方法及步骤； 4. 转印机的操作、PCB 板切割、PCB 板腐蚀、PCB 板钻孔等操作技能
参考的相关文件	SJ 20959—2006《印制板的数字形式描述》； SJ 20896—2003《印制电路板组件装焊后的洁净度检测及分级》； SJ/Z 11266—2002《电子设备的安全》； SJ 20810—2002《印制板尺寸与公差》； SJ 20671—1998《印制板组装件涂覆用电绝缘化合物》

项目导读

本项目全面介绍了 Protel 99 SE 印制电路板设计程序的基本功能、基本操作、各种常用编辑器及常用工具等基础知识。同时按照 PCB 电路板的设计流程，通过具体的设计实例详细介绍电路原理图设计、网络表生成、印制电路板制作方法过程、实践操作步骤及操作技巧等内容。

2.1.1 电子产品 PCB 板设计任务书

见表 2-2。

表 2-2 电子产品 PCB 板设计

<table>
<tr><td colspan="2" rowspan="3">××学院</td><td colspan="2" rowspan="3">电子产品 PCB 板设计任务书</td><td>文件编号</td><td></td></tr>
<tr><td>版　次</td><td></td></tr>
<tr><td colspan="2">共 3 页/第 1 页</td></tr>
<tr><td colspan="2">工序号：1</td><td colspan="2">工序名称：电子产品 PCB 板设计</td><td colspan="2">作 业 内 容</td></tr>
<tr><td colspan="4" rowspan="9">新建PCB文件 → 设置PCB参数 → 载入原理图 → 添加元件库 → 编辑元件库 → 原理图布线 → 原理图保存 → 设计规则检查 → 修改完善 → 生成元件列表 → 生成网络表
PCB板制作流程图
Protel 99 SE PCB 绘图软件界面</td><td>1</td><td>了解 PCB 板制作及相关基础知识</td></tr>
<tr><td>2</td><td>掌握 PCB 板制作流程流程图、熟悉 Protel 99 SE PCB 绘图软件</td></tr>
<tr><td>3</td><td>创建 PCB 新文件，在 PCB 文件中装载元器件封装库，文件保存</td></tr>
<tr><td colspan="2">使用工具(书籍)</td></tr>
<tr><td colspan="2">电脑(装有 Protel 99 SE 或 DXP 2004 绘图软件)</td></tr>
<tr><td colspan="2">※工艺要求(注意事项)</td></tr>
<tr><td>1</td><td>元器件的排列、布局是否合理(不要太零乱)</td></tr>
<tr><td>2</td><td>电子产品大功率器件散热问题；电源对电路电磁干扰问题</td></tr>
<tr><td>3</td><td>PCB 连线(走线)宽度，应避免焊点与焊点距离太近，在装配过程中易桥接或短路等</td></tr>
<tr><td>更改标记</td><td></td><td>编　制</td><td></td><td>批　准</td><td></td></tr>
<tr><td>更改人签名</td><td></td><td>审　核</td><td></td><td>生产日期</td><td></td></tr>
</table>

2.1.2　电子产品 PCB 板图制作任务书

见表 2-3。

表 2-3　电子产品 PCB 板布线、设计

××学院	电子产品 PCB 板图制作任务书	文件编号	
		版　　次	
		共 3 页/第 2 页	
工序号：1	工序名称：电子产品 PCB 板布线、设计	作 业 内 容	
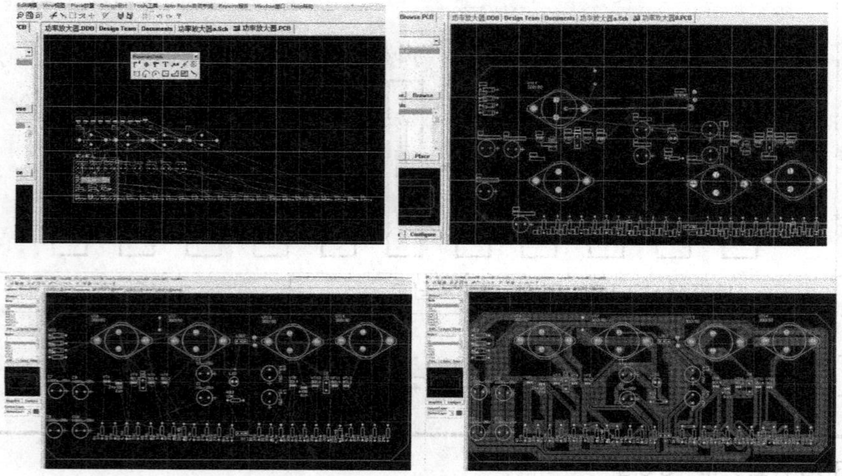 电子产品 PCB 板制作流程		1	正确放置元件、修改元件序号、型号、封装、字符高度、宽度等
		2	正确设置布线、过孔、焊盘、顶层、底层的布线方向等
		3	完成线宽调整、对整板进行设计规则检查
		4	根据绘制电子产品电气原理图生成最终 PCB 板图
		使用工具(书籍)	
		电脑(装有 Protel 99 SE 或 DXP 2004 绘图软件)	
		※工艺要求(注意事项)	
		1	元器件的排列、布局是否合理(不要太零乱)
		2	大功率器件的散热问题(发热量大)
		3	电源对电路的干扰问题
		4	PCB 连线(走线)宽度、元器件引脚大小(末级电子产品)
		5	应避免焊点与焊点距离太近，在装配过程中易桥接或短路等
更改标记	编　制	批　　准	
更改人签名	审　核	生产日期	

2.1.3　电子产品 PCB 板制作任务书

见表 2-4。

表 2-4　电子产品 PCB 板制作

<table>
<tr><td rowspan="3">××学院</td><td rowspan="3">电子产品 PCB 制作任务书</td><td>文件编号</td><td colspan="2"></td></tr>
<tr><td>版　　次</td><td colspan="2"></td></tr>
<tr><td colspan="3">共 3 页/第 3 页</td></tr>
<tr><td>工序号：1</td><td>工序名称：电子产品 PCB 板制作</td><td colspan="3">作 业 内 容</td></tr>
<tr><td colspan="2" rowspan="13">PCB板设计 → 激光打印 → 裁切PCB板 → PCB板转印 → PCB板腐蚀 → PCB样板 → PCB精密台钻 → 成品PCB板
电子产品PCB板制作流程图</td><td>1</td><td colspan="2">对 PCB 板下材料、对 PCB 板进行表面的氧化层及油污</td></tr>
<tr><td>2</td><td colspan="2">正确使用转印机同时设置转印机、转印 PCB 图纸</td></tr>
<tr><td>3</td><td colspan="2">调制 PCB 板化学腐蚀液、对 PCB 板进行腐蚀</td></tr>
<tr><td>4</td><td colspan="2">正确使用钻台、对照电气原理图对 PCB 板进行钻孔</td></tr>
<tr><td colspan="3">使用工具(书籍)</td></tr>
<tr><td colspan="3">电脑(装有 Protel 99 SE 或 DXP 2004 绘图软件)、激光打印机、PCB 板裁切、PCB 板转印机、PCB 腐蚀箱、高精度高速台钻</td></tr>
<tr><td colspan="3">※工艺要求(注意事项)</td></tr>
<tr><td>1</td><td colspan="2">PCB 板电路转印完整</td></tr>
<tr><td>2</td><td colspan="2">PCB 转印完整，对不完整的 PCB 转印进行修补</td></tr>
<tr><td>3</td><td colspan="2">PCB 板腐蚀液的调配及腐蚀时间的控制</td></tr>
<tr><td>4</td><td colspan="2">PCB 板钻孔操作技巧</td></tr>
<tr><td>5</td><td colspan="2">PCB 制板工艺检查，对不合格 PCB 板进行修整</td></tr>
<tr><td colspan="3"></td></tr>
<tr><td>更改标记</td><td>编　制</td><td></td><td>批　　准</td><td></td></tr>
<tr><td>更改人签名</td><td>审　核</td><td></td><td>生产日期</td><td></td></tr>
</table>

2.2 项目准备

2.2.1 PCB板设计基本知识

(1) Protel 99 SE 常用编辑工具的使用、系统参数及文档属性设置。
(2) 电路原理图的绘制方法、库文件编辑、创建 PCB 元件封装。
(3) PCB 的设计方法、编辑技巧、设计规则与网络管理、报表输出。
(4) 手工制作 PCB 板技能、PCB 板图转印、PCB 板腐蚀、PCB 板钻孔等。

2.2.2 PCB板设计流程

PCB 设计制作流程图如图 2-1 所示。下面以音频功率放大器电气原理图为例，介绍制作 PCB 板图。

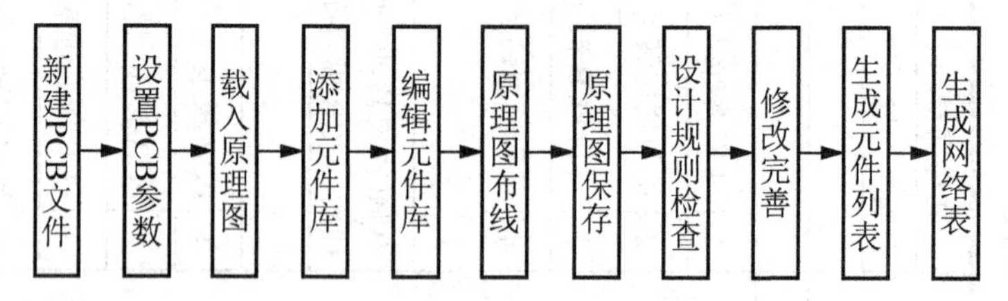

图 2-1　PCB 设计流程图

2.2.3 PCB板制作流程

PCB 板一般制作流程图如图 2-2 所示。

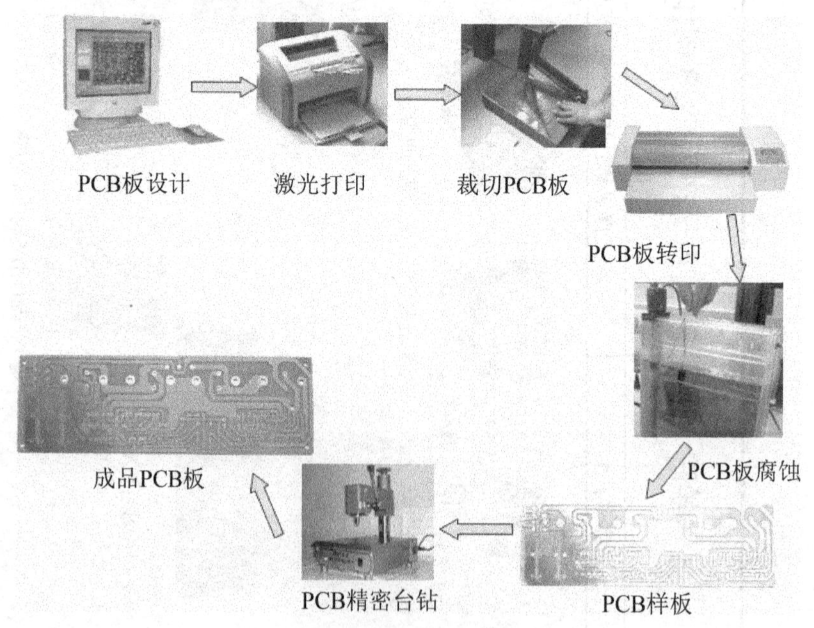

图 2-2　PCB 制作流程图

2.3　项 目 实 施

2.3.1　电子产品 PCB 板设计

(1) 创数据库文件。双击图 2-3 中的 Documents 图标，打开设计数据库下的文档管理文件夹，在该文件夹下创建 PCB 设计文件。

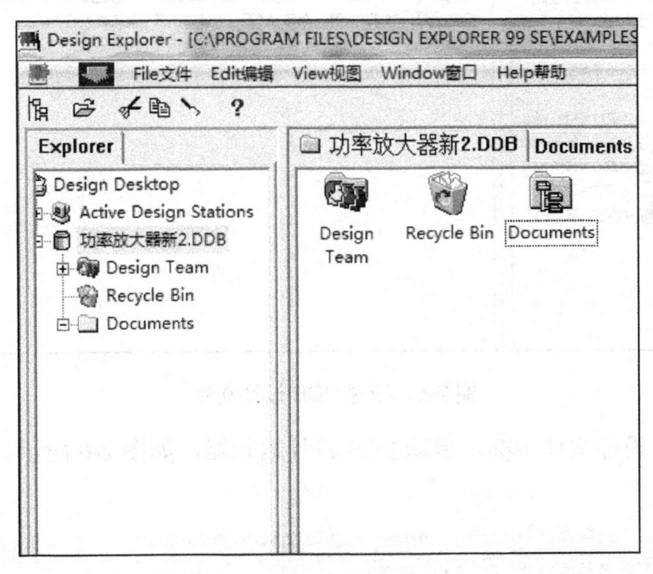

图 2-3　新建设计数据库文件

(2) 执行 File | New…菜单命令，打开 New Document 对话框，如图 2-4 所示。

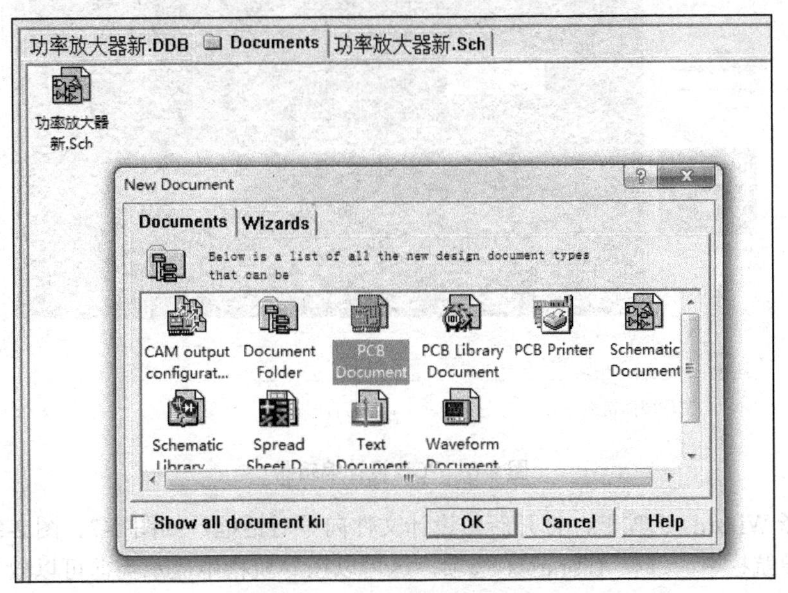

图 2-4　【新建文件】对话框

(3) 单击图 2-4 中的 PCB Document (PCB 设计文件)图标，然后单击 OK 按钮，或者直接双击图标，创建 PCB 设计文件，如图 2-5 所示。

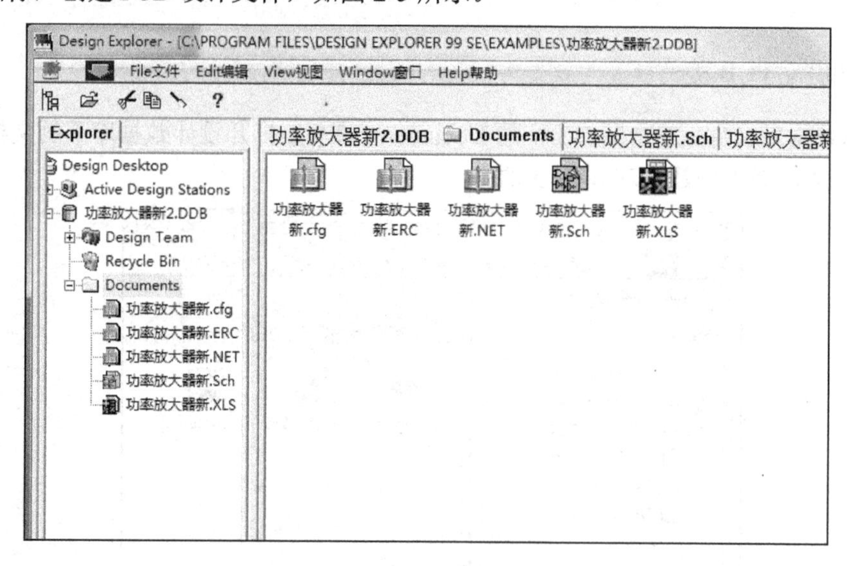

图 2-5 新建 PCB 设计文件

(4) 双击 PCB 设计文件图标，启动 PCB 设计编辑器，如图 2-6 所示。

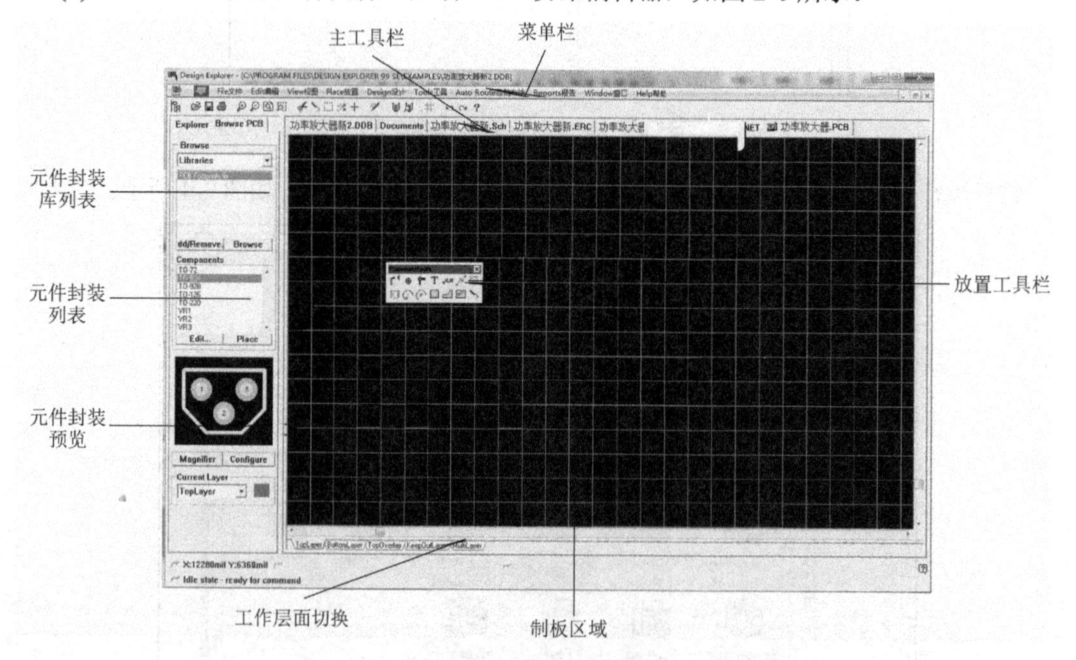

图 2-6 PCB 设计编辑器

(5) 选择 Wizards 选项卡，打开新建设计文件向导对话框，如图 2-7、图 2-8 所示。

(6) 在导航栏中，选择 Libraries 选项，这可以在导航栏中显示当前可以放的封装库，如图 2-9 所示。

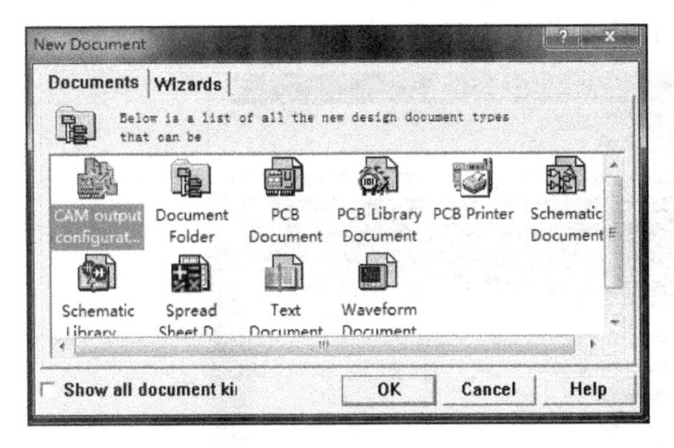

图 2-7　PCB 设计向导对话框 1

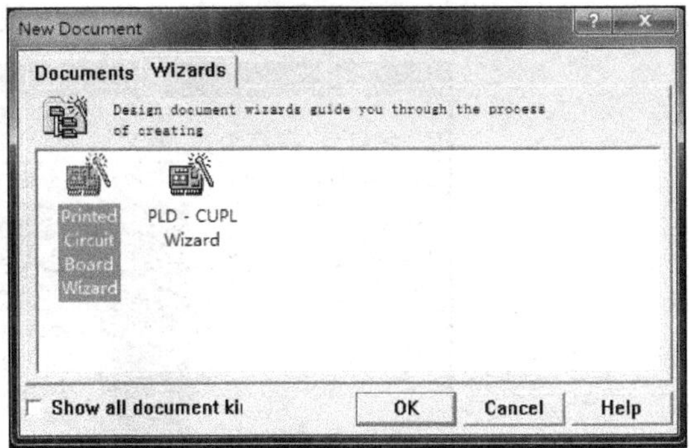

图 2-8　PCB 设计向导对话框 2

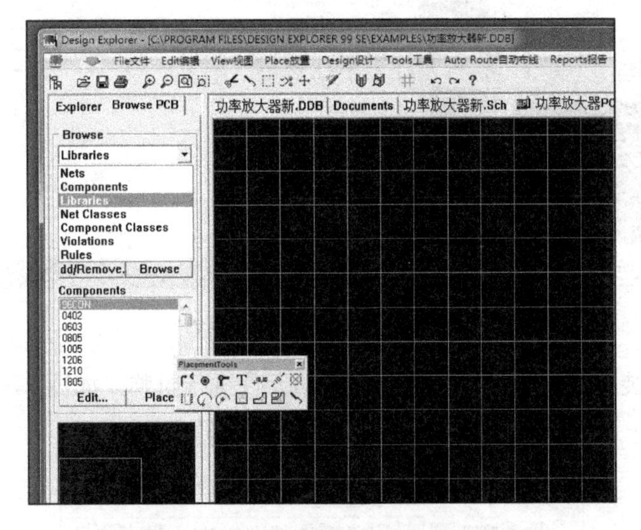

图 2-9　设置 PCB 封装库

(7) 浏览封库以及增加 Protel 99 SE 封装库，如图 2-10 所示。

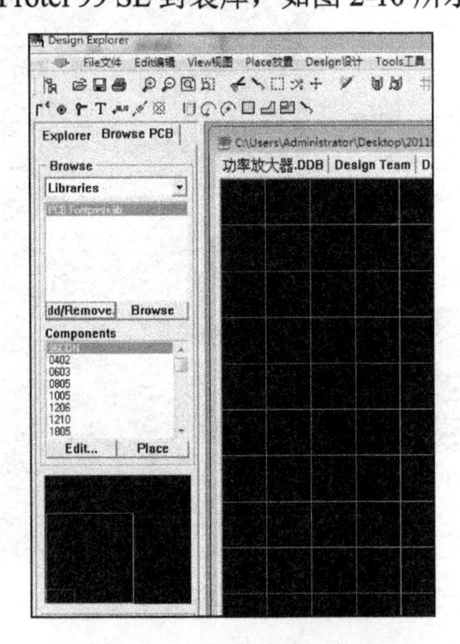

图 2-10　设置 PCB 封装库

(8) 选择封装库并且增加到当前 PCB 文件中，如图 2-11 所示。

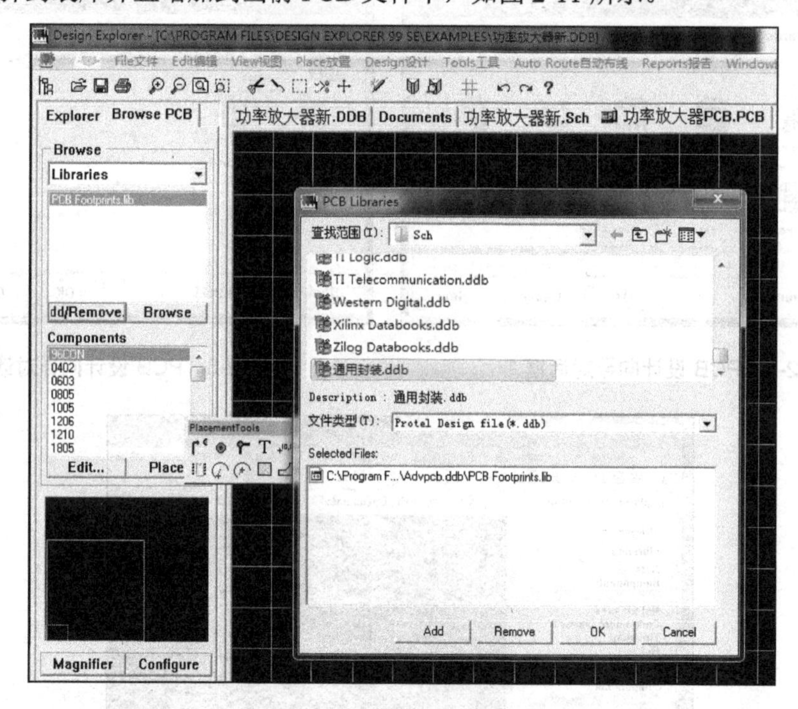

图 2-11　选择 PCB 封装库

(9) 增加好封装库后，根据需要选择相应的元件进行封装，如图 2-12 所示。

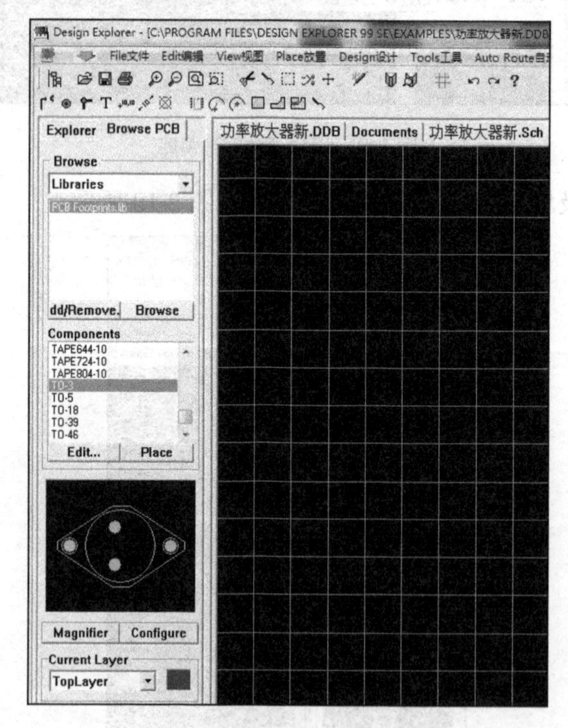

图 2-12　设置 PCB 封装库

(10) 在Protel 99 SE中绘制PCB图时，有一个单位的选择，可以使用公制以及英制，可以如图2-13所示进行切换。

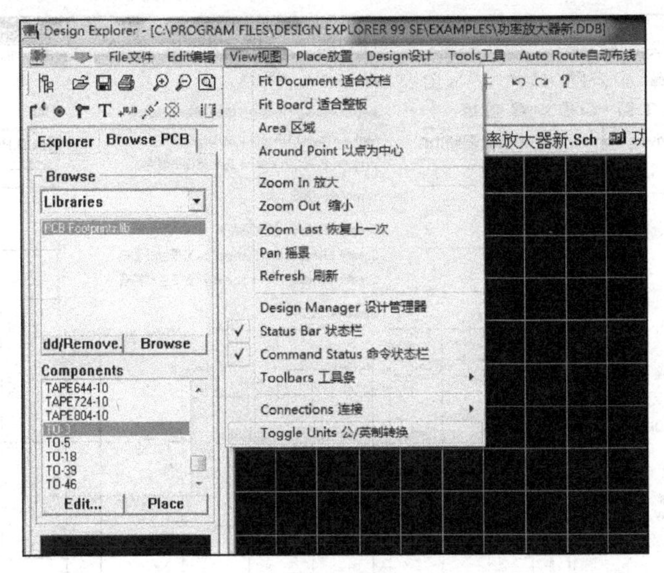

图2-13　设置PCB尺寸单位

2.3.2　电子产品PCB板的绘制

经过以上设置后，即可以将所绘的原理图，转成需要的PCB文件图。如何快速地将绘制好的SCH文件转为PCB文件，首先，打开刚开始时绘制的SCH原理图，可以用使用Protel 99 SE菜单栏的View | Fit All Objects命令，以查看所有的元件，也可以使用Protel 99 SE快捷键V-F，快速实现这个功能，如图2-14所示。

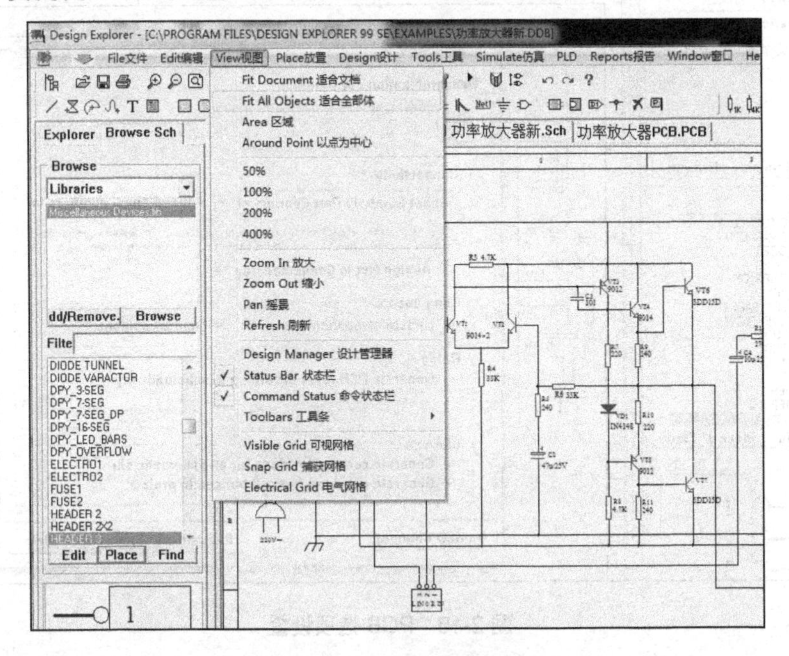

图2-14　功放电气原理图

(1) 将 SCH 转为 PCB 图，Protel 99 SE 有一个非常实用的命令，就是 Update PCB，可直接将 SCH 直接转为 PCB 文件，如图 2-15 所示。

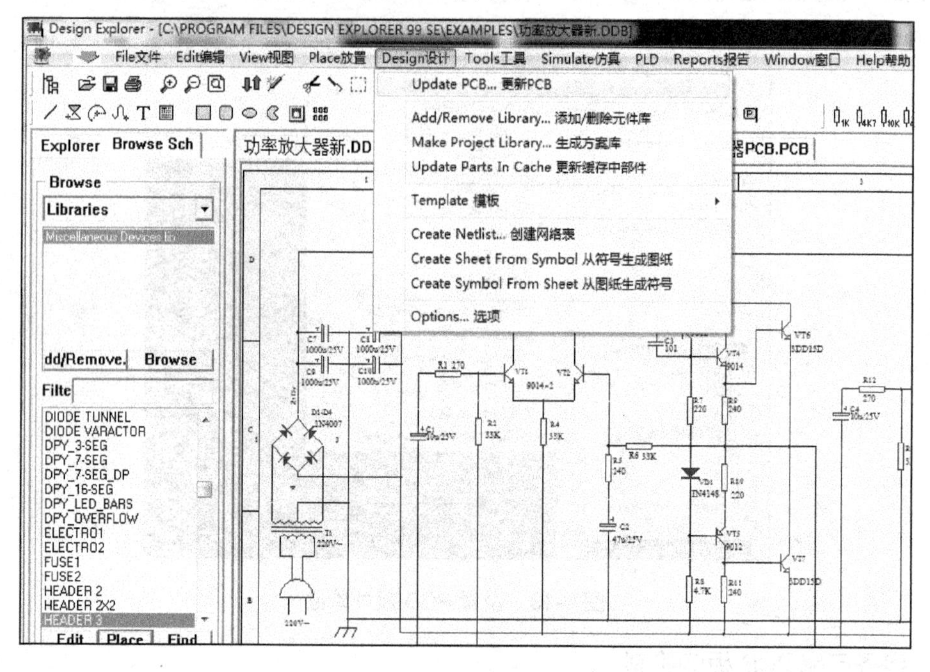

图 2-15 设置 PCB

(2) SCH 转换为 PCB 的选项设置，如图 2-16 所示。

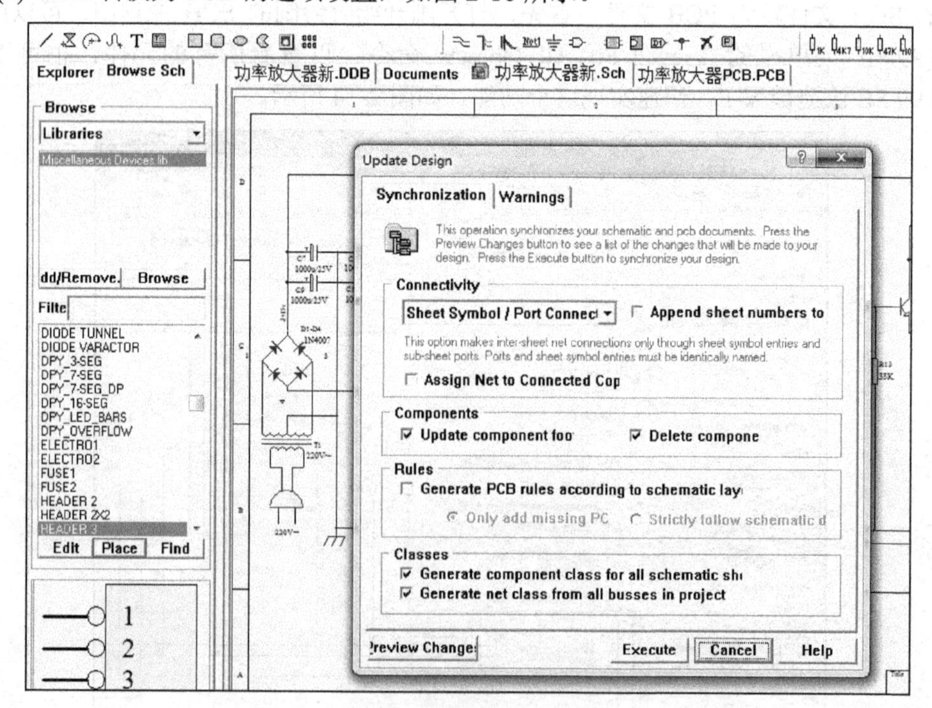

图 2-16 PCB 选项设置

(3) 确认转换 SCH 到 PCB，如图 2-17 所示。

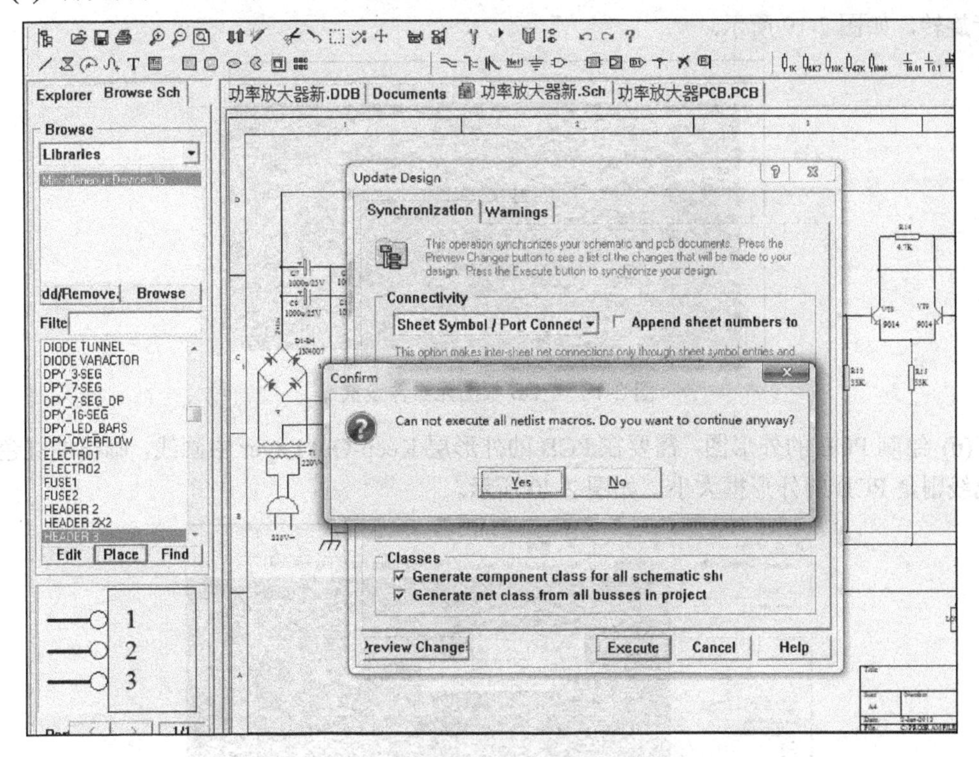

图 2-17　PCB 转换确认

(4) 通过以上步骤设置，SCH 中的元件以及连线，已经转化为 PCB 文件了，如图 2-18 所示。

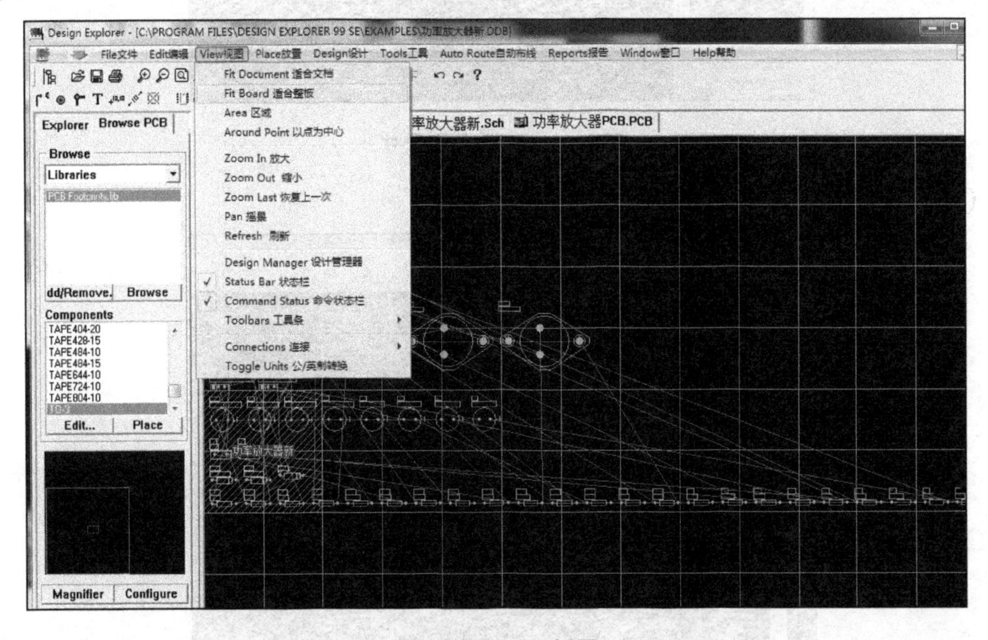

图 2-18　PCB 板图

(5) 在 Protel 99 SE 中，如果需要对一个元件进行旋转，用鼠标选中元件后，按空格键进行旋转，如图 2-19 所示。

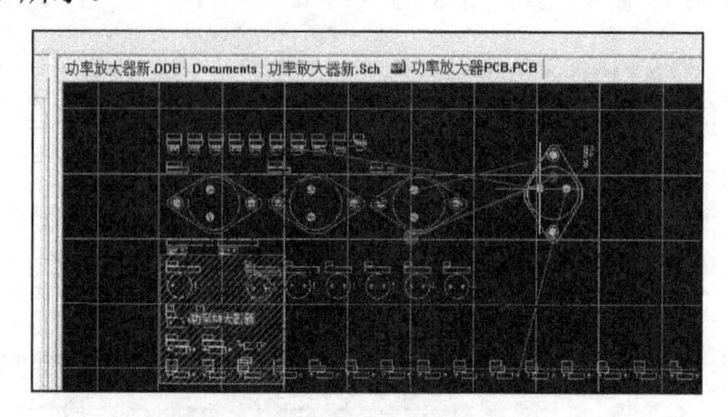

图 2-19　PCB 板图元器件设置

(6) 绘制 PCB 的外形图，需要在 PCB 的外形层 Keep-Out Layer 中画线，画出的红色或紫色线则是 PCB 的外形框大小，如图 2-20 所示。

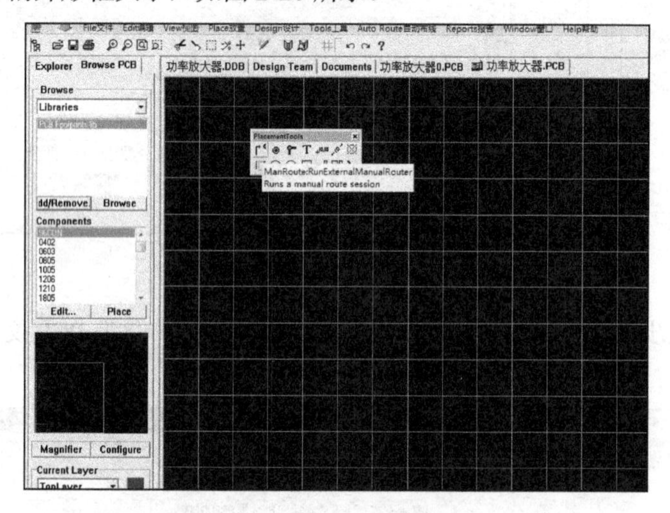

图 2-20　PCB 外形尺寸

(7) 将元件放进 PCB 中，如图 2-21 所示。

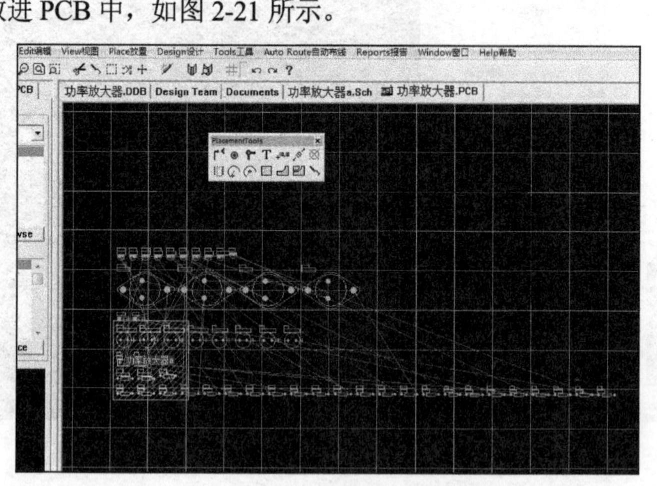

图 2-21　放置元器件

2.3.3 电子产品 PCB 板线路布线

在 Protel 99 SE 中快速布线，主要使用的是自动布线功能，在实际的 PCB 布线工作当中，多数情况还是采用手工布线，这样会使布局更为合理。

(1) 测量 PCB 板外形大小。首先将系统单位转为公制，如图 2-22 所示可以在菜单中转换，也可以使用 Protel 99 SE 快捷键 Q 切换。

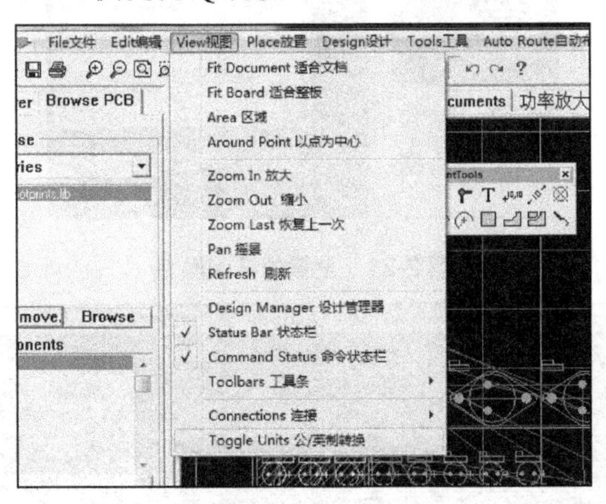

图 2-22 公英制转换

使用测试工具，在 Protel 99 SE 中选择 Reports | Measure Distance 命令，可以测试两点的距离，也可以使用 Prote 99 SE 快捷键 CTRL+M，快速测试两点的距离。在 Protel 99 SE 的测量时，需要注意的是，测量哪个层中两点的距离，需要将测量的层置为当前工作层，这样在测量的过程当中，就可以捕捉端点了，如图 2-23 所示。

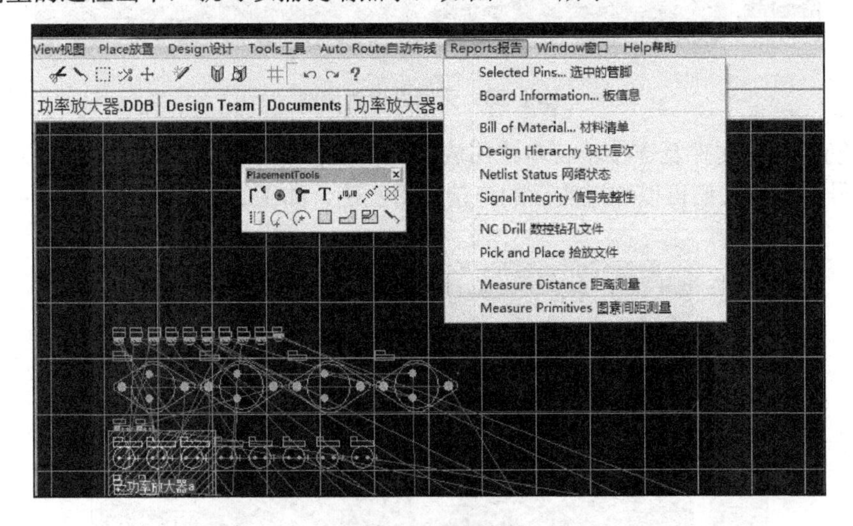

图 2-23 距离测试

同时还可以设置外框颜色，如图 2-24 所示。

(2) 在 Protel 99 SE 中调整元件位置。在 Protel 99 SE 中拖动元件，就可以移动元件了，需要旋转元件，则需要对准元件用鼠标选中，然后按空格键，将 PCB 图中的所有元件，调整到如图 2-25 所示的位置。

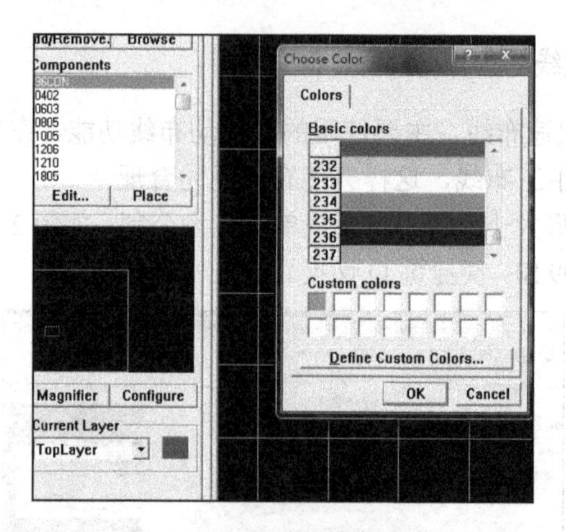

图 2-24　设置外框图颜色

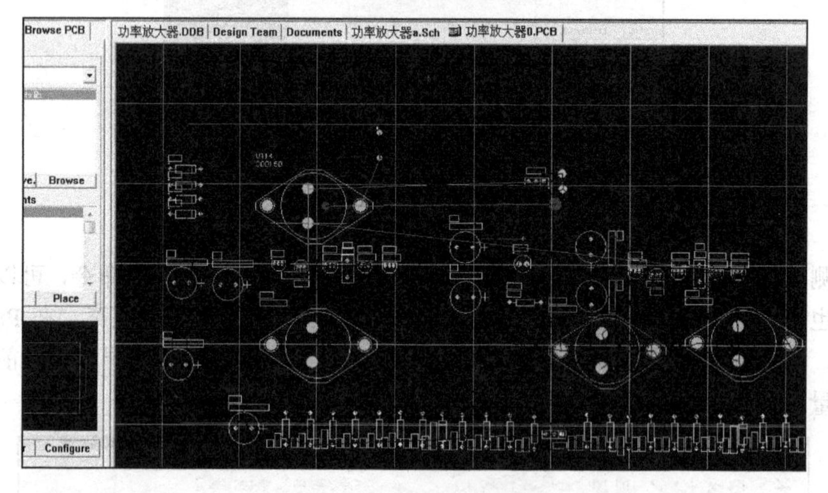

图 2-25　元器件位置调整

(3) 检查 PCB 文件及连接，将电路图放大，将会看到在各个焊盘上，都标示出元件的网络结点号，这使人们可以知道实际的连接是否正确，如图 2-26 所示。

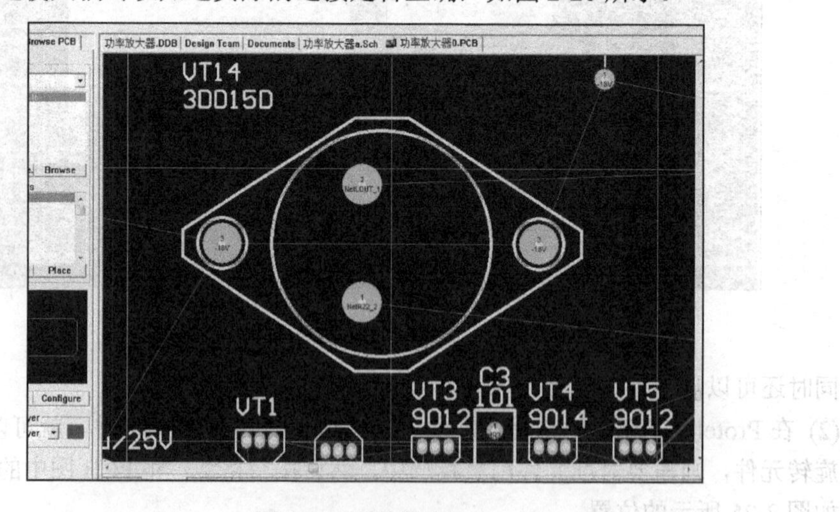

图 2-26　网络结点号

(4) 使用 Protel 99 SE 的自动布线功能。在 Protel 99 SE 当中，使用 Auto Route | All 菜单命令，将会进入自动布线工作界面，如图 2-27 所示。

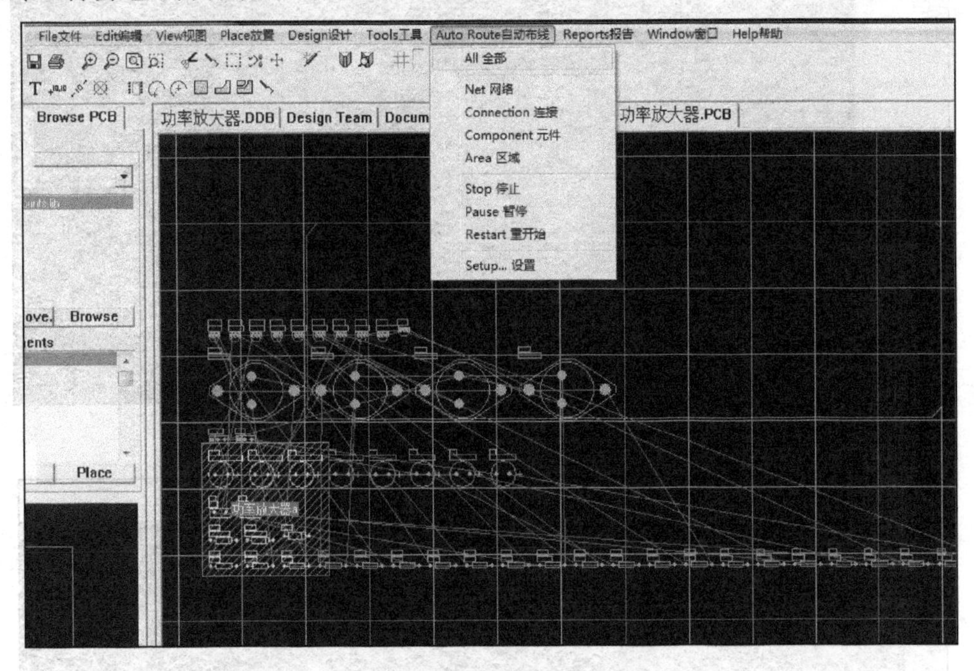

图 2-27　自动布线

(5) 自动布线选项，如图 2-28 所示。

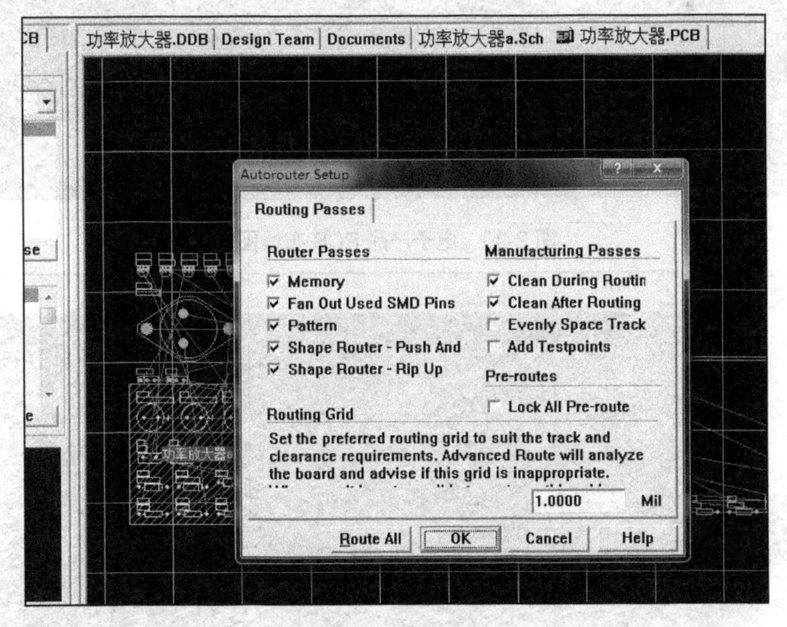

图 2-28　自动布线选项

(6) 电子产品采用自动与手动完成布线，如图 2-29、图 2-30、图 2-31 所示。此布线方法仅供参考，在具体设置过程中可根据具体情况自行设计和调整。

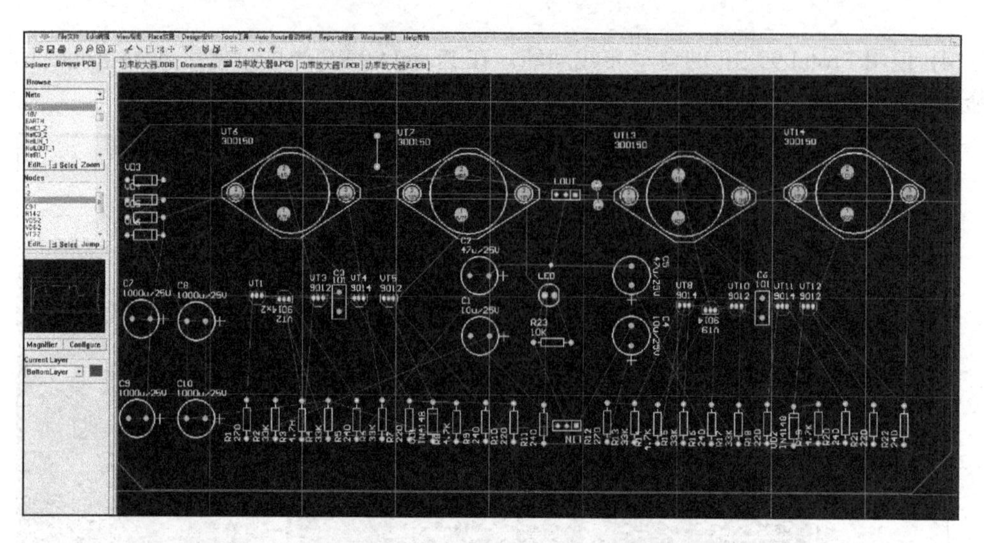

图 2-29　电子产品 PCB 布线图 1

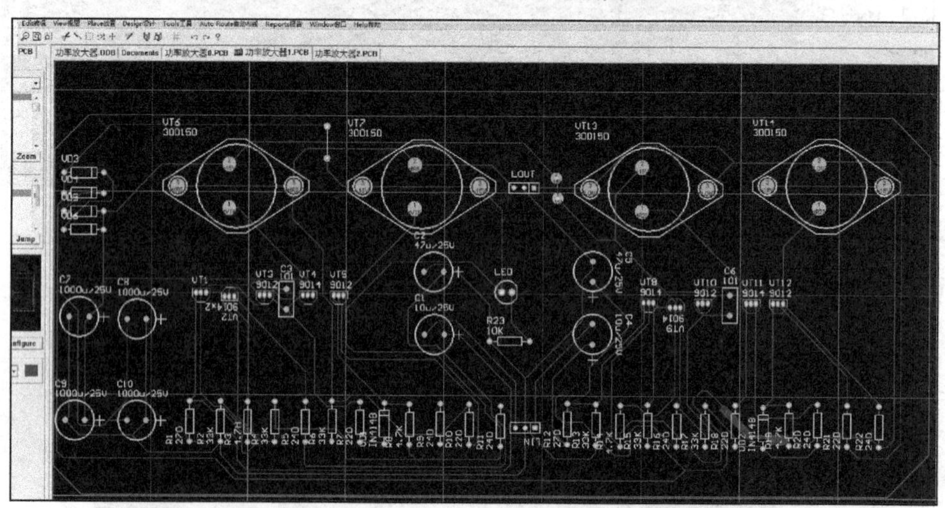

图 2-30　电子产品 PCB 布线图 2

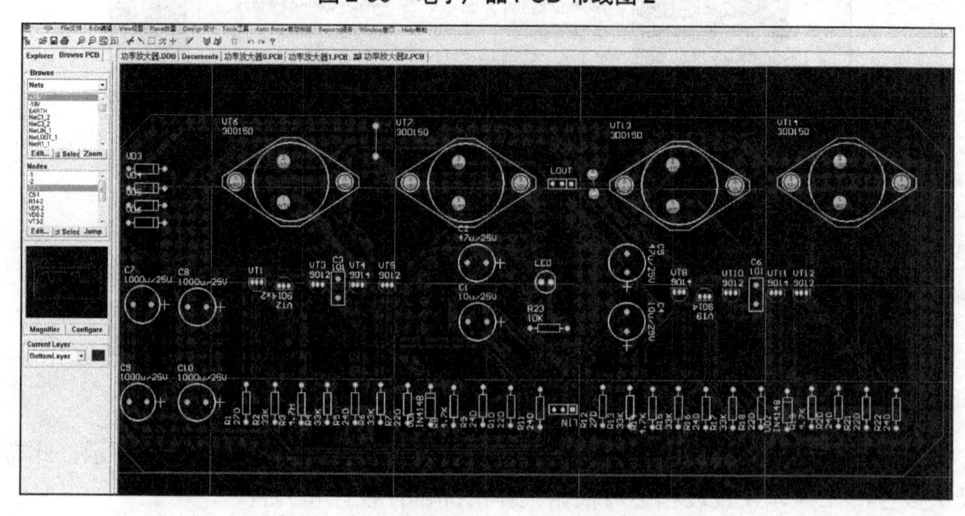

图 2-31　电子产品 PCB 布线图 3

2.3.4　手工制作电子产品 PCB 板

热转印手工制作 PCB 板图步骤如下。

(1) 打印电路图：用激光打印机打印设计好的 PCB 铜箔图，板图将电路打印在转印纸覆膜上，如图 2-32 所示，打印纸为专用转印纸，必须打印到光滑一面，以方便转印时碳粉转印。

图 2-32　打印 PCB 板图

(2) PCB 板下材料：用剪板机将电路板裁切成所需尺寸，裁切所需要大小的 PCB(尺寸约为 225mm×70mm×30mm)，如图 2-33 所示。

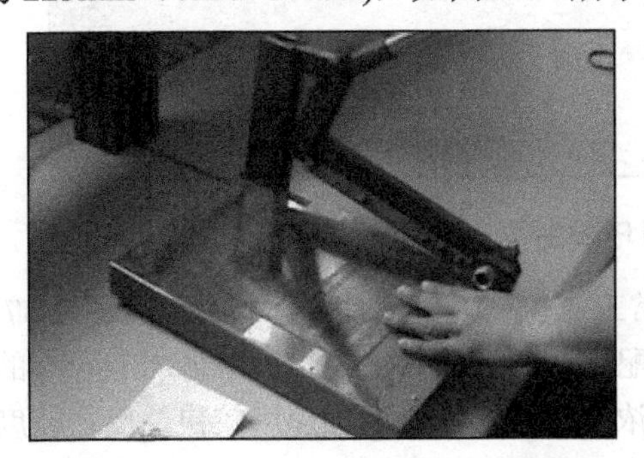

图 2-33　裁切 PCB 板

(3) 将裁切好的 PCB 板放入腐蚀液中几秒钟，去除电路板表面的氧化层及油污，如图 2-34 所示。

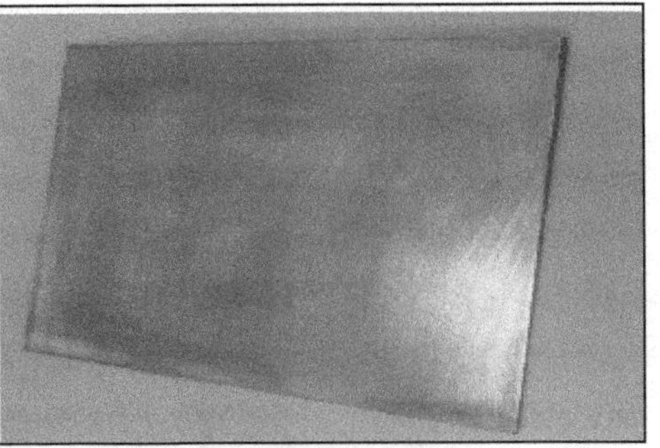

图 2-34　除去 PCB 表面氧化层

(4) 打开转印机，同时设置转印机温度在150℃左右，如图2-35所示。

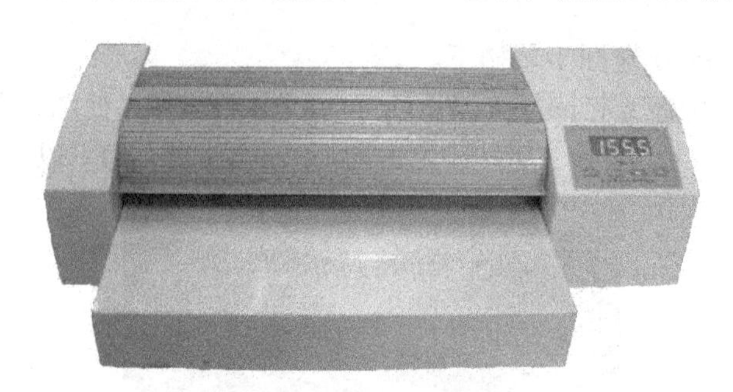

图2-35 设置转印机温度

等待温度上升至150℃后，将打印的PCB板图有图的一面与覆铜板铜箔面贴在一起。送入转印机进行转印，注意放入电路板时用手按住纸和电路板，防止错位，如图2-36所示。

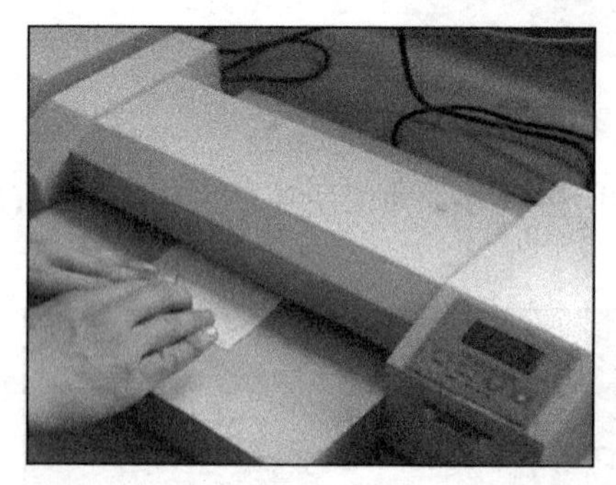

图2-36 转印PCB板图

(5) 常用三氯化铁加水做为腐蚀原料。通常三氯化铁大部分是固体状态，如图2-37所示。要配成腐蚀电路板的溶液，可按质量大小配比：一般三氯化铁为35%再加上65%的水配制而成。三氯化铁溶液浓度不一定很严格，浓度较浓的溶液腐蚀速度较快，反之速度则慢一些，为节约成本在制作过程中三氯化铁溶液可重复多次使用。

将电路图放入腐蚀液内进行腐蚀，在腐蚀时为加快速度还可以对三氯化铁溶液加热，一般温度应控制在30～50℃，最高不要超过65℃，如图2-38所示。仔细观察，当油墨保护以外的铜箔脱落后，拿出电路板并用清水进行清洗。

图2-37 三氯化铁

图2-38 腐蚀PCB板

(6) 将腐蚀后的 PCB 进行检查，连线有无短路，用砂纸对其留下的黑色碳粉进行处理，如图 2-39 所示。

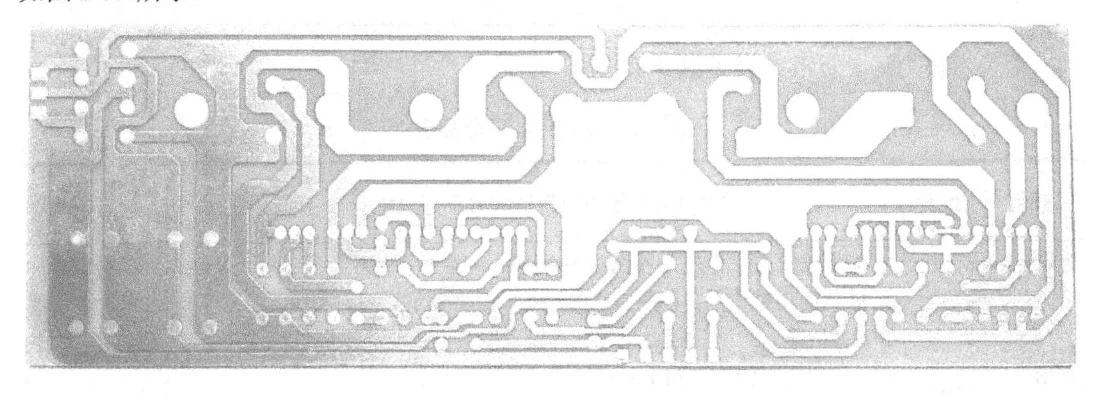

图 2-39　腐蚀后的 PCB 板

(7) 将腐蚀好的 PCB 板送入台钻进行打孔，一般钻头可选用直径为 0.5～1.2mm，打孔时注意控制好台钻转速和下压行程力度，如图 2-40 所示。

图 2-40　PCB 板打孔

(8) 制作完成后的电子产品 PCB 板如图 2-41 所示。

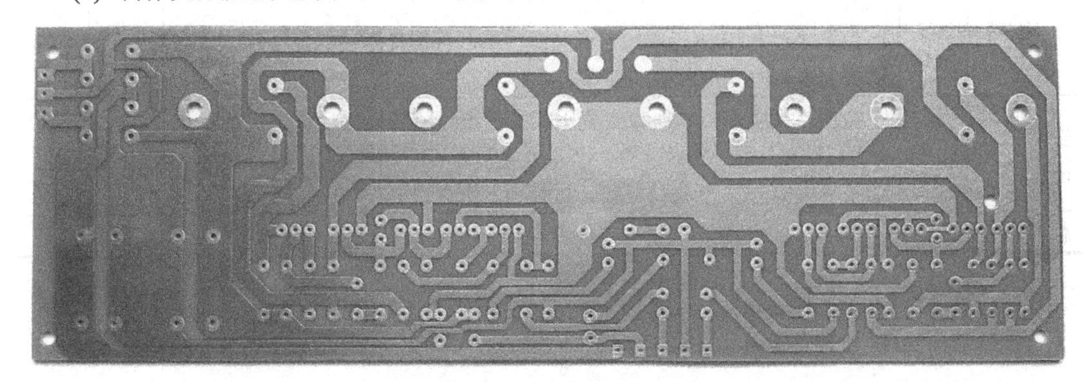

图 2-41　完整的 PCB 板图

2.4 项 目 考 核

项目考核与评分标准，详见表 2-5。

表 2-5 项目考核评分标准

项目	配分	扣分标准(每项目累计扣分不超过配分)	扣分记录	得分
PCB 库操作	20 分	1. 能正确设置工作层及各选项，否则每缺选一个或错选一个扣 2 分； 2. 能正确测量单位、各种栅格的尺寸、栅格显示类型，飞线、导孔等的显示或隐藏，正确设置显示颜色，设置路径、弧线，按要求设置某个缺省值，否则每错一个扣 1 分； 3. 按要求创建新文件、在 PCB 文件中装载 3 个库、按要求完成对文件的保存，否则每缺选一个或错选一个扣 2 分； 4. 按要求创建元件封装库、正确创建元件封装、对元件进行命名、完成文件的保存，否则每错一个扣 1 分		
PCB 布局	20 分	1. 按要求的路径打开文件、按照样图放置元件、修改元件的序号、型号、封装型号字符高度、宽度等，否则每缺选一个或错选一个扣 2 分； 2. 按要求正确放置安装孔、按要求完成对文件的保存，否则每错一个扣 1 分		
PCB 布线及设计规则检查	20 分	1. 按要求的路径打开文件、正确设置布线线宽，过孔、焊盘，顶层、底层的布线方向等，否则每错一个扣 1 分； 2. 按要求对线宽进行调整、对整板进行设计规则检查，直到无错为止、完成对文件的保存，否则每错一个扣 1 分		
PCB 板制作	30 分	1. 按要求完成手工制作 PCB 板、正确打印 PCB 板图，否则每错一个扣 4 分； 2. 按要求对 PCB 板下材料、对 PCB 板进行表面的氧化层及油污，否则每错一个扣 5 分； 3. 按要求打开转印机同时设置转印机、正确转印图纸，否则每错一个扣 4 分； 4. 按要求对 PCB 进行腐蚀、调制腐蚀液，否则每错一个扣 4 分； 5. 按要求正确操作台钻，按要求对 PCB 打孔，否则每错一个扣 5 分		
安全操作	10 分	1. 操作过程中做与本次课内容不相关的事、使用电脑后不关机或不正确关机，每次扣 2 分； 2. 正确完成 PCB 板进行制作，过程中严重失误的扣 10 分		
总 分				

项目3

电子产品元器件识别与检测

3.1 项目任务

电子产品元器件识别与检测见表3-1。

表3-1 电子产品元器件识别与检测

项目内容	1. 正确识读电子元器件、掌握基本命名方法； 2. 掌握电阻器、电容器、电感器变压器的识别与检测； 3. 掌握半导体二极管、三极管的识别与检测； 4. 开关接插件扬声器传声等识别与检测； 5. 其他器件的识别与检测； 6. 用万用表正确检测常用电子元器件的主要性能参数； 7. 能正确使用工具测试不同的元器件质量好坏； 8. 掌握常用基本元器件的检测注意事项
重难点	1. 正确识读电子元器件，用万用表检测常用电子元器件的主要性能参数； 2. 能正确使用工具测试不同的元器件质量好坏
参考的相关文件	SJ/T 10694—2006《电子产品制造与应用系统防静电检测通用规范》； SJ 20896—2003《印制电路板组件装焊后的洁净度检测及分级》； SJ/Z 11266—2002《电子设备的安全》； GJB 548A—1996《微电子器件试验方法和程序》； GJB 360A—1996《电子及电气元件试验方法》

项目导读

电子技术的核心是电子元器件，其中大部分是微电子器件。元器件是电子设备和系统的基本单元，为了提高系统的可靠性，必须首先保证元器件的可靠性，但是即使高可靠性的元器件，在最好的生产工艺和生产控制下，仍然不可避免地会产生一些有缺陷、质量不符合要求的产品，所以在装机前对元器件进行测试筛选就显得尤其重要。

3.1.1 电阻器识别与检测任务书

见表 3-2。

表 3-2 电阻器识别与检测任务书

××学院		电阻器识别与检测任务书		文件编号	
				版　次	
				共 6 页/第 1 页	
工序号：1		工序名称：电阻器件识别与检测		作 业 内 容	
允许偏差 倍率位 第二位有效数字位 第一位有效数字位 调零 测试 电阻器识别与检测 读数(读出万用表上示数)				1	正确识别电阻器件，准确读出电阻器阻值大小
				2	正确使用万用表，按照检测方法和步骤准确检测出元器件质量好坏
				3	掌握正确检测方法、步骤和要领
				使用工具(书籍)	
				元器件手册、万用表	
				※工艺要求(注意事项)	
				1	掌握正确检测方法、步骤和要领
				2	在测试过程中注意减小误差(不得加入人体电阻)
更改标记		编　制		批　准	
更改人签名		审　核		生产日期	

3.1.2　电位器识别与检测任务书

见表 3-3。

表 3-3　电位器识别与检测任务书

××学院	电位器识别与检测任务书			文件编号	
				版　　次	
				共 6 页/第 2 页	
工序号:1	工序名称：电位器识别与检测			作　业　内　容	
调零　测试　读数(读出万用表上示数) 电位器识别与检测				1	根据元器件特性用万用表检测元器件质量好坏
				2	按照检测方法和步骤一步一步进行
				3	掌握检测方法和要领
				使用工具(书籍)	
				元器件手册、万用表	
				※工艺要求(注意事项)	
				1	掌握正确检测方法、步骤和要领
				2	在测试过程中注意减小误差(不得加入人体电阻)
更改标记		编　制		批　　准	
更改人签名		审　核		生产日期	

3.1.3 电容器识别与检测任务书

见表 3-4。

表 3-4 电容器识别与检测任务书

<table>
<tr><td rowspan="3" colspan="2">××学院</td><td rowspan="3" colspan="2">电容器识别与检测任务书</td><td>文件编号</td><td colspan="2"></td></tr>
<tr><td>版　次</td><td colspan="2"></td></tr>
<tr><td colspan="3">共 6 页/第 3 页</td></tr>
<tr><td colspan="2">工序号:1</td><td colspan="2">工序名称：电容器识别与检测</td><td colspan="3">作 业 内 容</td></tr>
<tr><td rowspan="9" colspan="4">电容器识别与检测</td><td>1</td><td colspan="2">根据元器件特性用万用表检测元器件质量好坏</td></tr>
<tr><td>2</td><td colspan="2">按照检测方法和步骤一步一步进行</td></tr>
<tr><td>3</td><td colspan="2">掌握检测方法和要领</td></tr>
<tr><td colspan="3">使用工具(书籍)</td></tr>
<tr><td colspan="3">元器件手册、万用表</td></tr>
<tr><td colspan="3">※工艺要求(注意事项)</td></tr>
<tr><td>1</td><td colspan="2">掌握正确检测方法、步骤和要领</td></tr>
<tr><td>2</td><td colspan="2">在测试过程中注意减小误差(不得加入人体电阻)</td></tr>
<tr><td colspan="3"></td></tr>
<tr><td>更改标记</td><td></td><td>编　制</td><td></td><td>批　准</td><td colspan="2"></td></tr>
<tr><td>更改人签名</td><td></td><td>审　核</td><td></td><td>生产日期</td><td colspan="2"></td></tr>
</table>

3.1.4　二极管识别与检测任务书

见表 3-5。

表 3-5　二极管识别与检测任务书

<table>
<tr><td colspan="2" rowspan="3">××学院</td><td colspan="2" rowspan="3">二极管识别与检测任务书</td><td>文件编号</td><td></td></tr>
<tr><td>版　次</td><td></td></tr>
<tr><td colspan="2">共 6 页/第 4 页</td></tr>
<tr><td colspan="2">工序号：1</td><td colspan="2">工序名称：二极管识别与检测</td><td colspan="2">作 业 内 容</td></tr>
<tr><td colspan="4" rowspan="8">二极管识别与检测</td><td>1</td><td>根据元器件特性用万用表检测元器件质量好坏</td></tr>
<tr><td>2</td><td>按照检测方法和步骤一步一步进行</td></tr>
<tr><td>3</td><td>掌握检测方法和要领</td></tr>
<tr><td colspan="2">使用工具(书籍)</td></tr>
<tr><td colspan="2">元器件手册、万用表</td></tr>
<tr><td colspan="2">※工艺要求(注意事项)</td></tr>
<tr><td>1</td><td>掌握正确检测方法、步骤和要领</td></tr>
<tr><td>2</td><td>在测试过程中注意减小误差(不得加入人体电阻)</td></tr>
<tr><td>更改标记</td><td></td><td>编　制</td><td></td><td>批　准</td><td></td></tr>
<tr><td>更改人签名</td><td></td><td>审　核</td><td></td><td>生产日期</td><td></td></tr>
</table>

3.1.5 三极管识别与检测任务书

见表 3-6。

表 3-6 三极管识别与检测任务书

<table>
<tr><td rowspan="3">××学院</td><td rowspan="3">三极管识别与检测任务书</td><td>文件编号</td><td colspan="2"></td></tr>
<tr><td>版　次</td><td colspan="2"></td></tr>
<tr><td colspan="3">共 6 页/第 5 页</td></tr>
<tr><td>工序号：1</td><td>工序名称：三极管识别与检测</td><td colspan="3">作 业 内 容</td></tr>
<tr><td colspan="2" rowspan="10"> 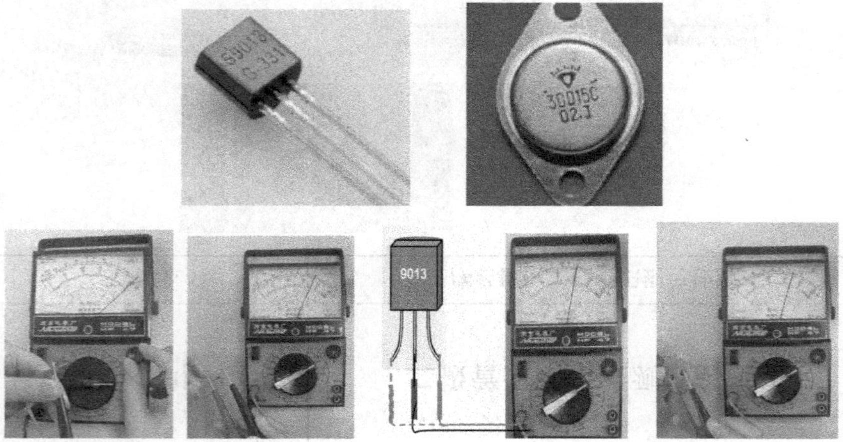调零　测试
三极管识别与检测</td><td>1</td><td colspan="2">根据元器件特性用万用表检测元器件质量好坏</td></tr>
<tr><td>2</td><td colspan="2">按照检测方法和步骤一步一步进行</td></tr>
<tr><td>3</td><td colspan="2">掌握检测方法和要领</td></tr>
<tr><td colspan="3">使用工具(书籍)</td></tr>
<tr><td colspan="3">元器件手册、万用表</td></tr>
<tr><td colspan="3">※工艺要求(注意事项)</td></tr>
<tr><td>1</td><td colspan="2">掌握正确检测方法、步骤和要领</td></tr>
<tr><td>2</td><td colspan="2">在测试过程中注意减小误差(不得加入人体电阻)</td></tr>
</table>

更改标记		编　制		批　准	
更改人签名		审　核		生产日期	

3.1.6　其他器件识别与检测任务书

见表 3-7。

表 3-7　其他器件识别与检测任务书

<table>
<tr><td colspan="2" rowspan="3">××学院</td><td colspan="2" rowspan="3">其他器件识别与检测任务书</td><td>文件编号</td><td></td></tr>
<tr><td>版　　次</td><td></td></tr>
<tr><td colspan="2">共 6 页/第 6 页</td></tr>
<tr><td colspan="2">工序号：1</td><td colspan="2">工序名称：其他器件识别与检测</td><td colspan="2">作 业 内 容</td></tr>
<tr><td colspan="4" rowspan="8">其他器件识别与检测</td><td>1</td><td>根据元器件特性用万用表检测元器件质量好坏</td></tr>
<tr><td>2</td><td>按照检测方法和步骤一步一步进行</td></tr>
<tr><td>3</td><td>掌握检测方法和要领</td></tr>
<tr><td colspan="2">使用工具(书籍)</td></tr>
<tr><td colspan="2">元器件手册、万用表</td></tr>
<tr><td colspan="2">※工艺要求(注意事项)</td></tr>
<tr><td>1</td><td>掌握正确检测方法、步骤和要领</td></tr>
<tr><td>2</td><td>在测试过程中注意减小误差(不得加入人体电阻)</td></tr>
<tr><td>更改标记</td><td></td><td>编　制</td><td></td><td>批　　准</td><td></td></tr>
<tr><td>更改人签名</td><td></td><td>审　核</td><td></td><td>生产日期</td><td></td></tr>
</table>

3.2 项目准备

3.2.1 电阻器基础知识

电阻器是电子电路中应用最广泛的基本元器件之一，在电子设备中，电阻器主要用于稳定和调节电路中的电流和电压，其次还可作为消耗电能的负载、分流器、分压器、稳压电源中的取样电阻、晶体管电路中的偏执电阻等。

电阻器的基本单位是欧姆，用希腊字母Ω表示。在实际应用中，常常使用由Ω导出的单位，如千欧(kΩ)、兆欧(MΩ)等。

1. 电阻器符号

常用电阻器符号见表 3-8。

表 3-8 常用电阻器符号

名　称	符　号	名　称	符　号
电阻	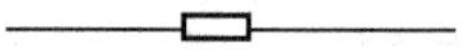	保险电阻	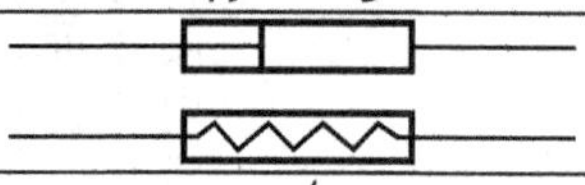
光敏电阻器		压敏电阻器	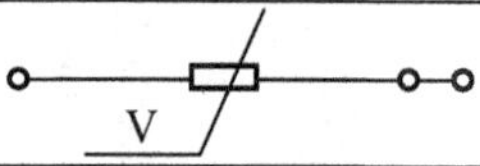 V
热敏电阻器	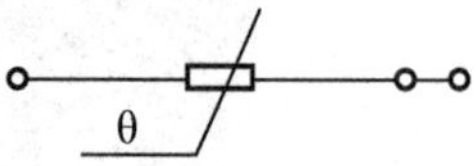 θ	湿敏电阻器	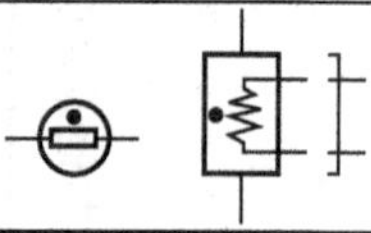

2. 电阻器分类

常用电阻器敏感电阻器实物见表 3-9。

表 3-9 常用电阻器敏感电阻器实物图

名　称	实　物　图	名　称	实　物　图
碳膜电阻(RT)	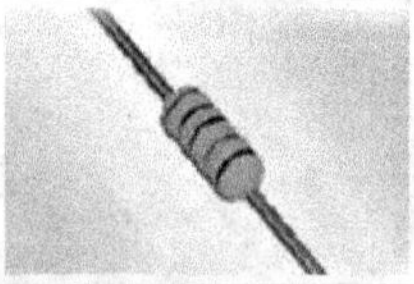	柱状金属膜电阻	
金属膜电阻(RJ)		贴片电阻器	 1963 5230 4022 1333 1001 102 155 295
金属氧化膜电阻(RY)	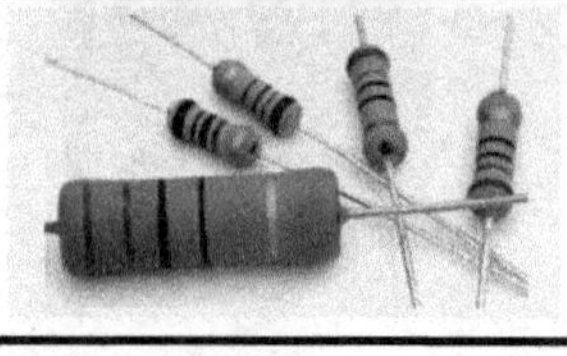	直插排阻	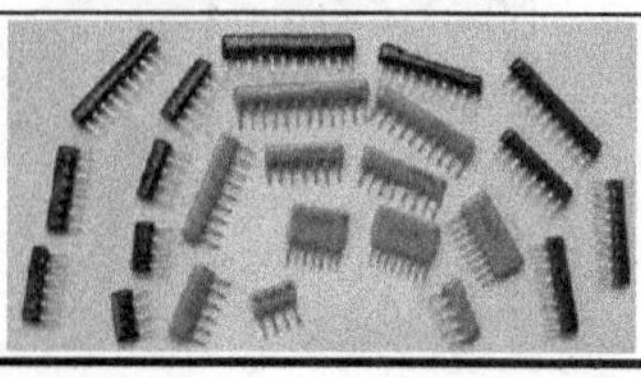

续表

名　称	实　物　图	名　称	实　物　图
大功率线绕电阻(RX)		贴片排阻	
大功率铝壳线绕电阻器	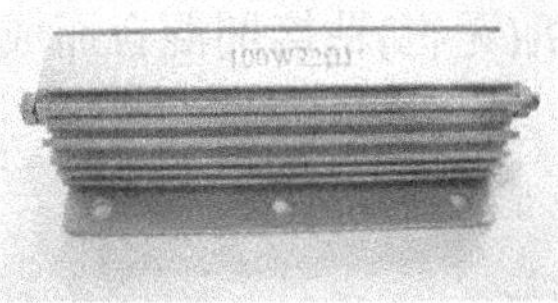	水泥电阻	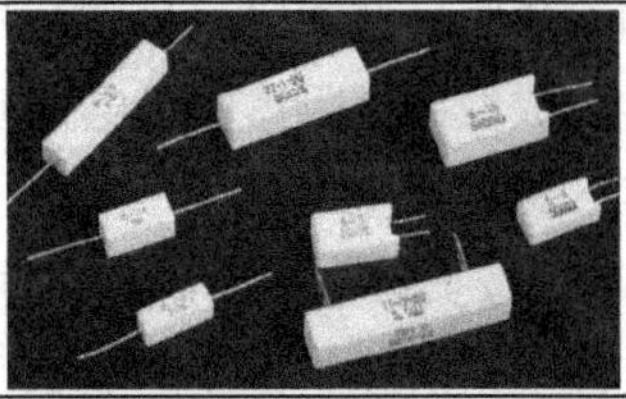
熔断电阻器	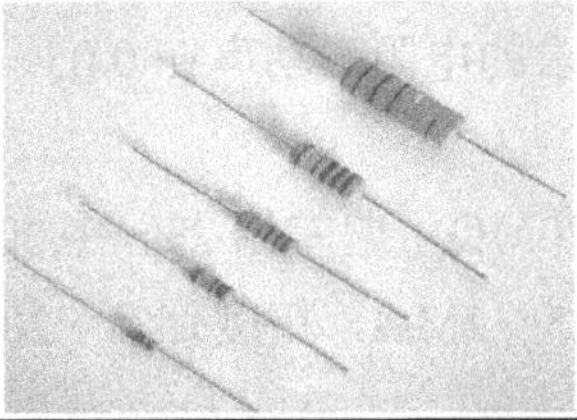	光敏电阻	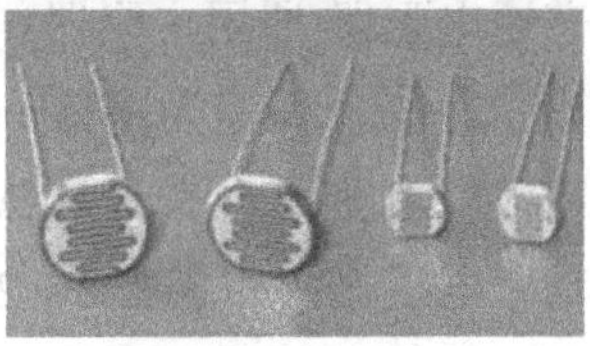
热敏电阻		气敏电阻	
压敏电阻	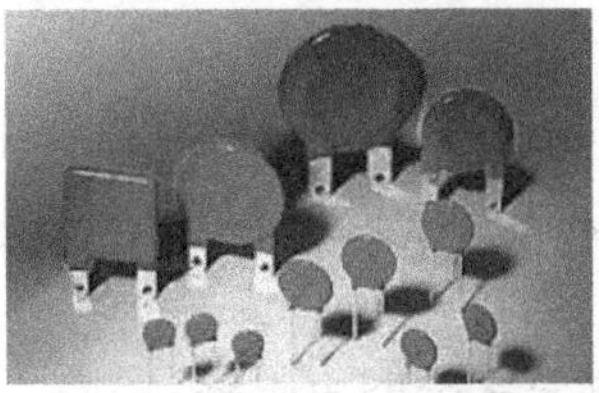	消磁电阻	
湿敏电阻	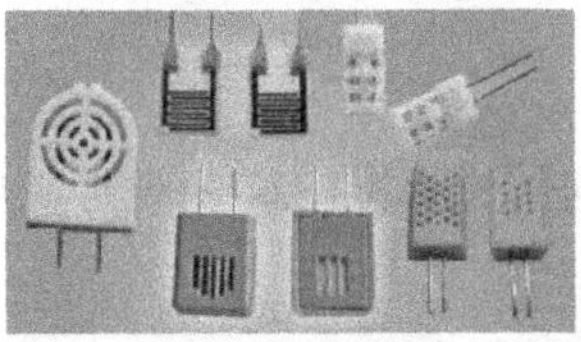	PTC 负温度系数热敏电阻	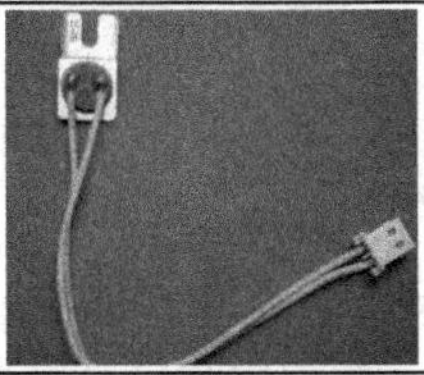
热敏温度传感器	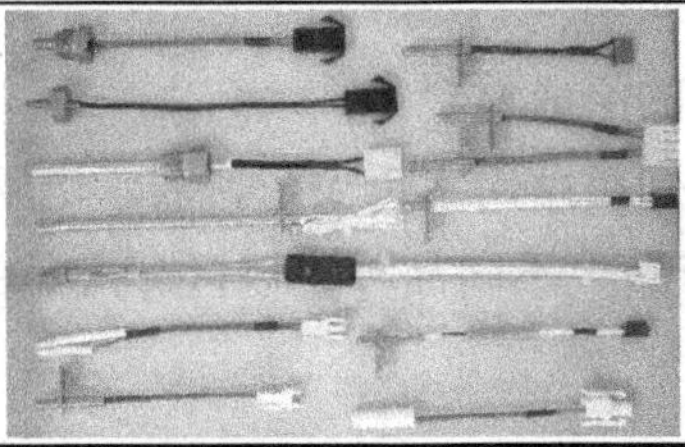	NTC 负温度系数热敏电阻	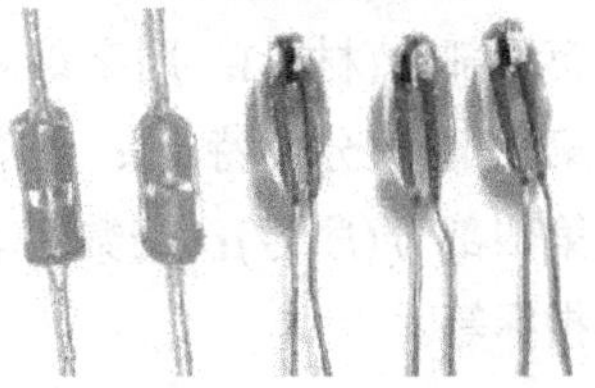

3. 常用电阻器分类简介

(1) 按电阻是否可变，可分为固定电阻器和可变电阻器。

(2) 可变电阻器有滑线变阻器和电位器。

(3) 敏感电阻器有热敏电阻、光敏电阻、压敏电阻、湿敏电阻、气敏电阻等。

(4) 按材料分为以下 3 类。

合金型：用块状电阻合金拉制成合金线或碾成合金箔片，制成电阻，如线绕电阻、精密合金箔电阻等。

薄膜型：在玻璃或陶瓷基体上沉积一层电阻薄膜，膜的厚度一般在几微米以下。薄膜材料有碳膜、金属膜、化学沉积膜、金属氧化膜等。

合成型：电阻体由导电颗粒(石墨、碳黑)和有机(无机)粘接剂混合而成，可以制成薄膜或实芯两种类型。

(5) 按安装方式分，有插件电阻和贴片电阻。

(6) 按用途分为以下几类。

普通电阻器(通用电阻器)：适用于一般技术要求的电阻，功率在 0.05～2W 之间，阻值为 1Ω～22MΩ，偏差为±5%～±20%。

精密电阻器：功率小于 2W，阻值为 0.01Ω～20MΩ，偏差为 2%～0.001%。

功率电阻器：功率在 2～200W 之间，阻值 0.15～1MΩ，精度±5%～20%，多为线绕电阻，不宜在高频电路中使用。

高压电阻器：适用于高压装置中，工作在 1000V～100kV 之间，高的可达 35GV，功率在 0.5～100W 之间，阻值可达 1000MΩ。

高阻电阻器：阻值在 10MΩ以上，最高可达 1014Ω。

高频电阻器(无感电阻器)：电阻自身电感量极小，又叫无感电阻，阻值小于 1kΩ，功率可达 100W，用于频率在 10MHz 以上的电路。

保险电阻器：采用不燃性金属膜制造，具有电阻与保险丝的双重作用，阻值范围为 0.33Ω～10kΩ。当实际功率为额定功率的 30 倍时，7s 断；当实际功率是额定功率的 12 倍时，30～120s 断。

熔断电阻器：可分为一次性熔断电阻器和可恢复式熔断电阻器。

4. 电阻器型号命名法

国产电阻器、电位器、电容器型号命名法根据部颁标准(SJ-73)规定，电阻器、电位器的命名由下列 4 部分组成。

第一部分(主称)：用字母表示，表示电阻的名字。

第二部分(材料)：用字母表示，表示电阻体的组成材料。

第三部分(分类特征)：一般用数字表示，个别类型用字母表示，表示电阻的类型。

第四部分(序号)：用数字表示，表示同类产品中不同品种，以区分产品的外型尺寸和性能指标等。

1) 电阻器和电位器的型号命名方法

直标法见表 3-10。

表 3-10　电阻器型号命名方法

第一部分：主称		第二部分：材料		第三部分：特征分类			第四部分：序号
符号	意义	符号	意义	符号	意义		
					电阻器	电位器	
R	电阻器	T	碳膜	1	普通	普通	对主称、材料相同，仅性能指标、尺寸大小有差别，但基本不影响互换使用的产品，给予同一序号；若性能指标、尺寸大小明显影响互换时，则在序号后面用大写字母作为区别代号
W	电位器	H	合成膜	2	普通	普通	
		S	有机实芯	3	超高频	—	
		N	无机实芯	4	高阻	—	
		J	金属膜	5	高温	—	
		Y	氧化膜	6	—	—	
		C	沉积膜	7	精密	精密	
		I	玻璃釉膜	8	高压	特殊函数	
		P	硼碳膜	9	特殊	特殊	
		U	硅碳膜	G	高功率	—	
		X	线绕	T	可调	—	
		M	压敏	W	—	微调	
		G	光敏	D	—	多圈	
		R	热敏	B	温度补偿用	—	
				C	温度测量用	—	
				P	旁热式	—	
				W	稳压式	—	
				Z	正温度系数	—	

示例：

(1) 精密金属膜电阻器。

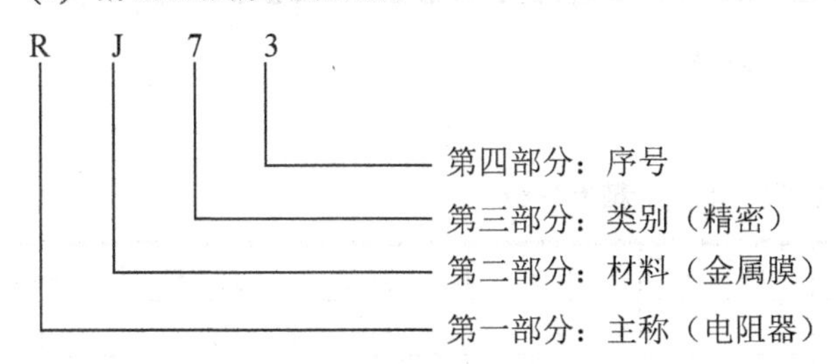

(2) 多圈线绕电位器。

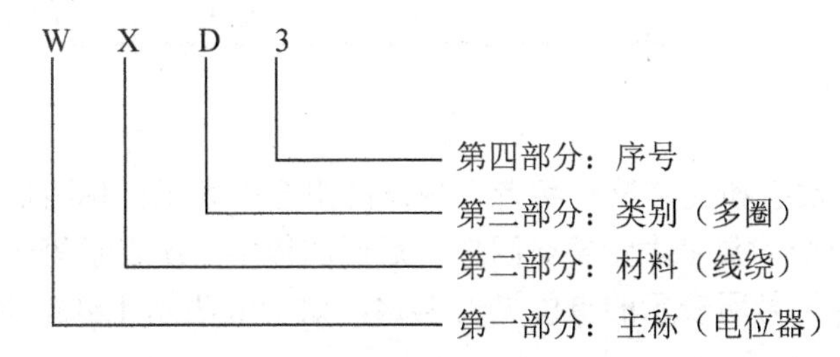

2) 电阻器的主要技术指标

(1) 额定功率：电阻器在电路中长时间连续工作不损坏，或不显著改变其性能所允许消耗的最大功率称为电阻器的额定功率。电阻器的额定功率并不是电阻器在电路中工作时一定要消耗的功率，而是电阻器在电路工作中所允许消耗的最大功率。不同类型的电阻具有不同系列的额定功率，见表 3-11。

表 3-11　电阻器的功率等级

名　　称	额定功率/W					
实芯电阻器	0.25	0.5	1	2	5	—
线绕电阻器	0.5 25	1 35	2 50	6 75	10 100	15 150
薄膜电阻器	0.025 2	0.05 5	0.125 10	0.25 25	0.5 50	1 100

(2) 标称阻值：阻值是电阻的主要参数之一，不同类型的电阻，阻值范围不同，不同精度的电阻其阻值系列亦不同。根据国家标准，常用的标称电阻值系列见表 3-12。E24、E12 和 E6 系列也适用于电位器和电容器。

表 3-12　标称值系列

标称值系列	精　　度	电阻器(⊘)、电位器(⊘)、电容器标称值(pF)							
E24	±5%	1.0 2.2 4.7	1.1 2.4 5.1	1.2 2.7 5.6	1.3 3.0 6.2	1.5 3.3 6.8	1.6 3.6 7.5	1.8 3.9 8.2	2.0 4.3 9.1
E12	±10%	1.0 3.3	1.2 3.9	1.5 4.7	1.8 5.6	2.2 6.8	2.7 8.2	— —	— —
E6	±20%	1.0	1.5	2.2	3.3	4.7	6.8	8.2	—

表中数值再乘以 10^n，其中 n 为正整数或负整数。

(3) 允许误差等级见表 3-13。

表 3-13　电阻的精度等级

允许误差(%)	±0.001	±0.002	±0.005	±0.01	±0.02	±0.05	±0.1
等级符号	E	X	Y	H	U	W	B
允许误差(%)	±0.2	±0.5	±1	±2	±5	±10	±20
等级符号	C	D	F	G	J(Ⅰ)	K(Ⅱ)	M(Ⅲ)

5. 电阻器的标志内容及方法

(1) 文字符号直标法：用阿拉伯数字和文字符号两者有规律的组合来表示标称阻值、额定功率、允许误差等级等。符号前面的数字表示整数阻值，后面的数字依次表示第一位小数阻值和第二位小数阻值，其文字符号所表示的单位见表 3-14，如 1R5 表示 1.5Ω，2k7 表示 2.7kΩ。

例如：

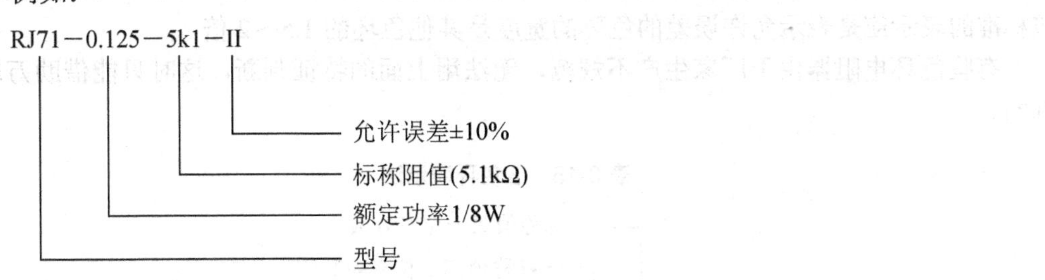

由标号可知，它是精密金属膜电阻器，额定功率为 1/8W，标称阻值为 5.1kΩ，允许误差为±10%。

(2) 色标法：色标法是将电阻器的类别及主要技术参数的数值用颜色(色环或色点)标注在它的外表面上。色标电阻(色环电阻)器主要以四色环、五色环两种标法为主。其含义见表 3-14 和表 3-15。

表 3-14　四色环表示法

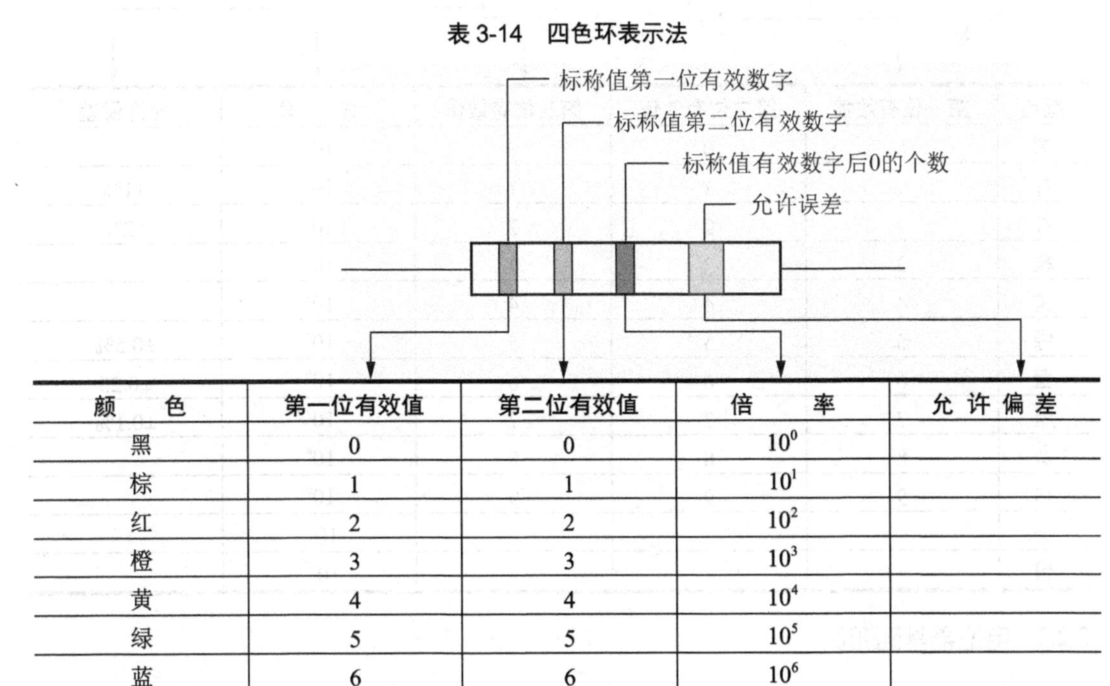

颜　色	第一位有效值	第二位有效值	倍　　率	允 许 偏 差
黑	0	0	10^0	
棕	1	1	10^1	
红	2	2	10^2	
橙	3	3	10^3	
黄	4	4	10^4	
绿	5	5	10^5	
蓝	6	6	10^6	
紫	7	7	10^7	
灰	8	8	10^8	
白	9	9	10^9	−20%～+50%
金			10^{-1}	± 5%
银			10^{-2}	± 10%
无色				± 20%

四色环电阻器的色环表示标称值(二位有效数字)及精度。

例如，色环为棕绿橙金表示 15×10^3=15kΩ±5%的电阻器。

五色环电阻器的色环表示标称值(三位有效数字)及精度。

例如，色环为红紫绿黄棕表示 275×10^4=2.75MΩ±1%的电阻器。

一般四色环和五色环电阻器表示允许误差的色环的特点是该环离其他环的距离较远。较标准的表示应是表示允许误差的色环的宽度是其他色环的 1.5～2 倍。

有些色环电阻器由于厂家生产不规范，无法用上面的特征判断，这时只能借助万用表判断。

表 3-15　五色环表示法

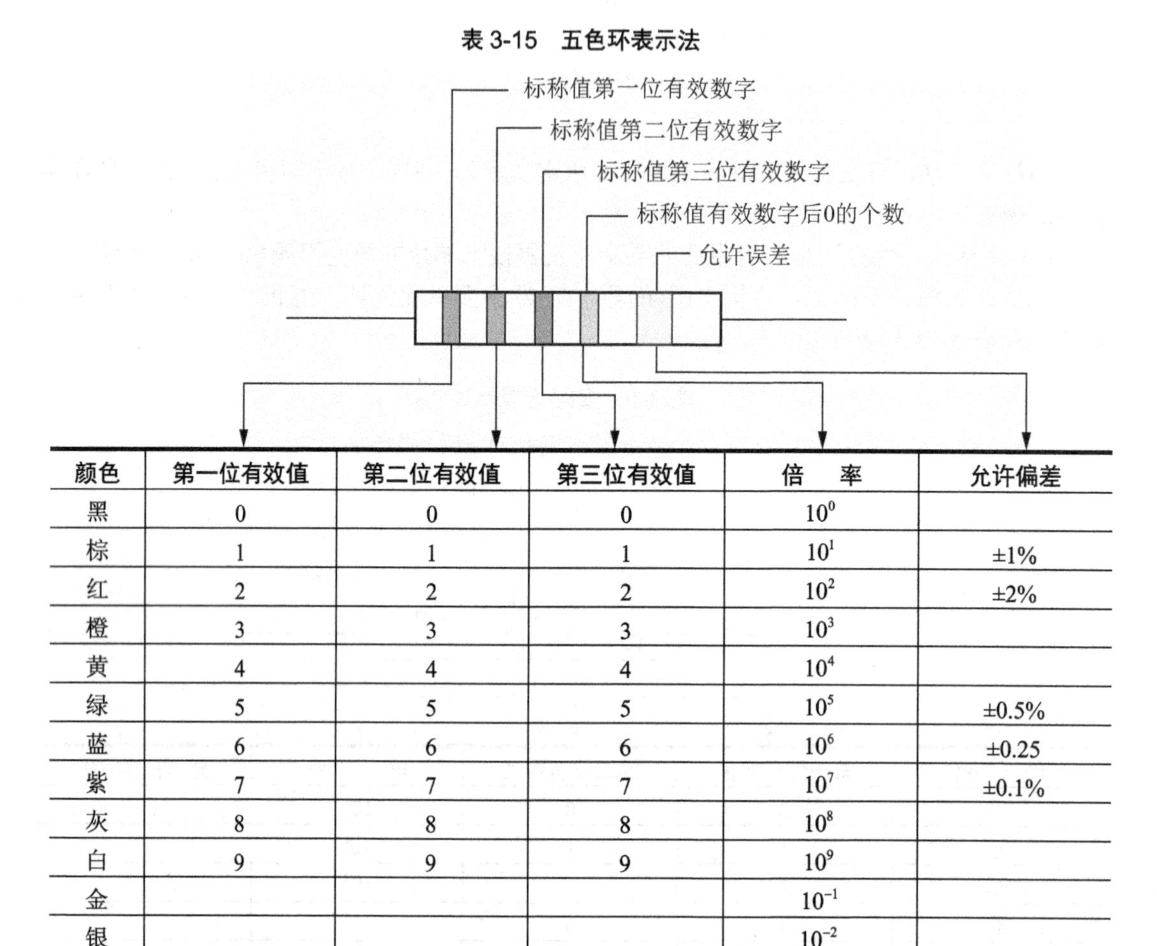

颜色	第一位有效值	第二位有效值	第三位有效值	倍　率	允许偏差
黑	0	0	0	10^0	
棕	1	1	1	10^1	±1%
红	2	2	2	10^2	±2%
橙	3	3	3	10^3	
黄	4	4	4	10^4	
绿	5	5	5	10^5	±0.5%
蓝	6	6	6	10^6	±0.25
紫	7	7	7	10^7	±0.1%
灰	8	8	8	10^8	
白	9	9	9	10^9	
金				10^{-1}	
银				10^{-2}	

3.2.2　电位器基础知识

电位器是可变电阻器的一种。通常是由电阻体与转动或滑动系统组成，即靠一个动触点在电阻体上移动，获得部分电压输出。

电位器的作用——调节电压(含直流电压与信号电压)和电流的大小。

电位器的结构特点——电位器的电阻体有两个固定端，通过手动调节转轴或滑柄，改变动触点在电阻体上的位置，则改变了动触点与任一个固定端之间的电阻值，从而改变了电压与电流的大小。

电位器是一种可调的电子元件。它由一个电阻体和一个转动或滑动系统组成。当电阻体的两个固定触电之间外加一个电压时，通过转动或滑动系统改变触点在电阻体上的位置，在动触点与固定触点之间便可得到一个与动触点位置成一定关系的电压。它大多用作分压器，这时电位器是一个四端元件。电位器基本上就是滑动变阻器，有几种样式，一般用在音箱音量开关和激光头功率大小调节电位器，是一种可调的电子元件。

1．电位器符号

电位器符号如图 3-1 所示。

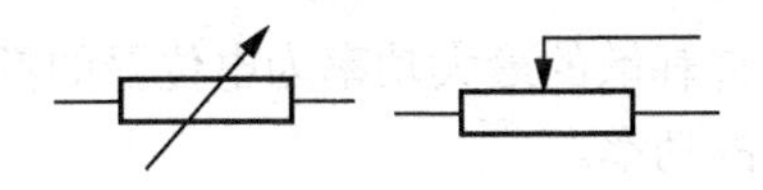

图 3-1　电位器符号

2．电位器分类(表 3-16)

表 3-16　常用电位器外形图

名　　称	实　物　图	名　　称	实　物　图
可变电阻器		微型电位器	
普通旋转式电位器		半可调电位器	
直滑式电位器		双联电位器	
无外壳直滑式电位器		多联电位器	
带开关电位器		线绕多圈电位器	

(1) 按材料分：碳膜、金属氧化膜、线绕电位器。

(2) 按调节方式分：直滑式和旋转式电位器等。

(3) 按电阻的变化规律分：直线式、指数式和对数式电位器。

(4) 按结构特点分：单圈、多圈、抽头式、带开关式电位器等。

(5) 按驱动方式分：手动调节和电动调节电位器。

3. 电位器的主要技术指标

1) 额定功率

电位器的两个固定端上允许耗散的最大功率为电位器的额定功率。使用中应注意额定功率不等于中心抽头与固定端的功率。

2) 标称阻值

标在产品上的名义阻值，其系列与电阻的系列类似。

3) 允许误差等级

实测阻值与标称阻值误差范围根据不同精度等级可允许±20%、±10%、±5%、±2%、±1%的误差。精密电位器的精度可达±0.1%。

4) 阻值变化规律

指阻值随滑动片触点旋转角度(或滑动行程)之间的变化关系，这种变化关系可以是任何函数形式，常用的有直线式、对数式和反转对数式(指数式)。

在使用中，直线式电位器适合于作分压器；反转对数式(指数式)电位器适合于作收音机、录音机、电唱机、电视机中的音量控制器。维修时若找不到同类品，可用直线式代替，但不宜用对数式代替。对数式电位器只适合于作音调控制等。

4. 电位器的一般标志方法

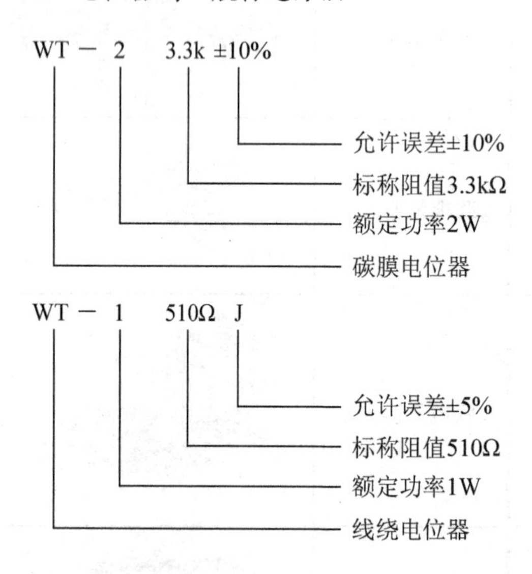

3.2.3 电容器基础知识

电容器是由两个电极及其间的介电材料构成的。介电材料是一种电介质，当被置于两块带有等量异性电荷的平行极板间的电场中时，由于极化而在介质表面产生极化电荷，遂使束缚在极板上的电荷相应增加，维持极板间的电位差不变。这就是电容器具有电容特征的原因。电容器中储存的电量 Q 等于电容量 C 与电极间的电位差 U 的乘积。电容量与极板面积和介电材料的介电常数 ε 成正比，与介电材料厚度(即极板间的距离)成反比。

1. 常用电容器称号(表 3-17)

表 3-17　常用电容器符号

名　称	符　号	名　称	符　号
一般电容		有极性电容器 1	旧
微调电容器		有极性电容器 2	+ 新
单连可变电容器		单连可变电容器	

2. 常用电容器图形(表 3-18)

表 3-18　常用电容器外形图

名　称	实　物　图	名　称	实　物　图
电解电容器		贴片电解电容器	
纸介电容器		云母电容器	
钽电容器		贴片电容器	
瓷片电容器		可调电容器	
玻璃釉电容器		金属化聚丙稀膜电容器	

续表

名　称	实 物 图	名　称	实 物 图
涤纶电容器	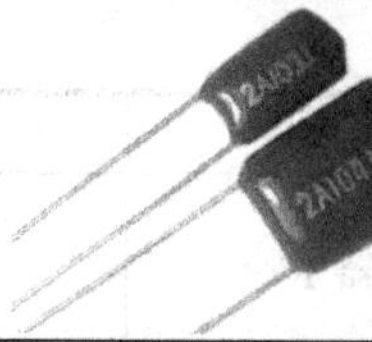	双联固体介质可调电容器	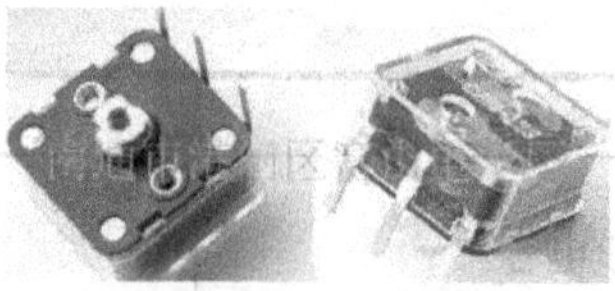
高压瓷片电容器	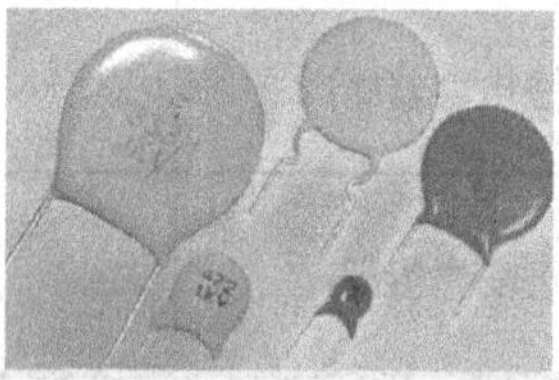	空气介质可变双联电容器	
电动机启动电容器	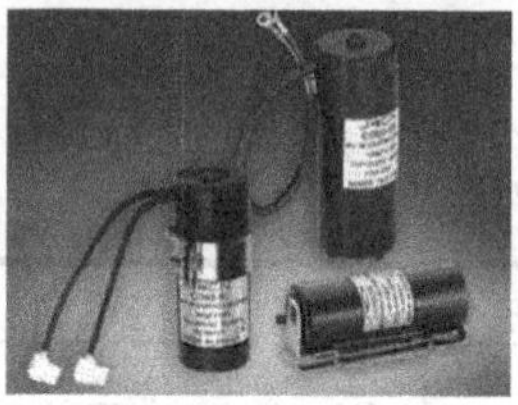	高压电力电容器	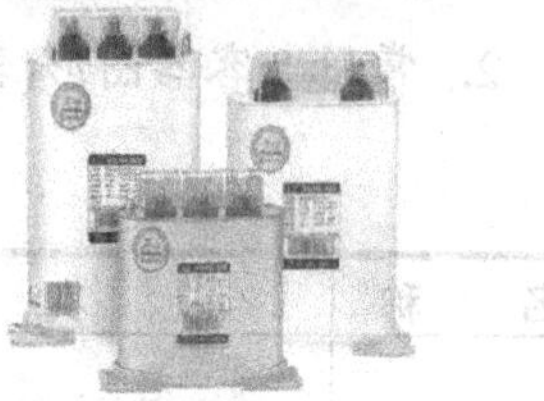

3. 常见电容器介绍

1) 纸介电容器

用两片金属箔作电极，夹在厚度为0.008～0.012mm的电容纸中，卷成圆柱形或者扁柱形芯子，然后密封在金属壳或者绝缘材料壳中制成。

型号分类：CZ32型瓷管密封纸介电容器、CZ40型密封纸介电容器、CZ82型高压密封纸介电容器。

优点：比率电容大，电容范围宽，工作电压高，制造工艺简单，价格便宜，体积较小，能得到较大的电容量。

缺点：稳定性差，固有电感和损耗都比较大，只能应用于低频或直流电路，通常不能在高于3～4MHz的频率上运用，目前已被合成膜电容取代，但在高压纸介电容中还有一席之地。

金属化纸介电容结构和纸介电容基本相同。它是在电容器纸上覆上一层金属膜来代替金属箔，体积小，容量较大，多用在低频电路中。

油浸纸介电容把纸介电容浸在经过特别处理的油里，能增强它的耐压。其特点是电容量大，耐压比普通纸质电容器高，稳定性较好，适用于高压电路，但体积较大。

2) 云母电容器

云母电容器可分为箔片式和被银式。用金属箔或在云母片上喷涂银层作电极板，极板和云母一层一层叠合后，再压铸在胶木粉或封固在环氧树脂中制成，形状多为方块状。

优点：采用天然云母作为电容极间的介质，耐压高，性能相当好，介质损耗小，绝缘电阻大，温度系数小。

缺点：由于受介质材料的影响，容量不能做得太大，一般在10～10000pF之间，且造价相对其他电容要高。

应用：云母电容是性能优良的高频电容之一，广泛应用于对电容的稳定性和可靠性要求高的场合，并可用作标准电容器。

3) 有机薄膜电容器

薄膜电容器结构和纸介电容相同，是以金属箔当电极，将其和聚乙酯、聚丙烯、聚苯乙烯或聚碳酸酯等塑料薄膜从两端重叠后，卷绕成圆筒状的构造。

塑料薄膜的种类又被分别称为聚乙酯电容(又称 Mylar 电容)、聚丙烯电容(又称 PP 电容)、聚苯乙烯电容(又称 PS 电容)和聚碳酸电容。

薄膜电容器具有很多优良的特性，是一种性能优秀的电容器，其主要特性如下：无极性，绝缘阻抗很高，频率特性优异(频率响应宽广)，而且介质损失很小；容量范围为 3pF～0.1uF，直流工作电压为 63～500V，漏电电阻大于 10000Ω。

应用：薄膜电容器被大量使用在模拟电路上。尤其是在信号交连的部份，必须使用频率特性良好、介质损失极低的电容器，方能确保信号在传送时，不致有太大的失真情形发生。近年来音响器材为了提升声音的品质，PP 电容和 PS 电容被使用在音响器材的频率与数量愈来愈高。

4) 电解电容器

电解电容器以金属(正)和电解质(负)作电容器的两个电极板，以金属氧化膜作电介质。其使用温度一般在-200℃～850℃。

铝电解 CD 以铝为正极，液体电解质作负极，氧化铝膜为介质，温度范围多为-20～850℃。超过 850℃时，漏电流增加；低于-200℃时，容量变小，耐压为 6.3～450V，容量 10～680μF。目前已生产出无极性铝电解电容，如 CD71、CD03、CD94，具有价廉、用途广的特点。

钽电解 CA：寿命、可靠性好于铝，体积小于铝，上限温度可达 2000℃，但耐压不超过 160V，价格贵。

铌电解：介电常数大于钽，体积更小，稳定性比钽稍差。

5) 可变电容器

以两组相互平行的金属片作为电极，以空气或固体薄膜为介质，固定不动的一组称为定片，能随转轴一起转动的一组叫动片。常用的可变电容器有以下几种。

空气介质可变电容器 CB 以两组金属片作电极，空气为介质，动片可随轴旋转 180°，根据金属片的形状，可做成直线式(电容直线式，波长直线式，频率直线式)、对数电容式等。

可做成单联、双联或多联，每联的最外层一片定片有预留的几个细长缺口，在使用时，通过改变与动片的间距，达到微调目的，以获得较好的同轴性。

固体介质可变电容器 CBG 或 CBM 固体介质可变电容器在动片和定片之间常以云母和聚苯乙烯薄膜作为介质。体积小，重量轻，常用于收音机，可做成等容、差容、双联、三联和四联电容器。

6) 贴片陶瓷电容器

精度误差为±0.1pF，片容的耐压为 6.3～630V，应用于电子设备、移动通信设备、办公自动设备、自动电子、检测设备、混合集成电路等。陶瓷薄片层绝缘，先进的分层技术，使高层的元件具有较高的电容值。单体结构使之具有良好的机械性能，可靠性极高。良好的尺寸精度保证了自动安装的准确性。

7) 玻璃釉电容器

玻璃釉电容器的介质是玻璃釉粉加压制成的薄片。因釉粉有不同的配制工艺方法，可获得不同性能的介质，也就是可以制成不同性能的玻璃釉电容器。玻璃釉电容器具有介质介电系数大、体积小、损耗较小等特点，耐温性和抗湿性也较好。

用途：玻璃釉电容器适合在半导体电路和小型电子仪器中的交、直流电路或脉冲电路使用。

8) 涤纶电容器

用两片金属箔作电极，夹在极薄绝缘介质中，卷成圆柱形或者扁柱形芯子，介质是涤纶。涤纶薄膜电容介电常数较高，体积小，容量大，稳定性较好，适宜作旁路电容。

特性：额定温度为+125℃，标称值偏差为±5%(j)、±10%(k)，耐电压为2ur(1s)，绝缘电阻≥30000m，损耗角正切≤0.01(1kHz)

优点：精度、损耗角、绝缘电阻、温度特性、可靠性及适应环境等指标都优于电解电容、瓷片电容。

缺点：容量、价格比及体积比都大于以上两种电容。

用途：程控交换机等各种通信器材，视听、影音设备，直流和 VHF 级信号隔直、旁路、耦合电路，滤波、降噪、脉冲电路中。

4. 电容器型号命名法(表 3-19)

表 3-19 电容器型号命名法

第一部分：主称		第二部分：材料		第三部分：特征、分类						第四部分：序号
符号	意义	符号	意义	符号	意义					
					瓷介	云母	玻璃	电解	其他	
C	电容器	C	瓷介	1	圆片	非密封	—	箔式	非密封	对主称、材料相同，仅尺寸、性能指标略有不同，但基本不影响互换使用的产品，给予同一序号；若尺寸性能指标的差别明显，影响互换使用时，则在序号后面用大写字母作为区别代号
		Y	云母	2	管形	非密封	—	箔式	非密封	
		I	玻璃釉	3	迭片	密封	—	烧结粉固体	密封	
		O	玻璃膜	4	独石	密封	—	烧结粉固体	密封	
		Z	纸介	5	穿心	—	—	—	穿心	
		J	金属化纸	6	支柱	—	—	—	—	
		B	聚苯乙烯	7	—	—	—	无极性	—	
		L	涤纶	8	高压	高压	—	—	高压	
		Q	漆膜	9	—	—	—	特殊	特殊	
		S	聚碳酸脂	J	金属膜					
		H	复合介质	W	微调					
		D	铝							
		A	钽							
		N	铌							
		G	合金							
		T	钛							
		E	其他							

示例：

(1) 铝电解电容器。

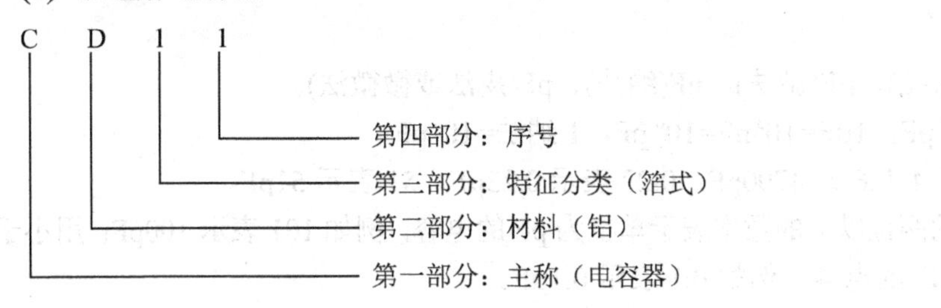

(2) 圆片形瓷介电容器。

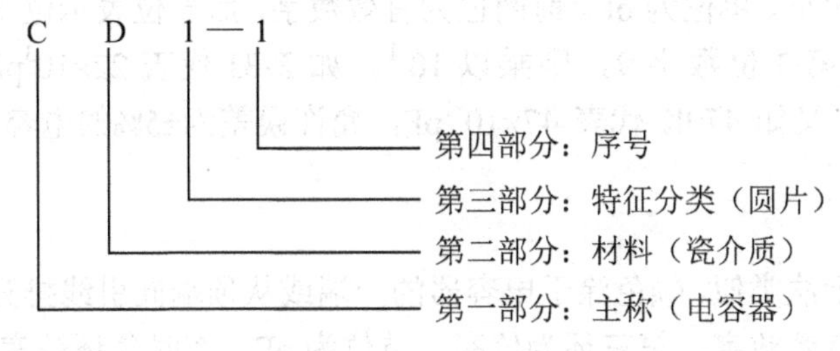

(3) 纸介金属膜电容器。

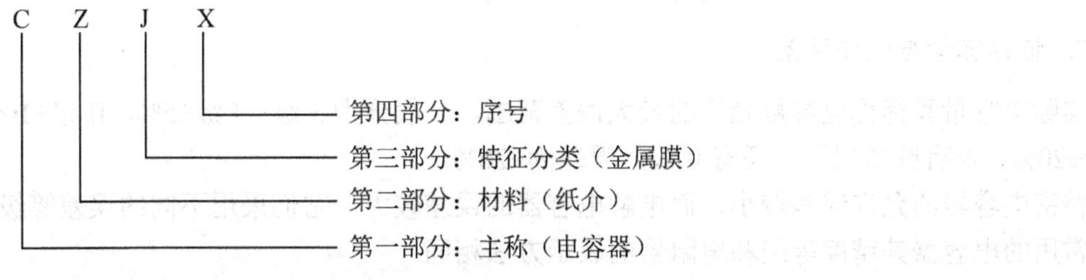

5. 电容器的主要技术指标

(1) 电容器的耐压：常用固定式电容的直流工作电压系列为 6.3V、10V、16V、25V、40V、63V、100V、160V、250V、400V。

(2) 电容器容充误差等级：常见 7 个等级见表 3-20。

表 3-20　电容器允许误差等级

容许误差	±2%	±5%	±10%	±20%	+20% −30%	+50% −20%	+100% −10%
级别	0.2	I	II	III	IV	V	VI

(3) 标称电容量见表 3-21。

表 3-21　固定式电容器标称容量系列和容许误差

系列代号	E24	E12	E6
容许误差	±5%(I)或(J)	±10%(II)或(K)	±20%(III)或(m)
标称容量对应值	10,11,12,13,15,16,18,20,22,24,27,30,33,36,39,43,47,51,56,62,68,75,82,90	10,12,15,18,22,27,33,39,47,56,68,82	10,15,22,23,47,68

注：标称电容量为表中数值或表中数值再乘以 10^n，其中 n 为正整数或负整数，单位为 pF。

6. 电容器的标志方法

1) 直标法

容量单位：F(法拉)、μF(微法)、nF(纳法)、pF(皮法或微微法)。

$1F=10^6\ \mu F=10^{12}\ pF$，$1\mu F=10^3\ nF=10^6\ pF$，1 纳法$=10^3\ pF$

例如：4n7 表示 4.7nF 或 4700pF，0.22 表示 0.22μF，51 表示 51pF。

有时用大于 1 的两位以上的数字表示单位为 pF 的电容，例如 101 表示 100pF；用小于 1 的数字表示单位为μF 的电容，例如 0.1 表示 0.1μF。

2) 数码表示法

一般用 3 位数字来表示容量的大小，单位为 pF。前两位为有效数字，后一位表示位率，即乘以 10^i，i 为第 3 位数字，若第 3 位数字 9，则乘以 10^{-1}，如 223J 代表 22×10^3pF=22000pF=0.22μF，允许误差为±5%；又如 479K 代表 47×10^{-1}pF，允许误差为±5%的电容。这种表示方法最为常见。

3) 色码表示法

这种表示法与电阻器的色环表示法类似，颜色涂于电容器的一端或从顶端向引线排列。色码一般只有 3 种颜色，前两环为有效数字，第三环为位率，单位为 pF。有时色环较宽，如红红橙，两个红色环涂成一个宽的，表示 22000pF。

7. 标称容量与允许误差

实际电容量和标称电容量允许的最大偏差范围，一般分为 3 级：I 级±5%，II 级±10%，III 级±20%。在有些情况下，还有 0 级，误差为±20%。

精密电容器的允许误差较小，而电解电容器的误差较大，它们采用不同的误差等级。

常用的电容器其精度等级和电阻器的表示方法相同。

8. 额定工作电压

额定工作电压是指在规定的工作温度范围内，电容器在电路中连续工作而不被击穿的加在电容器上的最大有效值，又称耐压。对于结构、介质、容量相同的器件，耐压越高，体积越大，见表 3-22。

表 3-22 电容额定电压系列

单位：V

1.6	4	6.3	10	16
25	(32)	40	(50)	63
100	(125)	160	250	(300)
400	(450)	500	630	1000
1600	2000	2500	3000	4000
5000	6300	8000	10000	15000
20000	25000	30000	35000	40000
45000	50000	60000	80000	100000

注：带括弧者仅为电解电容所用

9. 温度系数

在一定温度范围内，温度每变化1℃，电容量的相对变化值。一般常用α_C表示电容器的随温度变化的特性。

$$\alpha_C = \frac{C_2 - C_1}{C_1(t_2 - t_1)} = \frac{1}{C}\frac{\Delta C}{\Delta t} \ 1/℃$$

一般情况下，温度系数越小越好。

10. 漏电流和绝缘电阻

由于电容器中的介质并非完全的绝缘体，因此，任何电容器工作时，都存在漏电流。漏电流过大，会使电容器性能变坏，甚至失效；电解电容还会爆炸。

常用绝缘电阻表示绝缘性能，一般电容器绝缘电阻都在数百MΩ到数GΩ数量级。相对而言，绝缘电阻越大越好，漏电也小。

11. 损耗因数

在电场的作用下，电容器在单位时间内发热而消耗的能量即为损耗。这些损耗主要来自介质损耗和金属损耗，包括有功损耗P和无功损耗Q。有功损耗与无功损耗之比即为损耗因数$\tan\delta$，通常用损耗角正切值来表示。$\tan\delta$越小，则电容质量越好，一般为数10^{-2}～10^{-4}量级。

12. 频率特性

电容器的电参数随电场频率而变化的性质。在高频条件下工作的电容器，由于介电常数在高频时比低频时小，电容量也相应减小，损耗也随频率的升高而增加。另外，在高频工作时，电容器的分布参数，如极片电阻、引线和极片间的电阻、极片的自身电感、引线电感等，都会影响电容器的性能。这使得电容器的使用频率受到限制。

不同品种的电容器，最高使用频率不同。小型云母电容器在250MHZ以内；圆片型瓷介电容器为300MHZ；圆管型瓷介电容器为200MHZ；圆盘型瓷介可达3000MHZ；小型纸介电容器为80MHZ；中型纸介电容器只有8MHZ。

3.2.4 电感器基础知识

用绝缘导线绕制的各种线圈称为电感。用导线绕成一匝或多匝以产生一定自感量的电子元件，常称为电感线圈或简称线圈。电感器在电子线路中应用广泛，是实现振荡、调谐、耦合、滤波、延迟、偏转的主要元件之一。为了增加电感量、提高Q值并缩小体积，常在线圈中插入磁心。在高频电子设备中，印制电路板上一段特殊形状的铜皮也可以构成一个电感器，通常把这种电感器称为印制电感或微带线。

1. 电感器的分类

常用的电感器有固定电感器、微调电感器、色码电感器等。变压器、阻流圈、振荡线圈、偏转线圈、天线线圈、中周、继电器以及延迟线和磁头等，都属于电感器种类。

2. 电感器电感量的标志方法

(1) 直标法，单位有 H(亨利)、mH(毫亨)、μH(微亨)。

(2) 数码表示法，方法与电容器的表示方法相同。

(3) 色码表示法，这种表示法也与电阻器的色标法相似，色码一般有四种颜色，前两种颜色为有效数字，第 3 种颜色为倍率，单位为μH，第 4 种颜色是误差位。

电感器(简称电感)是由导线在绝缘管上单层或多层绕制而成的，导线彼此互相绝缘，而绝缘管可以是空心的，也可以包含铁心或磁粉芯。用 L 表示，单位有亨利(H)、毫亨利(mH)、微亨利(μH)，换算关系为 $1H=10^3mH=10^6\mu H$。

在电子元件中，电感通常分为两类，一类是应用自感作用的线圈，另一类是应用互感作用的变压器。

(1) 作为线圈：主要作用是滤波、聚焦、偏转、延迟、补偿，与电容配合用于调谐、陷波、选频、震荡。

(2) 作为变压器：主要用于偶合信号、变压、阻抗匹配等。

3. 电感符号(表 3-23)

表 3-23 常用电感器符号

名　称	符　号	名　称	符　号
电感器		带铁(磁)芯电感器	
非铁磁心电感器		带抽头电感器	
可调电感器		磁心微调电感器	
铁心变压器		多绕级铁心变压器	
绕组间有屏蔽的变压器		带屏蔽变压器	

4. 常用电感器、变压器图形(表 3-24)

表 3-24 常用电感器变压器外形图

名　称	实 物 图	名　称	实 物 图
空芯电感器		色环电感器	

续表

名　称	实 物 图	名　称	实 物 图
贴片电感器		工字电感器	
共模扼流圈		磁环电感器	
模压可调电感器		天线电感器	
磁环		磁棒电感器	
可调电感器(行振荡)		贴片线绕电感器	
变压器		中频变压器(中周)	
C型变压器		E型变压器	
开关电源变压器		环形变压器	

5. 电感器分类

(1) 按电感形式分类：固定电感、可变电感、微调电感。

(2) 按导磁体性质分类：空芯线圈、铁氧体线圈、铁心线圈、铜心线圈。

(3) 按工作性质分类：天线线圈、振荡线圈、扼流线圈、陷波线圈、偏转线圈。

(4) 按形状分：线绕电感(单层线圈、多层线圈及蜂房线圈)、平面电感(印制板电感、片状电感)。

(5) 按工作频率分类：高频线圈、中频电感、低频线圈。

(6) 按功能分类：振荡线圈、扼流圈、耦合线圈、校正线圈和偏转线圈。

6. 主要参数

(1) 标称电感量及偏差：标称电感量符合 E 系列，偏差一般在±5%～±20%。

(2) 感抗 X_L：电感线圈对交流电流阻碍作用的大小称感抗 X_L，单位是欧姆。它与电感量 L 和交流电频率 f 的关系为 $X_L=2\pi fL$。

分布电容与直流电阻：线圈的匝与匝间、线圈与屏蔽罩间、线圈与底版间存在的电容称为分布电容。分布电容的存在使线圈的 Q 值减小，稳定性变差，故分布电容越小越好。在绕制时，常采用间绕法、蜂房绕法，以减小分布电容。而线圈是由导线绕成的，导线存在一定的直流电阻。直流电阻的存在，会使线圈损耗增大，品质因数降低。在绕制时，常用加粗导线来减小直流电阻。

(3) 品质因素 Q 是表示线圈质量的一个重要参数，品质因数在数值上等于线圈在某一频率的交流信号通过时，线圈所呈现的感抗和线圈的直流电阻的比值，即 $Q=X_L/R$。

线圈的 Q 值愈高，回路的损耗愈小。线圈的 Q 值与导线的直流电阻、骨架的介质损耗、屏蔽罩或铁心引起的损耗、高频趋肤效应的影响等因素有关。线圈的 Q 值通常为几十到几百。

(4) 额定电流线圈长时间工作所允许通过的最大电流。在如高频扼流圈、大功率谐振线圈以及作滤波用的低频扼流圈等场合，工作时需通过较大的电流，选用时应注意。

(5) 稳定性线圈产生几何变形，温度变化引起的固有电容和漏电损耗增加，都会影响电感线圈的稳定性。电感线圈的稳定性，通常用电感温度系数 α_L 和不稳定系数 β_L 来衡量，α_L、β_L 越大表示线圈稳定性越差。

温度对电感量的影响，主要是由导线热胀冷缩、几何变形而引起的。为减小这一影响，一般采用热绕法(绕制时将导线加热，冷却后导线收缩，紧紧贴合在骨架上)或烧渗法(在线圈的陶瓷骨架上，烧渗一层银薄膜，代替导线)，保证线圈不变形。

型号、规格及命名方式如下。

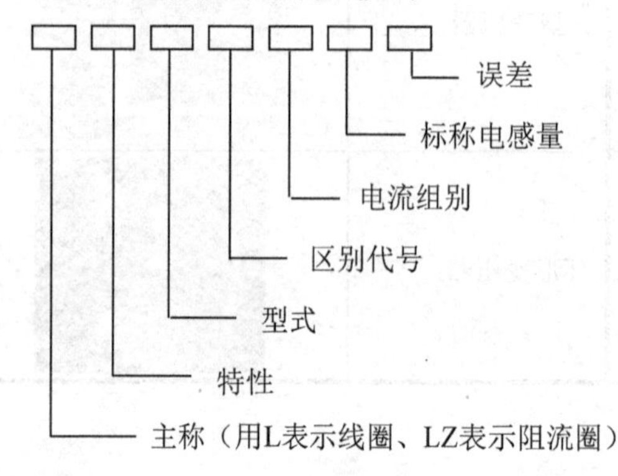

特性：一般用 G 表高频，低频一般不标。

型式：用字母或数字表示。X——小型；1——轴向引线(卧式)；2——同向引线(立式)。

区别代号：用字母表示，一般不标。

电流组别：用字母表示，A(50mA)、B(150mA)、C(300mA)、D(700mA)、E(1600mA)。

标称电感量：符合 E 系列，直接用文字标注或数码标出(用数码时单位为μH)。

误差：用字母表示。

7. 常见电感器介绍(表 3-25)

1) 色环电感

色环电感(色码电感)：是指在电感器表面涂上不同的色环来代表电感量(与电阻器类似)的电感。通常用四色环表示，紧靠电感体一端的色环为第一环，露着电感体本色较多的另一端为末环。其第一色环是十位数，第二色环为个位数，第三色环为应乘的倍数(单位为mH)，第四色环为误差率。

基本特征：①结构坚固，成本低廉，适合自动化生产；②特殊铁心材质，高 Q 值及自共振频率；③外层用环氧树脂处理，可靠度高；④电感范围大，可自动插件。

2) 扼流线圈

扼流线圈又称为扼流圈、阻流线圈、差模电感器，是用来限制交流电通过的线圈，分高频阻流圈和低频阻流圈。采用开磁路构造设计，有结构性佳、体积小、高 Q 值、低成本等特点。

用途：笔记型电脑、喷墨印表机、影印机、显示监视器、手机、宽频数据机、游戏机、彩色电视、录放影机、摄影机、微波炉、照明设备、汽车电子产品等。

3) 贴片电感

贴片电感又称为功率电感、大电流电感、表面贴装高功率电感。适合表面贴装、优异的端面强度与良好的焊锡性。具有较高 Q 值，低阻抗、低漏磁、低直电阻、耐大电流、可提供编带包装、便于自动化装配等特点。

用途：电脑显示板卡，笔记本电脑，脉冲记忆程序设计。可提供卷轴包装，适用于表面自动贴装。

4) 共模电感

共模电感也叫共模扼流圈，是在一个闭合磁环上对称绕制方向相反、匝数相同的线圈。信号电流或电源电流在两个绕组中流过时方向相反，产生的磁通量相互抵消，扼流圈呈现低阻抗。共模噪声电流(包括地环路引起的骚扰电流，也处称作纵向电流)流经两个绕组时方向相同，产生的磁通量同向相加，扼流圈呈现高阻抗，从而起到抑制共模噪声的作用。

5) 磁珠电感

磁珠由氧磁体组成，电感由磁心和线圈组成。磁珠把交流信号转化为热能，电感把交流存储起来，缓慢地释放出去。

磁珠对高频信号有较大阻碍作用，一般规格有 100Ω/100MHz，它在低频时电阻比电感小得多。

铁氧体磁珠是目前应用发展很快的一种抗干扰元件，廉价、易用，滤除高频噪声效果显著。在电路中只要导线穿过它，即当导线中电流穿过时，铁氧体对低频电流几乎没有什么阻抗，而对较高频率的电流会产生较大衰减作用。高频电流在其中以热量形式散发，其等效电路为一个电感和一个电阻串联，两个元件的值都与磁珠的长度成比例。

6) 平面电感器

在陶瓷或微晶玻璃基片上沉积金属导线而成，主要采用真空蒸发，光刻电镀以及塑料包封等工艺，平面电感器的电感量较小，在 $1cm^2$ 面积上可沉积的电感量约为 2μH。它具有较高的稳定性和精度，可用于几十兆到几百兆的电路中。

7) 振荡线圈

振荡线圈是无线电接收设备中的主要元件之一，其结构由磁心、磁罩(磁帽)、塑料骨架和金属屏蔽罩组成，线圈绕在塑料骨架(或磁心)上，磁心或磁帽可调整，能在±10%范围内改变线圈的电感量，广泛应用于调幅、调频收音机、电视接收机等设备中。

8) 罐形磁心线圈

这是一种由铁氧体罐形磁心制作的电感器，磁路闭和好，具有较高的磁导率和电感系数，在较小的体积下，可制出较大的电感，多用于 LC 滤波器、谐振及匹配回路等。

3.2.5 变压器

变压器是利用互感现象的电感器，在电路中起电压变换和阻抗变换的作用。

1. 分类

(1) 按用途分：电源变压器、隔离变压器、调压器、输入/输出变压器(音频变压器、中频变压器、高频变压器)、脉冲变压器。

(2) 按导磁材料分：硅钢片变压器、低频磁心变压器、高频磁心变压器。

(3) 按铁心形状分：E 型变压器、C 型变压器型、R 变压器、O 型变压器。

2. 型号命名法

1) 中频变压器

由于生产厂家不同，标志方法也不相同，下边以国产常见型号为例介绍其标志方法。

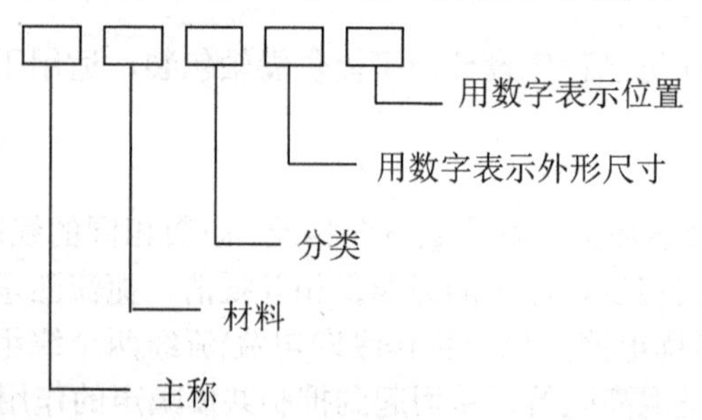

中频变压器一般由 5 部分组成。

第一部分：T 表示中频变压器，L 线圈或震荡线圈。

第二部分：铁心材料，T 表磁性磁心。

第三部分：F 表示调幅中波，S 表示短波。

第四部分：用数字表示外形尺寸，1——7×7×12mm，2——10×10×14mm，3——12×12×16mm，4——20×25×36mm。

第五部分：用数字表示用于第几级中放。

2) 其他变压器

一般由 3 部分组成。

第一部分为主称、用途，用一或二个字母组成。

第二部分表功率，单位为 VA 或 W。

第三部分是序号。

主称部分是按用途区分的，DB 表电源变压器，CB 音频输出变压器，RB 音频输入变压器，GB 高压变压器等。

3. 主要特征参数

1) 变压比(或变阻比)

变压比是变压器初级电压(阻抗)与次级电压(阻抗)的比值，通常直接标出。其变换关系为

$$\frac{U_1}{U_2}=\frac{N_1}{N_2} \qquad \frac{Z_1}{Z_2}=(\frac{U_1}{U_2})^2$$

2) 额定功率

额定功率是指变压器在指定频率和电压下能长期连续工作，而不超过规定温升的输出功率，一般用伏安、瓦或千瓦表示。

3.2.6 半导体二极管和三极管

导电性介于良导电体与绝缘体之间，利用半导体材料特殊电特性来完成特定功能的电子器件。通常半导体材料是硅、锗或砷化镓，可用作整流器、振荡器、发光器、放大器、测光器等器材。

1. 半导体器件二极管和三极管符号(表 3-25)

表 3-25　常用二极管三极管符号

名　称	符　号	名　称	符　号
普通二极管	P　N	发光二极管	
变容二极管		光电二极管	
稳压二极管		双向二极管	
NPN 型三极管	C 集电结 N 集电区 B P 基区 发射结 N 发射区 E　　C B E		
PNP 型三极管	C 集电结 P 集电区 B N 基区 发射结 P 发射区 E　　C B E		

2. 半导体器件二极管和三极管外形图(表 3-26)

表 3-26 常用二极管三极管外形图

名　　称	实　物　图	名　　称	实　物　图
普通二极管		发光二极管	
稳压二极管		双色二极管	
大功率整流二极管		贴片二极管	
贴片二极管		贴片发光二极管	
小功率三极管		贴片三极管	
大功率三极管(塑料封装)		大功率三极管(金属塑料封装)	

3. 国产半导体器件型号命名方法(表 3-27)

表 3-27　国产半导体器件型号命名方法

第一部分		第二部分		第三部分				第四部分	第五部分
用数字表示器件电极的数目		用汉语拼音字母表示器件的材料和极性		用汉语拼音字母表示器件的类型					
符号	意义	符号	意义	符号	意义	符号	意义		
2	二极管	A	N 型锗材料	P	普通管	D	低频大功率管	用数字表示器件序号	用汉语拼音表示规格的区别代号
		B	P 型锗材料	V	微波管	A	高频大功率管		
		C	N 型硅材料	W	稳压管	T	半导体闸流管		
		D	P 型硅材料	C	参量管	Y	体效应器件		
				Z	整流管	B	雪崩管		
				L	整流堆	J	阶跃恢复管		
3	三极管	A	PNP 型锗材料	S	隧道管	CS	场效应器件		
		B	NPN 型锗材料	N	阻尼管	BT	半导体特殊器件		
		C	PNP 型硅材料	U	光电器件	FH	复合管		
		D	NPN 型硅材料	K	开关管	PIN	PIN 型管		
		E	化合物材料	X	低频小功率管	JG	激光器件		
				G	高频小功率管				

示例：

(1) 锗材料 PNP 型低频大功率三极管。

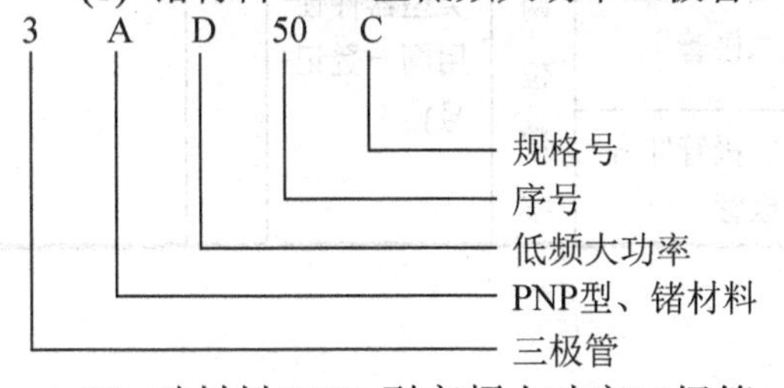

(2) 硅材料 NPN 型高频小功率三极管。

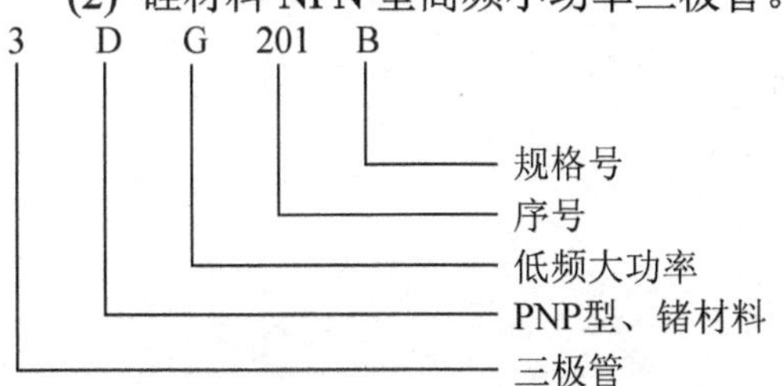

(3) N 型硅材料稳压二极管。

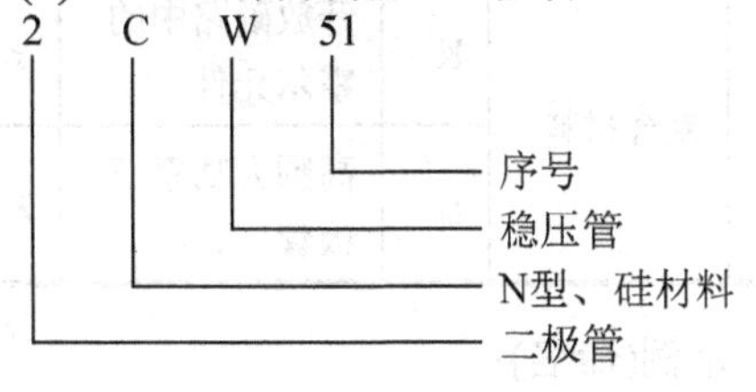

(4) 单结晶体管。

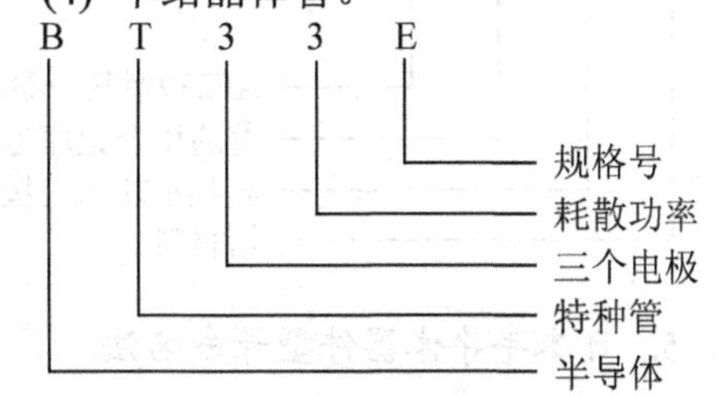

4. 国际电子联合会半导体器件命名法(表 3-28)

表 3-28　国际电子联合会半导体器件型号命名法

第一部分		第二部分				第三部分		第四部分	
用字母表示使用的材料		用字母表示类型及主要特性				用数字或字母加数字表示登记号		用字母对同一型号者分档	
符号	意义	符号	意义	符号	意义	符号	意义	符号	意义
A	锗材料	A	检波、开关和混频二极管	M	封闭磁路中的霍尔元件	三位数字	通用半导体器件的登记序号(同一类型器件使用同一登记号)	A B C D E …	同一型号器件按某一参数进行分档的标志
		B	变容二极管	P	光敏元件				
B	硅材料	C	低频小功率三极管	Q	发光器件				
		D	低频大功率三极管	R	小功率可控硅				
C	砷化镓	E	隧道二极管	S	小功率开关管				
		F	高频小功率三极管	T	大功率可控硅	一个字母加两位数字	专用半导体器件的登记序号(同一类型器件使用同一登记号)		
D	锑化铟	G	复合器件及其他器件	U	大功率开关管				
		H	磁敏二极管	X	倍增二极管				
R	复合材料	K	开放磁路中的霍尔元件	Y	整流二极管				
		L	高频大功率三极管	Z	稳压二极管即齐纳二极管				

示例(命名):

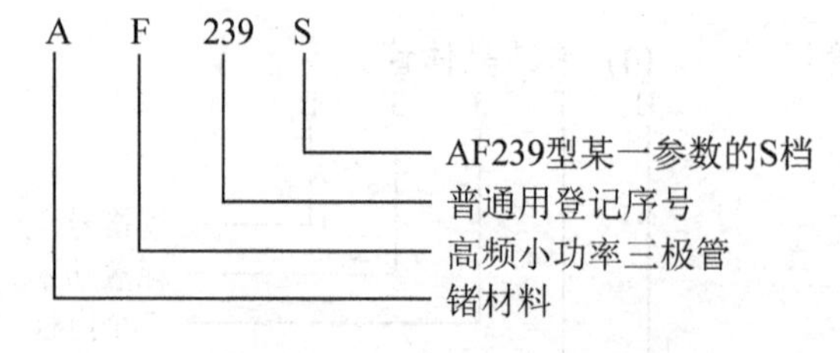

5. 日本半导体器件型号命名法

日本半导体分立器件(包括晶体管)或其他国家按日本专利生产的这类器件，都是按日本工业标准(JIS)规定的命名法(JIS－C－702)命名的，见表 3-29。

表 3-29 日本半导体器件型号命名法

<table>
<tr><th colspan="2">第一部分</th><th colspan="2">第二部分</th><th colspan="2">第三部分</th><th colspan="2">第四部分</th><th colspan="2">第五部分</th></tr>
<tr><th colspan="2">用数字表示类型或有效电极数</th><th colspan="2">S 表示日本电子工业协会(EIAJ)的注册产品</th><th colspan="2">用字母表示器件的极性及类型</th><th colspan="2">用数字表示在日本电子工业协会登记的顺序号</th><th colspan="2">用字母表示对原来型号的改进产品</th></tr>
<tr><th>符号</th><th>意义</th><th>符号</th><th>意义</th><th>符号</th><th>意义</th><th>符号</th><th>意义</th><th>符号</th><th>意义</th></tr>
<tr><td rowspan="4">0</td><td rowspan="4">光电(即光敏)二极管、晶体管及其组合管</td><td rowspan="12">S</td><td rowspan="12">表示已在日本电子工业协会(EIAJ)注册登记的半导体分立器件</td><td>A</td><td>PNP 型高频管</td><td rowspan="12">四位以上的数字</td><td rowspan="12">从 11 开始，表示在日本电子工业协会注册登记的顺序号，不同公司性能相同的器件可以使用同一顺序号，其数字越大，越是近期产品</td><td rowspan="12">A
B
C
D
E
F
…</td><td rowspan="12">用字母表示对原来型号的改进产品</td></tr>
<tr><td>B</td><td>PNP 型低频管</td></tr>
<tr><td>C</td><td>NPN 型高频管</td></tr>
<tr><td>D</td><td>NPN 型低频管</td></tr>
<tr><td>1</td><td>二极管</td><td>F</td><td>P 控制极可控硅</td></tr>
<tr><td rowspan="4">2</td><td rowspan="4">三极管、具有两个以上 PN 结的其他晶体管</td><td>G</td><td>N 控制极可控硅</td></tr>
<tr><td>H</td><td>N 基极单结晶体管</td></tr>
<tr><td>J</td><td>P 沟道场效应管</td></tr>
<tr><td>K</td><td>N 沟道场效应管</td></tr>
<tr><td rowspan="2">3
⋮</td><td rowspan="2">具有 4 个有效电极或具有 3 个 PN 结的晶体管</td><td>M</td><td>双向可控硅</td></tr>
<tr><td rowspan="2"></td><td rowspan="2"></td></tr>
<tr><td>n-1</td><td>具有 n 个有效电极或具有 n-1 个 PN 结的晶体管</td></tr>
</table>

示例：

(1) 2SC502A(日本收音机中常用的中频放大管)。

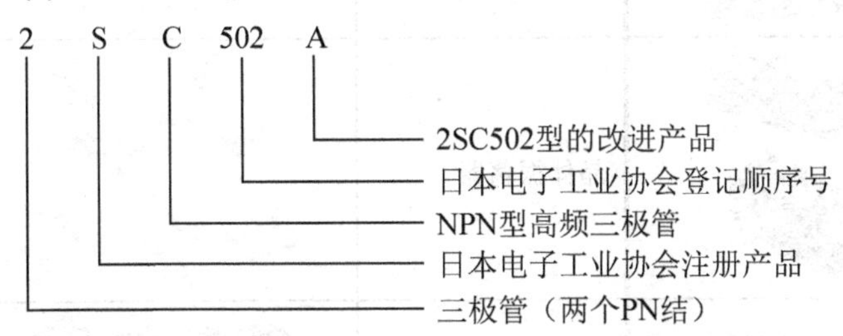

(2) 2SA495(日本夏普公司 GF－9494 收录机用小功率管)。

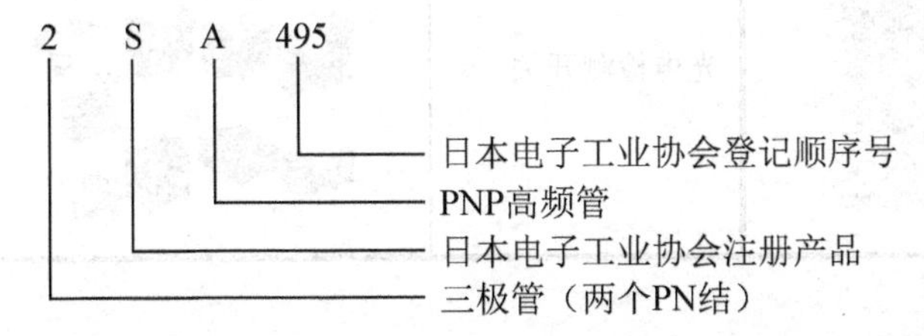

日本半导体器件型号命名法有如下特点。

(1) 型号中的第一部分是数字，表示器件的类型和有效电极数。例如，用 1 表示二极管，用 2 表示三极管。而屏蔽用的接地电极不是有效电极。

(2) 第二部分均为字母 S，表示日本电子工业协会注册产品，而不表示材料和极性。

(3) 第三部分表示极性和类型。例如用 A 表示 PNP 型高频管，用 J 表示 P 沟道场效应三极管。但是，第三部分既不表示材料，也不表示功率的大小。

(4) 第四部分只表示在日本工业协会(EIAJ)注册登记的顺序号，并不反映器件的性能，顺序号相邻的两个器件的某一性能可能相差很远。例如，2SC2680 型的最大额定耗散功率为 200MW，而 2SC2681 的最大额定耗散功率为 100W。但是，登记顺序号能反映产品时间的先后。登记顺序号的数字越大，越是近期产品。

(5) 第六、七两部分的符号和意义各公司不完全相同。

(6) 日本有些半导体分立器件的外壳上标记的型号，常采用简化标记的方法，即把 2S 省略。例如，2SD764 简化为 D764，2SC502A 简化为 C502A。

(7) 在低频管(2SB 和 2SD 型)中，也有工作频率很高的管子。例如，2SD355 的特征频率 f_T 为 100MHz，所以，它们也可当高频管用。

(8) 日本通常把 $P_{cm}\geqslant$1W 的管子，称做大功率管。

3.2.7 其他电子器件

其他电子器件外形图见表 3-30。

表 3-30 其他电子器件外形图管外形图

名称	实物图	名称	实物图
整流桥		三端稳压器件	
可控硅		晶体振荡器	
红外接收头		光电检测开关	

续表

名　　称	实　物　图	名　　称	实　物　图
数码管		保险丝座	
拨码开关		固体继电器	
直插集成 IC	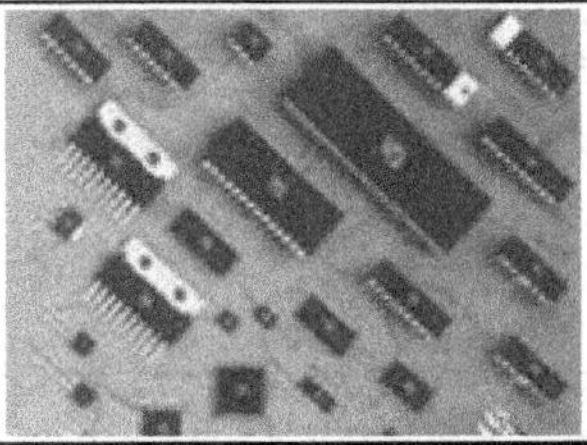	表面贴装集成 IC	

3.3　项 目 实 施

3.3.1　电阻器检测

电阻器检测方法及步骤见表 3-31。

表 3-31　电阻器检测方法及步骤

项目	步骤	测量示范(图示)	操作步骤说明	注意事项
电阻器的测试	步骤一	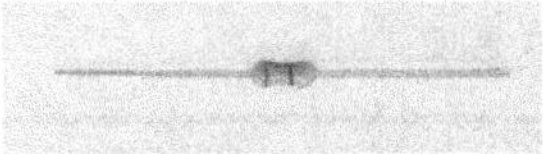 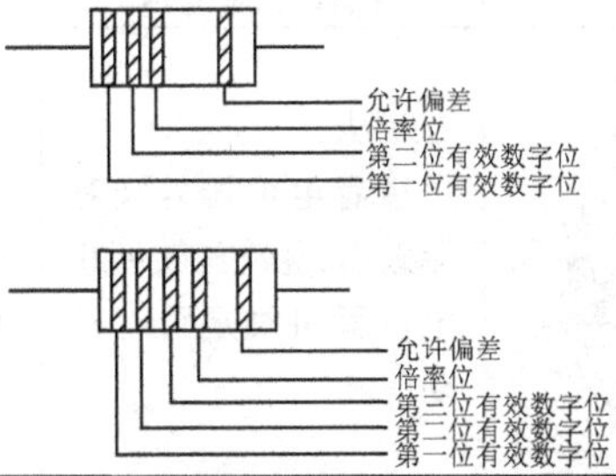 允许偏差 倍率位 第二位有效数字位 第一位有效数字位 允许偏差 倍率位 第三位有效数字位 第二位有效数字位 第一位有效数字位	读数：(以 240Ω电阻为例) 1. (根据电阻器所标称色环读出电阻器阻值)读出阻值为：240Ω ±5% 2. 选用万用表 R×10Ω挡	在测试中不要加入人体电阻，以免影响测试结果

续表

项目	步骤	测量示范(图示)	操作步骤说明	注意事项
电阻器的测试	步骤二	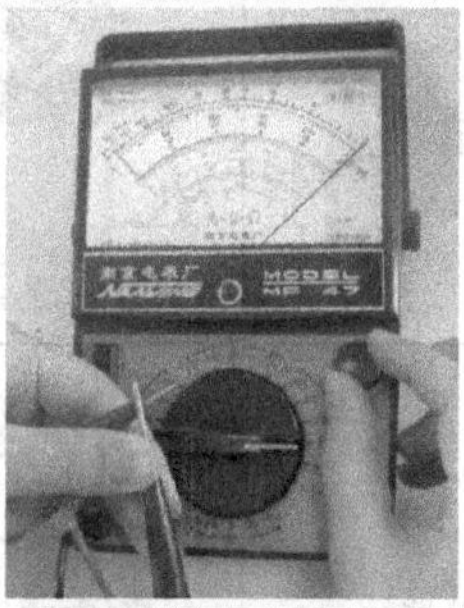	1. 万用表机械调零 2. 欧姆调零：将红黑表笔短接，然后调节欧姆调零旋钮，使万用表指针指在电阻Ω标度尺“0”刻度线	在测试中不要加入人体电阻，以免影响测试结果
	步骤三		测试： 将电阻器串接于在万用表中 (两表笔分别接电阻器两端)	
	步骤四	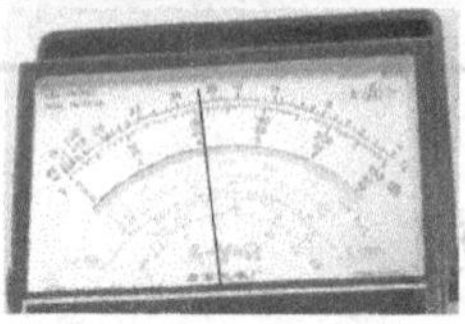 读出万用表上 指针位置×选择挡位 23.5×(R×10Ω)=235Ω	结论： 1. 将所测试的结果 235Ω与标称阻值 240Ω±5%进行比较 2. 在在允许误差电阻 228～252Ω内判定该电阻器为可用	

3.3.2 电位器检测

电位器检测方法及步骤见表 3-32。

表 3-32 电位器检测方法及步骤

项目	步骤	测量示范(图示)	操作步骤说明	注意事项
电位器的测试	步骤一		直观法： 直接看电位器外观有无破损、晃动旋转柄和电位器引脚是否有松动情况	注意： 在测试中不要加入人体电阻，以免影响测试结果

项目	步骤	测量示范(图示)	操作步骤说明	注意事项
	步骤二		选档： 1. 万用表机械调零 2. 根据电位器标称阻值选择相应挡位，挡位选择可让万用表指针摆动范围为满刻度的 2/3，如 1K 电位器选择 R×10Ω 挡 3. 欧姆调零	
电位器的测试	步骤三	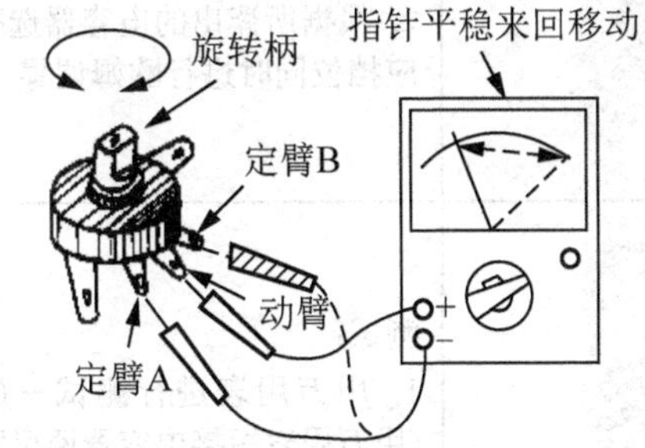	测试： 1. 首先用万用表测试电位器定臂 A 与定臂 B 的电阻，正常时应在标称阻值允许范围内 2. 一支表笔接触定臂 A，另一表笔接动臂，同时旋转旋转柄，此时可看到万用表指针在表盘上平稳来回移动，且没有跌落和跳动情况 3. 用方法 2 测试定臂 B 与动臂，正常时同上	注意：在测试中不要加入人体电阻，以免影响测试结果
	步骤四	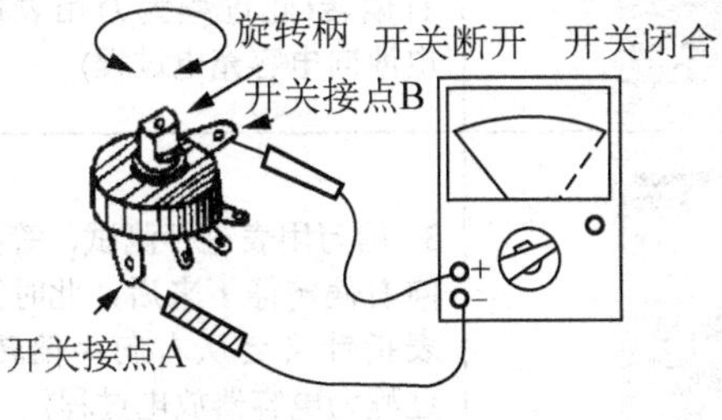	开关测试： 1. 万用表选择 R×10KΩ 档，欧姆调零 2. 将表笔接于开关电位器开关接点 A 与开关接点 B，同时旋转旋转柄，当开关处于断开时万用表指针为无穷大，当开关处于闭合时万用表指针为零 3. 如果测得开关都为零或都为无穷大，则开关损坏	
	步骤五	结论	结论： 通过以上测试，如果在上述正常范围内则电位器是好的，如果不在上述范围内则电位器已损坏，不能使用	

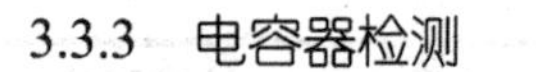

3.3.3 电容器检测

电容器检测方法及步骤见表 3-33。

表 3-33 电容器检测方法及步骤

项目	步骤	测量示范(图示)	操作步骤说明	注意事项
电容器的测试	步骤一	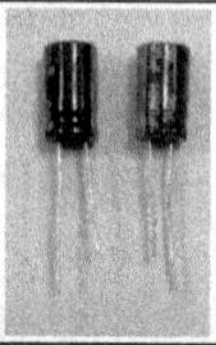	读数： 根据所给定的电容器进行识读电容器容值	注意： 测试前应先放电避免电容器内部有电量，影响测试结果
	步骤二		1. 万用表机械调零 2. 根据所读出的电容器选择相应挡位同时进行欧姆调零	
	步骤三		测试： 1. 用万用表进行测试—放电(用万用表短接电容器两引脚)	
		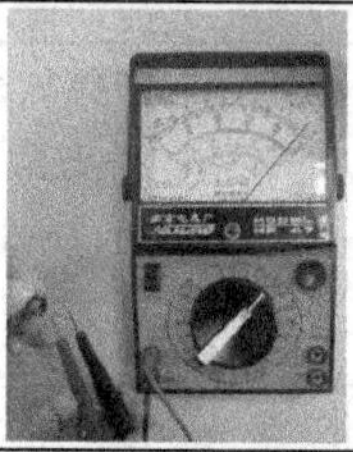	2. 用万用表进行测试，将万用表两表笔接电容器的两引脚，此时应看到万用表指针从∞向右偏转(此过程为万用表内部电池向电容充电过程)	
			3. 用万用表进行测试，等指针向右偏转停下来后，此时万用表指针又会从右向∞偏转(此过程为电容器放电过程)	
	步骤四		结论： 1. 若指针能回到∞说明可以正确使用，通常这个为漏电阻，一般要求漏电阻大于 500kΩ，若小于此值说明漏电严重不能继续使用 2. 若电阻为 0Ω，说明电容内部已经击穿，不能使用	

3.3.4　电感器检测

电感器检测方法及步骤见表 3-34。

表 3-34　电感器检测方法及步骤

项目	步骤	测量示范(图示)	操作步骤说明	注意事项
电感器的测试	步骤一		从外观检查，从电感线圈外观查看是否有破裂现象，线圈是否有松动、变位的现象，引脚是否牢靠，并查看电感器的外表上是否有电感量的标称值。还可进一步检查磁心旋转是否灵活，有无滑扣等	
	步骤二		1. 万用表机械调零 2. 根据所检测电感器选择相应挡位同时进行欧姆调零，一般选 R×1Ω或 R×10Ω挡	
	步骤三	 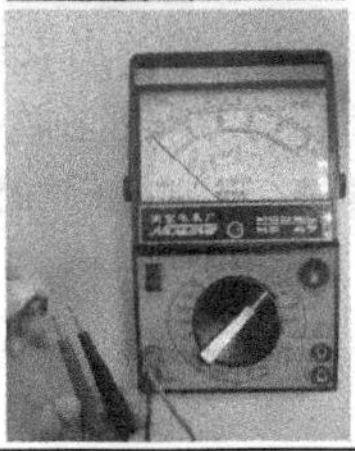	1. 用万用表对电感器进行测试 2. 将万用表两表笔接电感器的两引脚	
	步骤四		结论： 1. 当被测的电感器电阻值为 0Ω时，说明电感线圈内部短路，不能使用 2. 如果测得有一定阻值，说明正常。电感线圈的电阻值与电感线圈所用漆包线的粗细、圈数有关。电阻值是否正常可通过相同型号的正常值进行比较 3. 当测得的阻值为无穷大时，说明电感线圈或引脚与线圈接点处发生了断路，此时不能使用	

3.3.5 变压器检测

变压器器检测方法及步骤见表 3-35。

表 3-35 变压器检测方法及步骤

项目	步骤	测量示范(图示)	操作步骤说明	注意事项
变压器的测试	步骤一		从外观检查变压器是否有破裂现象，引线是否有松动、变位的现象，是否牢靠，并查看变压器的外表上是否有变压器的标称值，还可进一步检查铁心有无脱落等	
	步骤二		1. 万用表机械调零 2. 根据所检测变压器初级次绕组线圈选择相应挡位，一般选 R×1Ω或 R×10Ω挡 3. 欧姆调零	
	步骤三	一次绕组 二次绕组 R×10Ω 一次绕组 二次绕组 R×10K	1. 检测线圈的通断，用万用表 R×1Ω或 R×10Ω挡；对变压器初级、次级线圈进行测试： 初级(几十至几百欧) 次级(几欧至几十欧) 2. 绝缘性能检测，用万用表或 R×10KΩ挡，分别对初级与各次级、次级与次级、屏蔽与各线圈进行测试，正常时绝缘电阻都为无穷大	
	步骤四		结论： 1. 当被测的变压器初级、次级线圈电阻值为 0Ω时，说明电感线圈内部短路，不能使用 2. 如果测得有一定阻值，说明正常。变压器初次线圈的电阻值与变压器变比有关。电阻值是否正常可通过相同型号的正常值进行比较 3. 当测得变压器绝缘电阻阻值为无穷大时，说明正常，如果测得有较小的阻值则说明发生了断路，此时不能使用	

3.3.6　二极管检测

二极管检测方法及步骤见表 3-36。

表 3-36　二极管检测方法及步骤

项目	步骤	测量示范(图示)	操作步骤说明	注意事项
二极管的测试	步骤一		调零： 1. 根据二极管的特性，选用万用表 R×100Ω，R×1kΩ挡 2. 万用表机械调零、欧姆调零	若对于点接触型二极管不能用R×1Ω
	步骤二		正向测试： 将万用表两表笔接二极管的两引脚，读数(指针位置×选择挡位)记下电阻值	注意： 在测试中不要加入人体电阻，影响测试结果
	步骤三		反向测试： 将万用表两表笔接二极管的两引脚，读数(指针位置×选择挡位)记下电阻值	
	步骤四		结论： 通过测试阻值一次大、一次小，可得出以下结论。 1. 此二极管可用 2. 黑表笔接的为正极 P 区，红表笔接的为负极 N 区 3. 若阻正向电阻为 2～5kΩ为锗材料，若阻正向电阻为 7-15kΩ为硅材料	

3.3.7 发光二极管检测

发光二极管检测方法及步骤见表 3-37。

表 3-37 发光二极管检测方法及步骤

项目	步骤	测量示范(图示)	操作步骤说明	注意事项
发光二极管的测试	步骤一	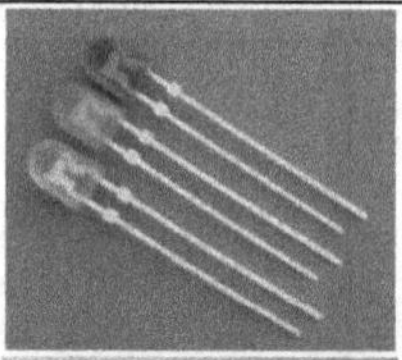 	调零： 1. 根据二极管的特性，选用万用表 R×10kΩ挡 2. 万用表机械调零、欧姆调零	注意： 在测试中不要加入人体电阻，以免影响测试结果
	步骤二	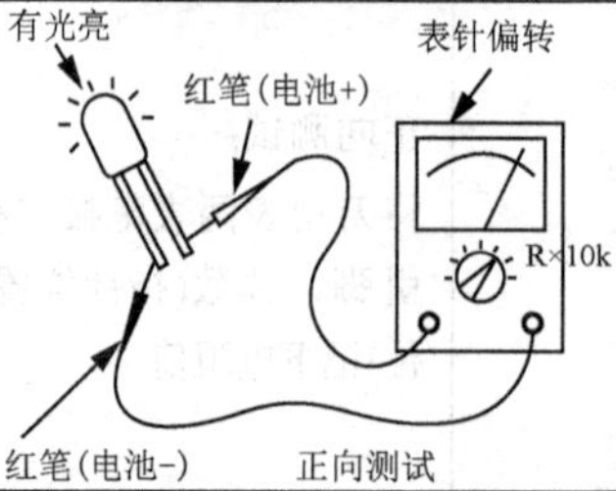 有光亮 表针偏转 红笔(电池+) R×10k 红笔(电池-) 正向测试	正向测试： 将万用表两表笔接发光二极管的两引脚，此时可看到发光二极管有发光	
	步骤三	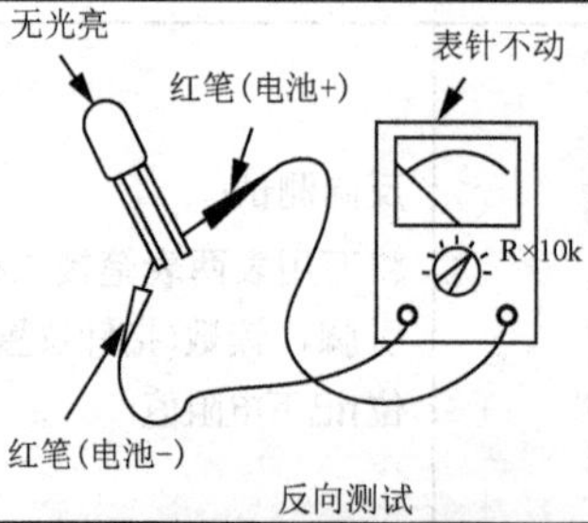 无光亮 表针不动 红笔(电池+) R×10k 红笔(电池-) 反向测试	反向测试： 将万用表两表笔接发光二极管的两引脚，正常应为无穷大，且看不到发光二极管发光	
	步骤四	 	结论： 1. 正常时，测发光二极管正向电阻应能看见有发光，反向不发光，阻值应为无穷大 2. 如果正反向电阻值为 0 或为∞，则已损坏	

3.3.8　三极管检测

三极管检测方法及步骤见表 3-38。

表 3-38　三极管检测方法及步骤

项目	步骤	测量示范(图示)	操作步骤说明	注意事项
三极管的测试	步骤一	 	根据三极管的特性，判断基极“B 极”选用万用表 R×100Ω，R×1kΩ挡，万用表机械调零、欧姆调零	
	步骤二	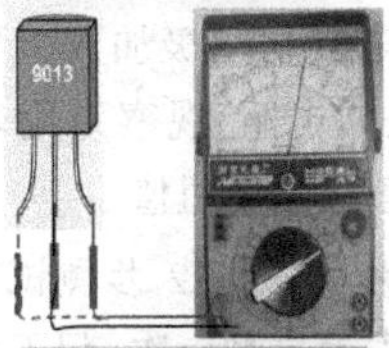  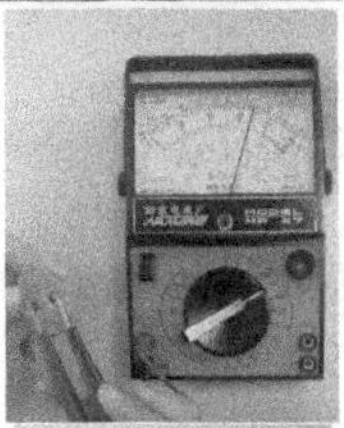 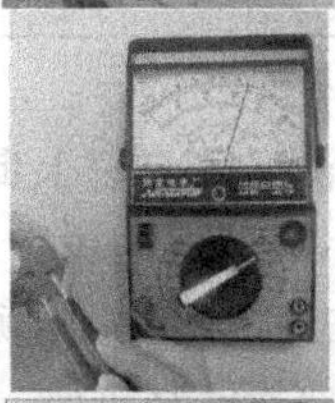 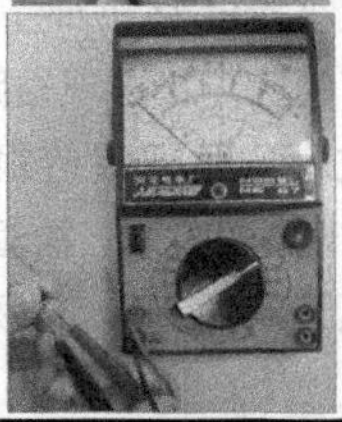	判断基极“B 极”，以 NPN 为例： 1. 先假设三极管其中一个管脚为基极，用黑表笔(或 PNP 用红表笔)接该管脚，用另一个红表笔(PNP 用黑表笔)分别去测量另两个脚，如果万用表所测电阻值较小 2. 用上述方法交换表笔再测一次，此时所测的电阻较大 3. 得出 B 极结论如下。 (1) 所假设基极成立，即黑表笔(或 NPN 用红表笔)的脚为基极 B (2) 若基极接的是黑表笔，则为 NPN 型管；若基极接的是红表笔，则为 PNP 型管 (3) 若阻正向电阻为 2～5kΩ为锗材料；若阻正向电阻为 7～15kΩ为硅材料	

续表

项目	步骤	测量示范(图示)	操作步骤说明	注意事项
三极管的测试	步骤三	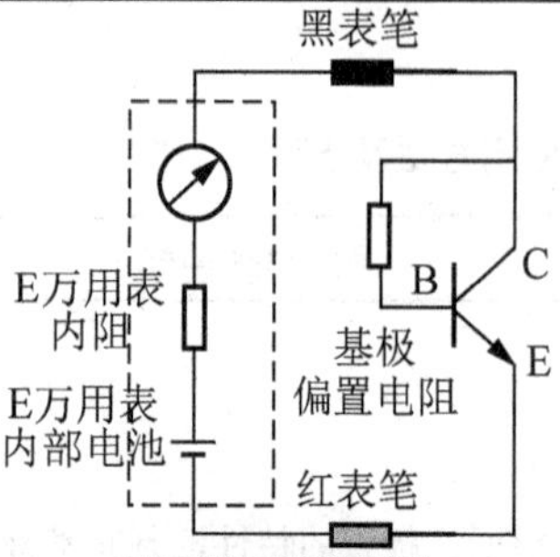   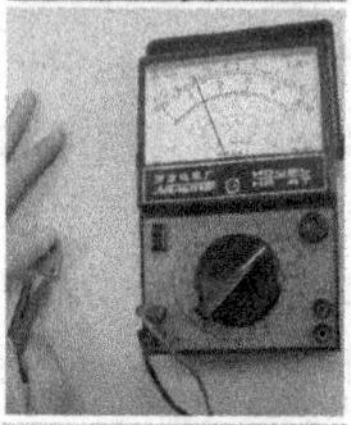 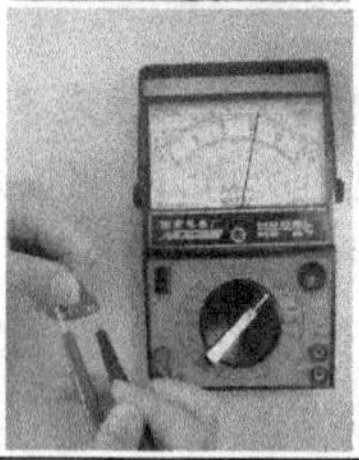 黑表笔 E万用表内阻 E万用表内部电池 B C E 基极偏置电阻 红表笔	测试判“C 极”与“E 极”: 1. 选用万用表 R×10kΩ挡，欧姆调零 2. 先假设剩下两引脚其中一个为集电极，用黑表笔接该引脚，红表笔接另一引脚，同时在假设的集电极与基极加入偏置电阻(即人体电阻)观察万用表指针位置读出的电阻值 3. 用步骤三第 2 步测试方法，交换表笔再测一次，记下电阻值 4. 通过第 2、3 步的测试，若测得电阻小的一次黑表笔所接的为集电极，则另一引脚为发射极	
	步骤四	 	结论: 1. 若所测结果在以上步骤范围内说明该三极管可用 2. 若在测试过程中出现正反向阻值很小接近为 0Ω时，说明该三极管相应电极出现短路；若在测试过程中出现阻值很大接近为∞大时，说明该三极管相应电极出现开路(说明该三极管是坏的不能使用)	

3.4 项 目 考 核

项目考核评分标准见表 3-39。

表 3-39　项目考核评分标准

项目	配分	扣分标准(每项目累计扣分不超过配分)	扣分记录	得分
电阻器与电位器识别与检测	20 分	1. 能从所给定的元器件中筛选所需全部电阻器与电位器，否则每缺选一个或错选一个扣 2 分； 2. 能正确使用万用表选择合适挡位检测电阻器与电位器，否则每错一个扣 1 分； 3. 能正确判断电阻器与电位器质量好坏，否则每错一个元器件扣 2 分		
电容器识别与检测	15 分	1. 能从所给定的元器件中筛选所需电容器，否则每缺选一个或错选一个扣 2 分； 2. 能正确使用万用表选择合适挡位检测电容器，否则每错一个扣 1 分； 3. 能正确判断电容器质量好坏，否则每错一个元器件扣 2 分； 4. 能正确判别有极性电容器的正负极性，否则每错一个元器件扣 2 分		
电感器、变压器识别与检测	20 分	1. 能从所给定的元器件中筛选所需电感器与变压器，否则每缺选一个或错选一个扣 2 分； 2. 能正确使用万用表选择合适挡位检测电感器与变压器，否则每错一个扣 1 分； 3. 能正确判断电感器与变压器质量好坏，否则每错一个元器件扣 2 分； 4. 能正确判别变压器初级与次级绕组，否则每错一个元器件扣 2 分		
二极管、三极管识别与检测	20 分	1. 能从所给定的元器件中筛选所需二极管与三极管，否则每缺选一个或错选一个扣 2 分； 2. 能正确使用万用表选择合适挡位检测二极管与三极管，否则每错一个扣 1 分； 3. 能正确判断二极管与三极管质量好坏，否则每错一个元器件扣 2 分； 4. 能正确判别二极管正负极及三极管基极、集电极与发射极性，否则每错一个元器件扣 2 分		
其它电子元器件识别与检测	15 分	1. 能从所给定的元器件中筛选所需其他电子元器件，否则每缺选一个或错选一个扣 2 分； 2. 能正确使用万用表选择合适挡位检测其他电子元器件，否则每错一个扣 1 分； 3. 能正确判断其他电子元器件质量好坏，否则每错一个元器件扣 2 分； 4. 能正确判别有极性其他电子元器件极性，否则每错一个元器件扣 2 分		
安全操作	10 分	1. 使用仪表工具摆放操作步骤不正确扣 2 分； 2. 操作过失造成设备损坏、仪器或短路烧保险扣 10 分，造成触电事故的取消本项分		
总　分				

项目4 电子产品装配工艺

4.1 项目任务

电子产品装配工艺见表4-1。

表4-1 电子产品装配工艺

项目内容	1. 掌握基本的电子产品安装、焊接工艺知识； 2. 根据电气原理图和PCB板装配图，正确安装元器件； 3. 合理选用焊接工具，正确焊接常用电子元器件，防止虚焊接、漏焊、错焊等； 4. 掌握如何检查电子产品焊接性能的可靠性； 5. 焊接注意事项(安全用电、焊接步骤及工序)
重难点	1. 电子产品基本安装、焊接工艺，根据电气原理图和PCB板装配图正确安装电子元器件； 2. 掌握电子产品正确焊接步骤和焊接技巧，防止虚焊接、漏焊、错焊等； 3. 掌握安装、焊接工艺不合格电子元器件进行修补
参考的相关文件	SJ/T 10694—2006《电子产品制造与应用系统防静电检测通用规范》； SJ 20908—2004《低频插头座防护工艺规范》； SJ 50598/2—2003《系列1.JY3116卡口连接锡焊式接触件直式自由电连接器(E、F、J和P类)详细规范》； SJ 20896—2003《印制电路板组件装焊后的洁净度检测及分级》； SJ/Z 11266—2002《电子设备的安全》； IPC—A—610D《电子组件的可接受性》； IPC J—STD—001D《焊接的电气和电子组件要求》； QJ 3171—2003《航天电子电气产品元器件成形技术要求》； QJ 165A—1995《航天电子电气产品安装通用技术要求》

项目导读

电子产品装配技术是将电子零部件按设计要求装成整机的多种技术的综合，是电子产品生产构成中极其重要的环节。产品的设计可能因装配不当而无法实现预定的技术指标，严重时可能导致设备无法正常工作。因此掌握安装技术工艺知识和调试技术对电子产品的设计、制造、使用和维修都是不可缺少的。

4.1.1　电子产品安装工艺任务书

见表 4-2。

表 4-2　电子产品安装工艺

<table>
<tr><td colspan="2" rowspan="3">××学院</td><td colspan="2" rowspan="3">电子产品安装工艺任务书</td><td>文件编号</td><td></td></tr>
<tr><td>版　次</td><td></td></tr>
<tr><td colspan="2">共 4 页/第 1 页</td></tr>
<tr><td colspan="2">工序号：1</td><td colspan="2">工序名称：电子产品安装工艺</td><td colspan="2">作 业 内 容</td></tr>
<tr><td colspan="4" rowspan="9">B≥5 mm
卧式　立式　倒装式　横装式　嵌入式
45°
电子产品安装工艺</td><td>1</td><td>电子产品元器件的安装步骤及流程</td></tr>
<tr><td>2</td><td>电子元器件整形处理、电子元器件与 PCB 板安装</td></tr>
<tr><td>3</td><td>电子产品元器件安装要领(立式与卧式的安装及工艺)</td></tr>
<tr><td>4</td><td>不同电子元器件的安装工艺和技巧</td></tr>
<tr><td colspan="2">使用工具(书籍)</td></tr>
<tr><td colspan="2">元器件手册、万用表、镊子、电烙铁、整形机</td></tr>
<tr><td colspan="2">※工艺要求(注意事项)</td></tr>
<tr><td>1</td><td>安装过程中注意元器件整形，不得损坏元器件，打死引脚</td></tr>
<tr><td>2</td><td>掌握电子产品不同元器件的高度和安装顺序</td></tr>
<tr><td>更改标记</td><td></td><td>编　制</td><td></td><td>批　准</td><td></td></tr>
<tr><td>更改人签名</td><td></td><td>审　核</td><td></td><td>生产日期</td><td></td></tr>
</table>

4.1.2　电子产品焊料与焊具任务书

见表 4-3。

表 4-3　电子产品焊料与焊具

××学院	电子产品焊料与焊具任务书	文件编号	
		版　次	
		共 4 页/第 2 页	
工序号：1	工序名称：电子产品焊料与焊具	作 业 内 容	
带助焊剂的焊料　松香助焊剂(用于除去氧化物和杂质) 外热式电烙铁　内热式电烙铁　(a) 反握法　(b) 正握法　(c) 握笔法 电子产品焊接基本知识		1	了解常用焊接基本知识
		2	掌握常用焊接工具的使用方法及要领
		3	合理选择不同的焊接工具焊接电子产品元器件
		4	焊接工具的正确使用方法、维修和保养
		使用工具(书籍)	
		元器件手册、万用表、镊子、电烙铁	
		※工艺要求(注意事项)	
		1	合理正确选用焊接工具
		2	焊接工具的正确使用方法、维修和保养
更改标记	编　制	批　准	
更改人签名	审　核	生产日期	

4.1.3　电子产品焊接工艺任务书

见表 4-4。

表 4-4　电子产品焊接工艺

<table>
<tr><td rowspan="3">××学院</td><td colspan="2" rowspan="3">电子产品焊接工艺任务书</td><td colspan="2">文件编号</td><td></td></tr>
<tr><td colspan="2">版　次</td><td></td></tr>
<tr><td colspan="3">共 4 页/第 3 页</td></tr>
<tr><td>工序号：1</td><td colspan="2">工序名称：电子产品焊接工艺流程</td><td colspan="3">作 业 内 容</td></tr>
<tr><td colspan="3" rowspan="9">焊接操作的基本步骤
具体步骤如下：步骤一
同时加热焊盘和引线
操作要领：焊接时利用烙铁头的对元件引线和焊盘预热，烙铁头与焊盘的平面最好成45°夹角。
基本步骤：步骤二
操作要领：等待焊金属上升至焊接温度时，再加焊锡丝。
基本步骤：步骤三
操作要领：等待焊锡布满所焊接的元器件焊盘后移开焊锡丝。
基本步骤：步骤四
操作要领：等待焊锡全部熔化后移开电烙铁。
焊接基本步骤及要领</td><td>1</td><td colspan="2">电子产品焊接的步骤和要领</td></tr>
<tr><td>2</td><td colspan="2">电子元器件正确的焊接方法</td></tr>
<tr><td>3</td><td colspan="2">电子元器件的焊接时间与温度</td></tr>
<tr><td colspan="3">使用工具(书籍)</td></tr>
<tr><td colspan="3">元器件手册、万用表、镊子、电烙铁</td></tr>
<tr><td colspan="3">※工艺要求(注意事项)</td></tr>
<tr><td>1</td><td colspan="2">掌握正确焊接方法与焊接步骤</td></tr>
<tr><td>2</td><td colspan="2">掌握元器件的焊接温度与时间避免使元器件损坏、虚焊、桥接、短路等</td></tr>
<tr><td colspan="3"></td></tr>
<tr><td>更改标记</td><td></td><td>编　制</td><td></td><td>批　准</td><td></td></tr>
<tr><td>更改人签名</td><td></td><td>审　核</td><td></td><td>生产日期</td><td></td></tr>
</table>

4.1.4 电子产品装配工艺检验任务书

见表 4-5。

表 4-5 电子产品装配工艺检验

<table>
<tr><td rowspan="3">××学院</td><td rowspan="3" colspan="3">电子产品装配工艺检验任务书</td><td>文件编号</td><td></td></tr>
<tr><td>版　　次</td><td></td></tr>
<tr><td colspan="2">共 4 页/第 4 页</td></tr>
<tr><td>工序号：1</td><td colspan="3">工序名称：电子产品装配工艺检验</td><td colspan="2">作 业 内 容</td></tr>
<tr><td rowspan="10" colspan="4"> 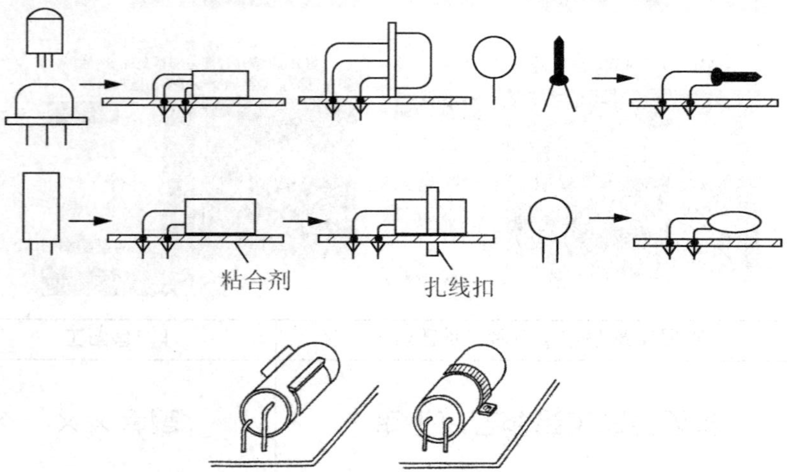粘合剂
扎线扣
装配工艺基本知识</td><td>1</td><td>根据电气原理图和 PCB 板图查看元器件安装位置和工艺</td></tr>
<tr><td>2</td><td>检查电子元器件焊接工艺(如漏焊、虚焊、桥接、短路)</td></tr>
<tr><td>3</td><td>修正和补焊不合格的电子元器件安装、焊接工艺，并对其安装焊接工艺进行处理</td></tr>
<tr><td colspan="2">使用工具(书籍)</td></tr>
<tr><td colspan="2">元器件手册、万用表、镊子、电烙铁</td></tr>
<tr><td colspan="2">※工艺要求(注意事项)</td></tr>
<tr><td>1</td><td>电子元器件安装工艺与位置检验</td></tr>
<tr><td>2</td><td>修正及补焊时避免元器件被损坏</td></tr>
<tr><td colspan="2"></td></tr>
<tr><td colspan="2"></td></tr>
<tr><td>更改标记</td><td></td><td>编　制</td><td></td><td>批　　准</td><td></td></tr>
<tr><td>更改人签名</td><td></td><td>审　核</td><td></td><td>生产日期</td><td></td></tr>
</table>

4.2 项目准备

焊接印制电路板的手工装配工艺是作为一名电子产品装配工应掌握的基本技能。了解生产企业自动化焊接种类及工艺流程，熟悉焊点的基本要求和质量验收标准，是保证电子产品质量好坏的关键。本项目将介绍印制电路板组装的工艺流程、静电防护知识、电子元器件的插装、手工焊接工艺要求，在此基础上进一步了解自动化焊接的工艺流程，焊点的质量检验和分析基本知识。

电子产品印制电路板装配通常可分为自动装配和人工装配两类，自动装配主要指自动贴片装配(SMT)、自动插件装配(AI)和自动焊接，人工装配指手工插件、手工补焊、修理和检验等。

电子元器件整形工艺流程见表 4-6。

表 4-6　电子元器件整形工艺流程图

工艺要求	工艺流程	说明
根据元器件的封装、包装形式、以及引脚直径、成形类型、成形间距、印制板厚度、切脚长度以及元器件数量等确定成形与切脚的工具或模具	制订元器件的成形与切脚明细表	元器件成形与切脚操作人员应按照设计、工艺文件要求对元器件的名称、型号、规格进行确认
根据明细表中的元器件特性及参数，选择元器件成形与切脚的顺序	↓ 调整成形工具与设备的参数	依据成形顺序使元器件成形与切脚的尺寸调整更加容易控制
根据元器件首件的成形与切脚试验流程操作	↓ 首件的成形与切脚试验	首件成形与切脚检验完成后，将不合格的试样单独存放或处理
成形过程中要不定时地对工具或工装成形面的光滑度进行检查，确保成形质量	↓ 批量成形与切脚	当元器件数量超过 100 个时，操作人员必须对最后成形与切脚的 10 个元器件按照试验检验项进行检验
成形与切脚后的一般性元器件密闭保存	↓ 成形与切脚后处理	静电敏感元器件使用防静电容器存放；湿敏元器件要干燥存储

4.3 项目实施

元器件的安装方式分卧式(水平式)、立式(垂直式)、倒装式、横装式及嵌入式(伏式)等方法，如图 4-1 所示。

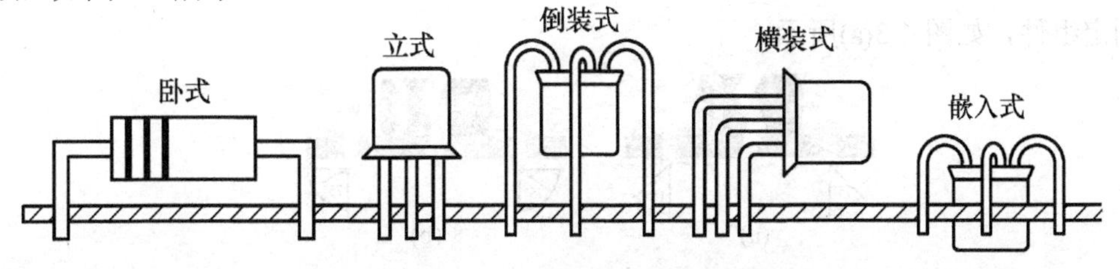

图 4-1　元器件的插装方法

(1) 卧式插装是将元器件贴近印制电路板水平插装，具有稳定性好、比较牢固等优点，适用于印制电路板结构比较宽裕或装配高度受到一定限制的情况。

(2) 立式插装又称垂直插装，是将元器件垂直插入印制电路基板安装孔，具有插装密度大、占用印制电路板的面积小、拆卸方便等优点，多用于小型印制电路板插装元器件较多的情况。

(3) 横装式插装是先将元器件垂直插入，然后再沿水平方向弯曲，对于大型元器件要采用胶粘、捆扎等措施以保证有足够的机械强度，适用于在元器件插装中对组件有一定高度限制的情况。

(4) 嵌入式插装是将元器件的壳体埋于印制电路板的嵌入孔内，为提高元器件安装的可靠性，常在元器件与嵌入孔间涂上胶粘剂，该方式可提高元器件的防震能力、降低插装高度。

4.3.1 安装工艺

元器件引脚的延伸尽量与元器件本体的轴线平行，安装在镀通孔内的元器件引脚尽量与印制板表面垂直，因应力释放弯曲要求而采用不同引脚弯曲类型时，允许元器件本体产生偏移，如图 4-2 所示。

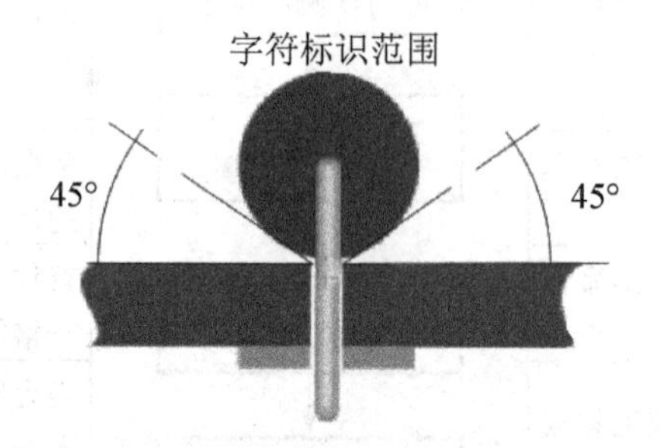

图 4-2 元器件标识朝向范围示意

引脚弯曲的角度不能超过最终成形的弯曲角度，引脚弯曲一次成形，不能反复弯曲。不能在引脚较厚的方向弯曲，如对扁平形状的引脚不能进行横向弯曲。元器件引脚成形中，对有极性元器件，如电解电容、二极管、三极管，应注意引脚极性与成形方向之间的关系，切勿使方向弄反。若使用短插工艺，则成形后的尺寸要符合元器件插装后的引脚伸出长度要求。元器件引脚无论手工或机械成形，均不能有明显的刻痕或夹伤超过引脚直径或厚度的 10%，也不能有引脚基材外露情况(元器件引脚切脚时的断面除外)。

1. 一般插件器件整形

通孔插装元器件引脚可以部分折弯与印制板板面垂线有 15°～75° 的夹角，用在焊接操作中固定组件，如图 4-3(a)所示。

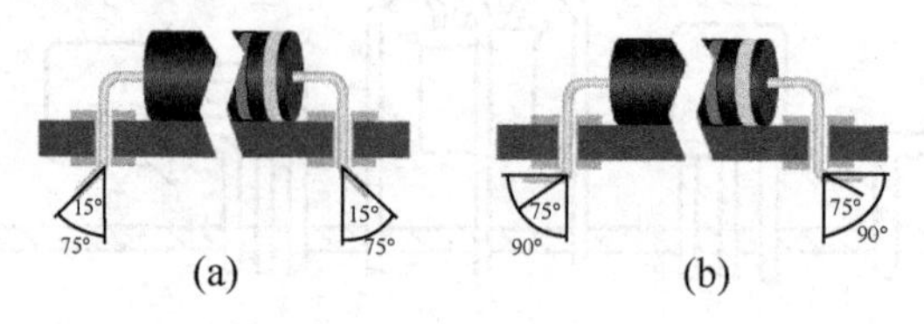

图 4-3 引脚成形角度

当元器件过轻，以致部分折弯不能满足后续焊接时的机械固定，可采用全折弯；全折弯的元器件引脚与印制板板面垂线的夹角为75°～90°，如图4-3(b)所示。非支撑孔中的引脚折弯45°～90°，保证在焊接中充分起到机械固定作用。

水平安装轴向引脚元器件的引脚成形，元器件引脚的延伸尽量与元器件本体轴线平行，弯曲引脚与板面垂直，不垂直度小于等于10°，如图4-4所示。

图4-4　引脚成形不垂直度

引脚从根部到弯曲点或从熔接点到弯曲点之间的距离 L，至少相当于一倍引脚的直径或长度但不小于0.8mm，如图4-5所示。

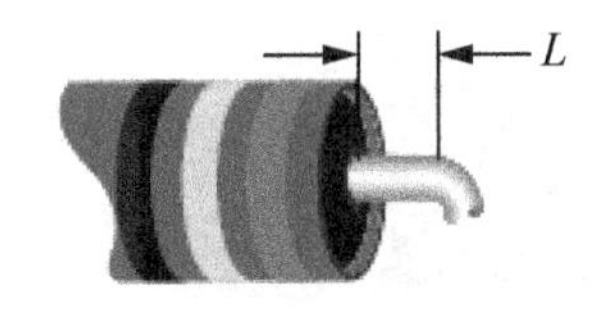

(a)从元器件本体测量

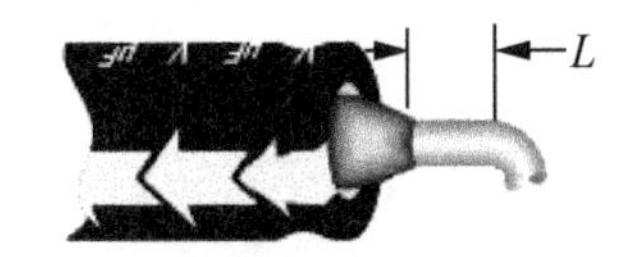

(b)从焊料球测量

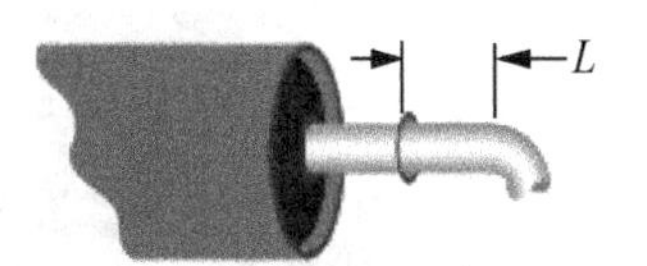

(c)从熔接缝测量

图4-5　引脚弯曲保留长度 L

当元器件为小型玻璃封装并采用一般成形时，L_1、L_2 最小值为2mm，如图4-6所示。

图4-6　小型玻璃封装保留长度 $L(L_1、L_2)\geqslant 2mm$

元器件紧贴印制板安装时，本体与板面间最大允许间距为0.5mm，如图4-7所示。

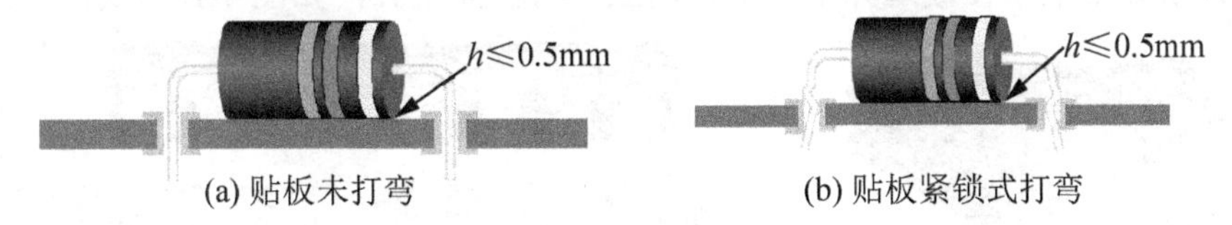

(a) 贴板未打弯　　(b) 贴板紧锁式打弯

图4-7　元器件贴板安装

2. 功率形器件整形

对功率大于2W的散热元器件进行架高处理，要保证元器件的本体距印制板板面间距大于1.5mm；在靠近印制板板面安装的散热元器件的引脚整形可参照图4-8；在非支撑孔安装时，可按图4-8(b)、图4-8(c)所示的在靠近板面部位进行打弯处理。

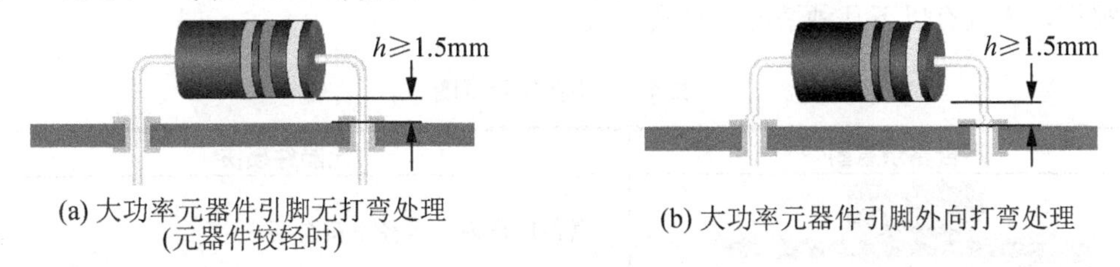

(a) 大功率元器件引脚无打弯处理(元器件较轻时)　　(b) 大功率元器件引脚外向打弯处理

图4-8　元器件的架高处理

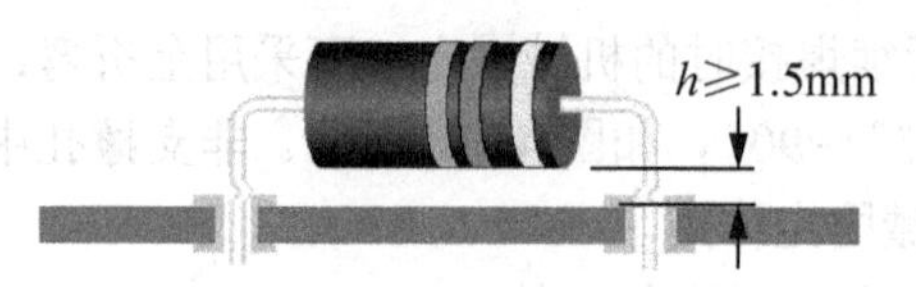

(c) 大功率元器件引脚内向打弯处理

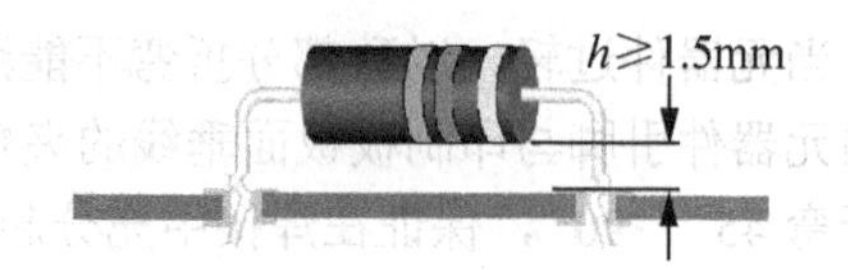

(d) 大功率元器件引脚锁紧打弯处理

图 4-8　元器件的架高处理(续)

3. 一般三极管整形

引脚间距小于安装孔距，需要弯曲时，引脚根部到弯曲点距离 $B \geqslant 2D$，且不小于 0.8mm，如图 4-9 所示。

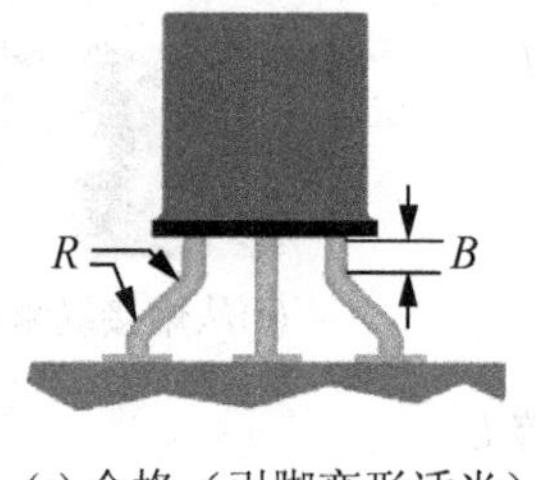

(a) 合格（引脚变形适当）

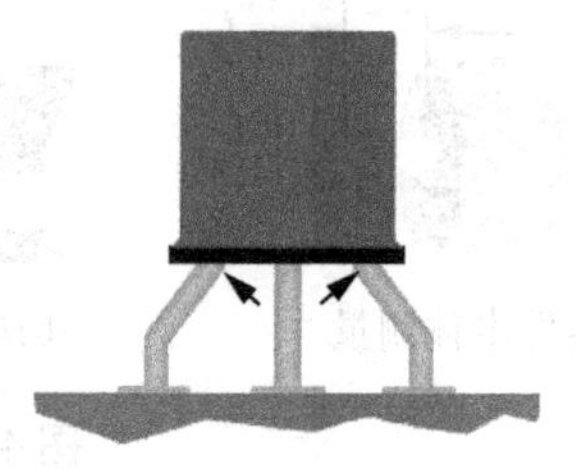

(b) 不合格（变形过度）

图 4-9　不带限位装置

4. 一般集成 IC 整形

元器件的侧装，由于安装空间、安装难度及散热等要求，元器件需要侧装时，引脚成形按如下要求：对于 PCB 板厚大于 2.3mm 的印制板，如果使用固定引脚长度的元器件，如 DIP、插座、连接器，作为最小的元器件引脚支撑肩需与印制板板面平齐，但是在后续焊接中允许引脚末端不在镀通孔中突出，但至少与板面平齐，如图 4-10 所示。

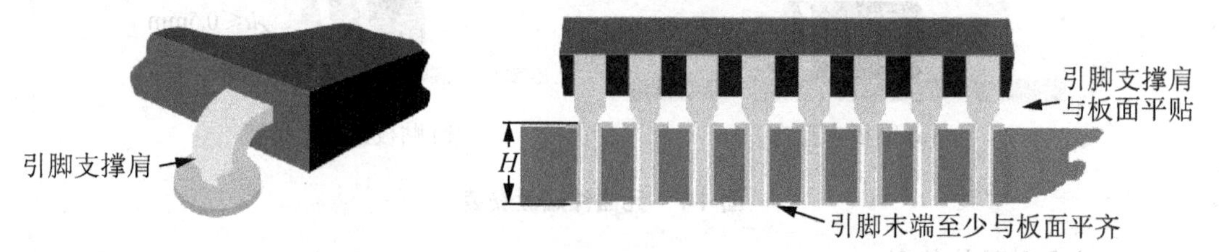

图 4-10　板厚 H>2.3mm 时，DIP 等元器件的支撑肩与引脚伸出要求

5. 常用元器件整形注意事项

元器件成形与切脚过程中，由于工作人员操作不当、工具不符合要求等问题造成的元器件损伤，大致有以下几种情况，见表 4-7。

表 4-7　不合格示意图

不合格示意图	元器件损伤
	元器件成形内弯半径不符合要求

续表

不合格示意图	元器件损伤
	元器件引脚的延伸部分与本体轴线不平行
L_{max}　L　L_{min}	元器件的切脚长度与要求不符
	元器件的引脚与本体轴线平行的延伸部分太短
	元器件引脚反复折弯
10 pf　缺损　裂纹	元器件本体产生裂纹和缺口
	元器件引脚上有大于 10%的划痕
	元器件引脚上有夹伤
	元器件的引脚产生扭曲变形
打弯半径太小	元器件的要求打弯处，打弯半径太小

4.3.2　焊接工艺

焊接是将想要连接的两个金属加热到焊锡的溶解温度，对此注入适量焊锡，将焊锡渗透在两个金属的中间，使之连接在一起，金属与渗透在金属中间的焊锡，形成的合金层。

1. 焊接的种类

焊接是使金属连接的一种方法，是电子产品生产中必须掌握的一种基本操作技能。现代焊接技术主要分为下列 3 类。

(1) 熔焊：是一种直接熔化母材的焊接技术。

(2) 钎焊：是一种母材不熔化，焊料熔化的焊接技术。

(3) 接触焊：是一种不用焊料和焊剂，即可获得可靠连接的焊接技术。

2. 常用焊料

焊料、焊剂和焊接的辅助材料。焊料是一种熔点低于被焊金属，在被焊金属不熔化的

条件下，能润湿被焊金属表面，并在接触面处形成合金层的物质。电子产品生产中，最常用的焊料称为锡铅合金焊料(又称焊锡)，它具有熔点低、机械强度高、抗腐蚀性能好的特点。如图 4-11 所示。

3. 常用助焊剂

焊剂(助焊剂)是进行锡铅焊接的辅助材料，如图 4-12 所示。焊剂的作用：去除被焊金属表面的氧化物，防止焊接时被焊金属和焊料再次出现氧化，并降低焊料表面的张力，有助于焊接。常用的助焊剂有无机焊剂、有机助焊剂、和松香类焊剂，其中松香类焊剂是电子产品的焊接中常用的助焊剂。

图 4-11 锡铅合金焊料

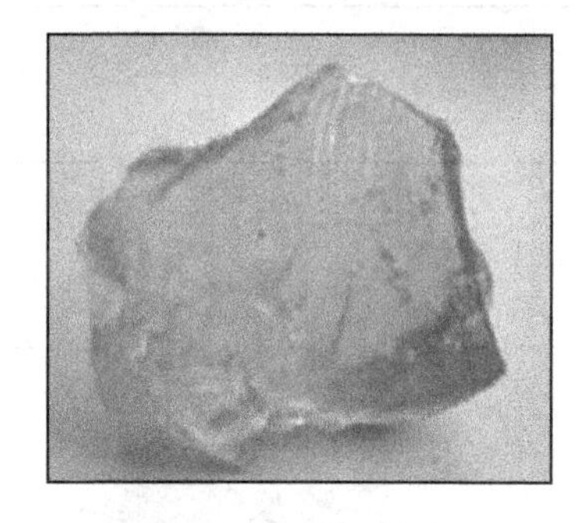

图 4-12 松香助焊剂

常用的锡铅合金焊料(焊锡)有多种形状和分类。其形状有粉末状、带状、球状、块状和管状等几种。手工焊接中最常见的是管状松香芯焊锡丝，如图 4-11 所示。这种焊锡丝将焊锡制成管状，其轴向芯内是由优质松香添加一定的活化剂组成的。

4.3.3 焊接工具

电烙铁是电子制作和电器维修必备工具，主要用途是焊接元件及导线，按结构可分为内热式电烙铁和外热式电烙铁，按功能可分为焊接用电烙铁和吸锡用电烙铁，根据用途不同又分为大功率电烙铁和小功率电烙铁。

1. 电烙铁分为外热式和内热式两种

内热式的电烙铁体积较小，而且价格便宜。一般电子制作都用 20～35W 左右的内热式电烙铁，如图 4-13 所示，内热式电烙铁发热效率较高，更换烙铁头也较方便。其发热芯装在烙铁头的内部，热损失小。市场上常见的普通内热和无铅长寿命内热式电烙铁，功率有 20W、25W、35W、50W 等。外热式电烙铁发热芯装在烙铁头的外部，常见的外热式电烙铁如图 4-14 所示，常用功率有 35W、50W、75W、100W、300W 等。

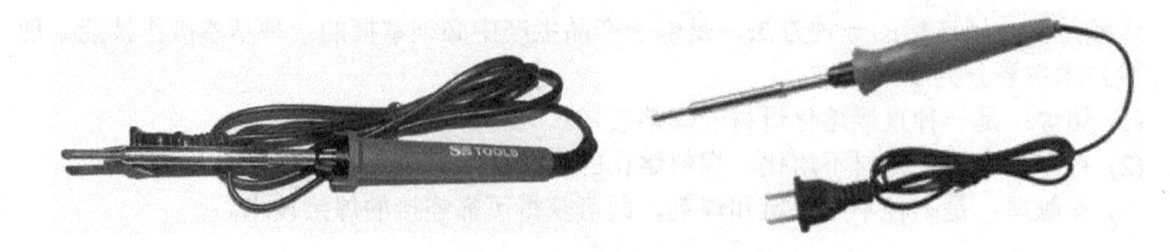

图 4-13 内热式电烙铁外形图

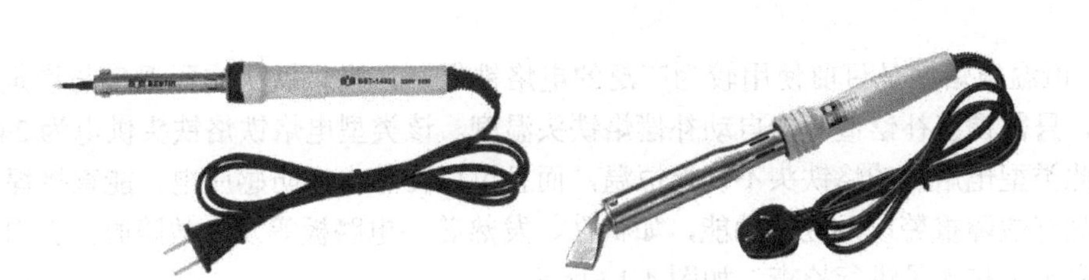

图 4-14　外热式电烙铁外形图

(1) 外热式电烙铁目前应用较为广泛。它由烙铁头、烙铁心、外壳、手柄、电源线和电源插头等几部分组成，其结构外形如图 4-15 所示。由于发热的烙铁心在烙铁头的外面，所以称为外热式电烙铁。外热式电烙铁对焊接大型和小型电子产品都很方便，因为它可以调整烙铁头的长短和形状，借此来掌握焊接温度。电烙铁功率越大，烙铁头的温度越高。

(2) 内热式电烙铁由于烙铁心安装在烙铁头里面，所以称为内热式电烙铁。内热式电烙铁的结构如图 4-15 所示。烙铁心是将镍铬电阻丝缠绕在两层陶瓷管之间，再经过烧结制成的。通电后，镍铬电阻丝立即产生热量，由于它的发热元件在烙铁头内部，所以发热快，热量利用率高达 85%～90%，烙铁温度在 350℃左右。内热式电烙铁功率越大，烙铁头的温度越高。

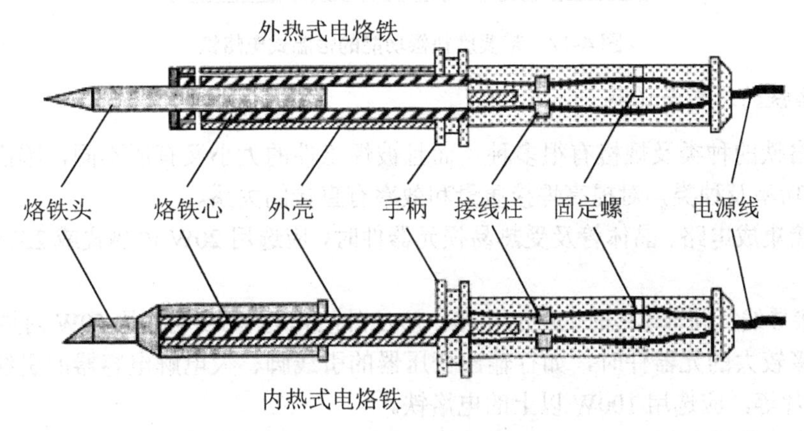

图 4-15　外、内热式电烙铁结构图

(3) 吸锡电烙铁是将普通的电烙铁与活塞式吸锡器溶为一体的拆卸工具，如图 4-16 所示。使用方法：电源接通温度上升后，把活塞按下并卡住，将烙铁头对准元器件。待焊锡熔化后按下按钮，活塞上升，将锡吸入吸管。用毕推动活塞三、四次，清除吸管内残留的焊锡，以便下次使用。

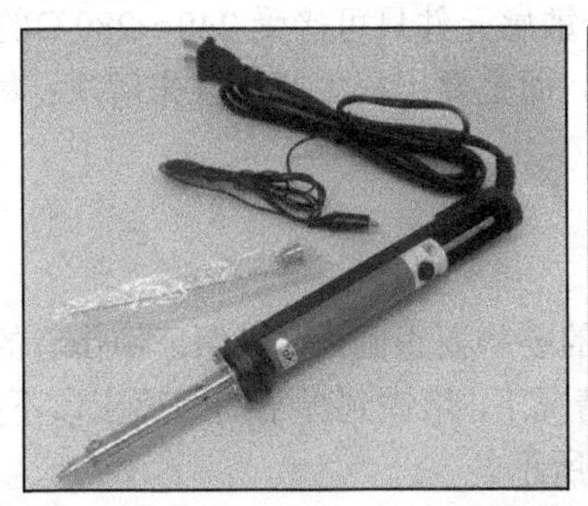

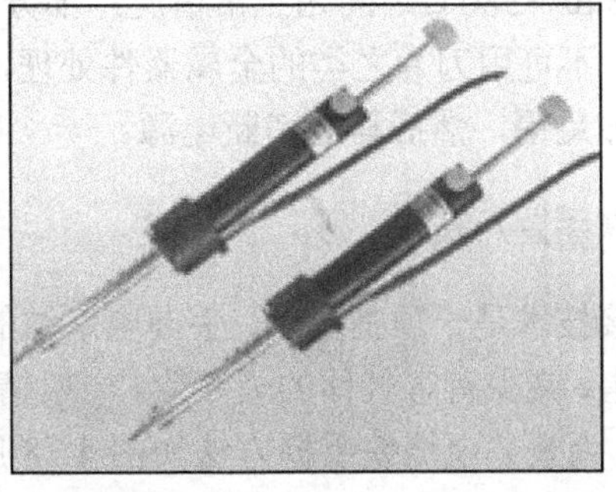

图 4-16　吸锡电烙铁

(4) 恒温电烙铁是目前使用较为广泛的电烙铁之一，当烙铁头实际温度与设定温度有误差时，只需调整补偿值即能自动补偿烙铁头温度。该类型电烙铁烙铁头供电为24V低压输出，此类型电烙铁的烙铁头不仅能恒温，而且可以防静电、防感应电，能直接焊CMOS器件，具有故障报警以及提示功能，如机件、发热芯、电路板等发生故障时，会自动故障报警，提示工作人员进行检查，如图4-17所示。

图4-17　带温度补偿功能的恒温式电烙铁

2. 电烙铁的选用与保养

(1) 电烙铁的种类及规格有很多种，而且被焊工件的大小又有所不同，因而合理地选用电烙铁的功率及种类，对提高焊接质量和效率有直接的关系。

(2) 焊接集成电路、晶体管及受热易损元器件时，应选用20W内热式或25W的外热式电烙铁。

(3) 焊接导线及同轴电缆时，应先用35～75W外热式电烙铁，再选用50W内热式电烙铁。

(4) 焊接较大的元器件时，如行输出变压器的引线脚、大电解电容器的引线脚、金属底盘接地焊片等，应选用100W以上的电烙铁。

(5) 电烙铁使用可调式的衡温烙铁较好；平时不用烙铁的时候，要让烙铁嘴上保持有一定量的锡，不可把烙铁嘴在海棉上清洁后存放于烙铁架上；海棉需保持有一定量水份，致使海棉湿润；拿起烙铁开始使用时需清洁烙铁嘴，但在使用过程中无需将烙铁嘴拿到海棉上清洁，只需将烙铁嘴上的锡搁入集锡硬纸盒内，这样保持烙铁嘴的温度不会急速下降，若锡提取困难，再加一些锡上去(因锡丝中含有助焊剂)，就可以轻松地提取多的锡下来了；烙铁温度在340～380℃之间为正常情况，部分敏感元件只可接受240～280℃的焊接温度；烙铁头发赫，不可用刀片之类的金属器件处理，而是要用松香或锡丝来解决；每天用完后，先清洁，再加足锡，然后马上切断电源。

4.3.4　电烙铁手握方法

手工焊接技术是一项基本功，手握电烙铁的姿势要正确，可以保证操作者的身心健康，减轻劳动伤害，减少有害气体的吸入量，一般情况下，烙铁到鼻子的距离应该不少于20cm，通常以30cm为宜。电烙铁手握方法如图4-18所示。

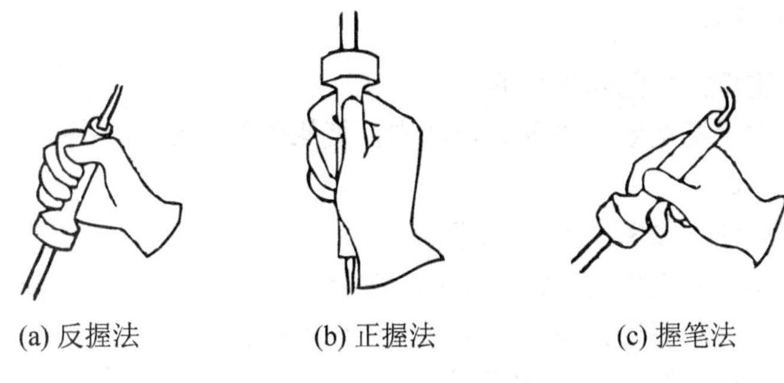

(a) 反握法　　(b) 正握法　　(c) 握笔法

图 4-18　电烙铁手握方法

(1) 反握法(外热式)适用于大功率和热容量大的焊件。烙铁头采用直型。

(2) 正握法(外热式)弯头烙铁头焊接使用。

(3) 握笔法(外热式)适用于小功率和热容量小的焊件。烙铁头采用直型。

手工拿焊锡丝的拿法如图 4-19 所示。

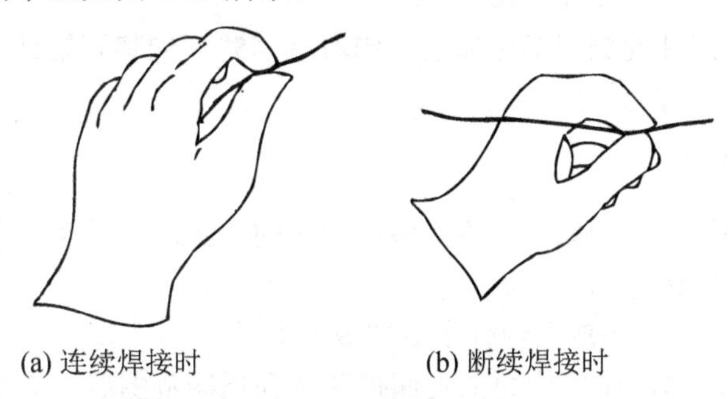

(a) 连续焊接时　　(b) 断续焊接时

图 4-19　手工拿焊锡丝

4.3.5　手工焊接方法及步骤和要领

掌握好电烙铁的温度和焊接时间，选择恰当的烙铁头和焊点的接触位置，才可能得到良好的焊点。正确的手工焊接操作过程可以分成 5 个步骤，如图 4-20 所示。

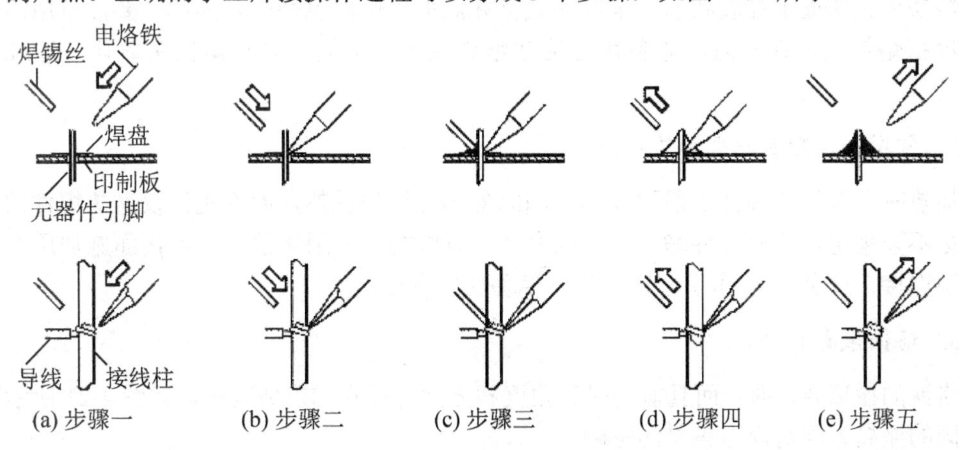

(a) 步骤一　(b) 步骤二　(c) 步骤三　(d) 步骤四　(e) 步骤五

图 4-20　手工焊接方法及步骤

1. 锡焊五步操作法

步骤一：准备施焊，如图 4-20(a)所示。

左手拿焊丝，右手握烙铁，进入备焊状态。要求烙铁头保持干净，无焊渣等氧化物，并在表面镀有一层焊锡。

步骤二：加热焊件，如图 4-20(b)所示。

烙铁头靠在两焊件的连接处，加热整个焊件全体，时间大约为 1～2s。对于在印制板上焊接元器件来说，要注意使烙铁头同时接触两个被焊接物。

步骤三：送入焊丝，如图 4-20(c)所示。

焊件的焊接面被加热到一定温度时，焊锡丝从烙铁对面接触焊件。注意：不要把焊锡丝送到烙铁头上。

步骤四：移开焊丝，如图 4-20(d)所示。

当焊丝熔化一定量后，立即向左上 45° 方向移开焊丝。

步骤五：移开烙铁，如图 4-20(e)所示。

焊锡浸润焊盘和焊件的施焊部位以后，向右上 45° 方向移开烙铁，结束焊接。从第三步开始到第五步结束，时间大约也是 1～2s。

2. 锡焊三步操作法

对于热容量小的焊件，例如印制板上较细导线的连接，可以简化为三步操作。

(1) 准备：同以上步骤一。

(2) 加热与送丝：烙铁头放在焊件上后即放入焊丝。

(3) 去丝移烙铁：焊锡在焊接面上浸润扩散达到预期范围后，立即拿开焊丝并移开烙铁，并注意移去焊丝的时间不得滞后于移开烙铁的时间。

4.3.6 手工焊接操作的注意事项

1. 保持烙铁头的清洁、保养

烙铁头长期处于高温状态，很容易氧化并沾上一层黑色杂质。因此，要注意用湿海绵随时擦拭烙铁头，在长时间未使用时应在烙铁头上加上锡，防止烙铁头氧化，造成无法粘锡。

2. 靠增加接触面积来加快传热

加热时，应该让焊件上需要焊锡浸润的各部分均匀受热，而不是仅仅加热焊件的一部分，更不要采用烙铁对焊件增加压力的办法，有些初学者用烙铁头对焊接面施加压力，企图加快焊接，这是不对的(引起产品插针偏移的问题)。

3. 烙铁撤离有讲究

烙铁的撤离要及时，而且撤离时的角度和方向与焊点的形成有关。如图 4-21 所示为烙铁不同的撤离方向对焊点锡量的影响。

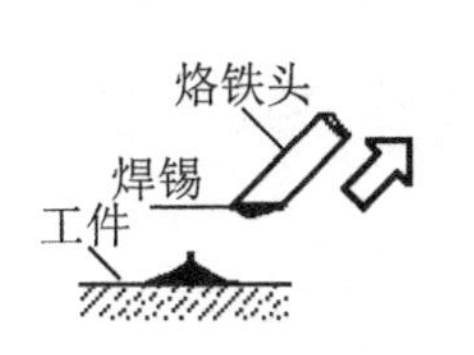

(a) 沿烙铁轴向45°撤离

(b) 向上方撤离

(c) 水平方向撤离

(d) 垂直向下撤离

(e) 垂直向上撤离

图 4-21　烙铁撤离方法

4. 在焊锡凝固之前不能动

切勿使焊件移动或受到振动，否则极易造成焊点结构疏松或虚焊。

5. 焊锡用量要适中

锡丝内部已经装有由松香和活化剂制成的助焊剂。焊锡丝的直径有 0.5mm、0.8mm、1.0mm 等多种规格，如图 4-22 所示，过量的焊锡不但无必要地消耗了焊锡，而且还增加焊接时间，降低工作速度。更为严重的是，过量的焊锡很容易造成不易觉察的短路故障。焊锡过少也不能形成牢固的结合，同样是不利的。特别是焊接印制板引出导线时，焊锡用量不足，极容易造成导线脱落。

(a) 焊锡过多

(b) 焊锡过少

(c) 合适的锡量
合适的焊点

图 4-22　焊点锡量的掌握

6. 焊剂用量要适中

适量的助焊剂对焊接非常有利。过量使用松香焊剂，焊接以后势必需要擦除多余的焊剂，并且延长了加热时间，降低了工作效率。当加热时间不足时，又容易形成“夹渣”的缺陷。

7. 不要使用烙铁头作为运送焊锡的工具(带锡焊)

有人习惯使用烙铁头作为运送焊锡的工具进行焊接，结果造成焊料的氧化。因为烙铁尖的温度一般都在 300℃以上，焊锡丝中的助焊剂在高温时容易分解失效，焊锡也处于过热的低质量状态。

8. 电烙铁使用前的检查

使用前必须用万用表 R×100 挡检查电源线是否断路或短路。20W 内热式电烙铁的正常阻值约为 2.2～2.6kΩ。如果发现异常应及时消除隐患。

(1) 检查电烙铁电源线外面的绝缘层是否有破损，一旦发现破损之处应停止使用。

(2) 插拔电烙铁必须必须用手捏住电源插头，严禁拉电线。

(3) 在使用电烙铁的过程中要防止跌落，严禁敲击电烙铁。

(4) 不用电烙铁时应及时将电源头拔掉。

(5) 电烙铁应摆放在烙铁架上，电烙铁头的温度可达到350℃。使用中防止烫伤。
(6) 防止电烙铁上的熔锡烫伤。
(7) 爱护供电设备，如电源插头、电线、漏电保护器。

4.4 项 目 考 核

项目考核评分标准见表4-8。

表4-8 项目考核评分标准

项目	配分	扣分标准(每项目累计扣分不超过配分)	扣分记录	得分
电子元器件整形	20分	1. 电子元器件立式元器件整形、引脚与元器件本体弯曲长度、引脚弯曲角度是否正确，否则错一个扣2分； 2. THT元器件与电路板安装对位准确，否则每个扣2分		
小功率电子元器件安装	20分	1. 电子元器件安装无错漏，电路板插件位置正确，元器件极性正确，否则每错装一个扣2分； 2. SMT元器件与电路板安装对位准确，否则每个扣2分		
大功率器件与集成IC安装	15分	1. 大功率器件注意散热，同时应加导热硅脂，变压器安装应牢固，否则每错装或安装不合格一个扣1分； 2. 集成IC与PCB电路板在安装过程中注意第一脚，否则错安装一个集成IC扣5分		
电子产品焊接工艺	15分	1. 正确使用焊接工具、合理选择相对应的烙铁，否则每错选一个扣2分； 2. 正确使用电烙铁及焊接步骤焊接元器件，否则扣2分		
电子产品焊点检测	20分	1. 电子元器与PCB板的焊点应适中，无漏、假、虚、连焊，焊点光滑、圆润，否则每缺选一个或错选一个扣2分； 2. 电子元器件与PCB板焊接表面应干净、无毛刺、焊点基本一致、没有歪焊，否则每错焊一个扣1分		
安全操作	10分	1. 使用安装焊接工具、摆放、操作步骤不正确，扣5分； 2. 操作过失造成设备损坏、仪器或短路烧保险扣10分，造成触电事故的取消本项分		
总　分				

项目5

功率放大器装配与调试

5.1 项目任务

项目任务见表5-1。

表5-1 项目任务

项目内容	1. 掌握音频功率放大器组成方框图、各部分功能作用及工作原理； 2. 掌握音频功率放大器电气原理图、单元电路作用及信号流程； 3. 正确识别检测功率放大器各元器件质量好坏及元器件替换原则； 4. 根据电气原理图和PCB板图找准安装位置，并对元器件进行整形、安装元器件； 5. 功率放大器焊接，用焊接工具对各单元电路电子元器件进行焊接，防止虚焊接、漏焊、错焊等； 6. 功率放大器检测，用仪器仪表根据电气原理图和PCB板装配图对功率放大器进行检测(功率放大器各关键点检测)； 7. 功率放大器各单元电路与整机调试，各关键点静态、动态调试； 8. 功率放大器组装与调试、注意事项(安全用电、焊接、检测工序)
重难点	1. 功率放大器的组成、工作原理及信号流程； 2. 功率放大器安装工艺、焊接工艺和工序流程等，防止虚焊接、漏焊、错焊，并对其修整等； 3. 功率放大器各关键点检测、各单元电路与整机调试
参考的相关文件	SJ/T 10694—2006《电子产品制造与应用系统防静电检测通用规范》； SJ 20908—2004《低频插头座防护工艺规范》； SJ 50598/2—2003《系列1 JY3116卡口连接锡焊式接触件直式自由电连接器(E、F、J和P类)详细规范》； SJ 20896—2003《印制电路板组件装焊后的洁净度检测及分级》； SJ/Z 11266—2002《电子设备的安全》

项目导读

电子产品装配技术是将电子零部件按设计要求装成整机的多种技术的综合，是电子产品生产构成中极其重要的环节。产品的设计可能因装配不当而无法实现预定的技术指标，严重时可能导致设备无法正常工作。因此掌握安装技术工艺知识和调试技术对电子产品的设计、制造、使用和维修都是不可缺少的。

5.1.1 功率放大器组成框图任务书

见表 5-2。

表 5-2 功率放大器的基本组成

<table>
<tr><td colspan="2" rowspan="3">××学院</td><td colspan="2" rowspan="3">功率放大器组成框图任务书</td><td>文件编号</td><td></td></tr>
<tr><td>版　次</td><td></td></tr>
<tr><td colspan="2">共 8 页/第 1 页</td></tr>
<tr><td colspan="2">工序号：1</td><td colspan="2">工序名称：音频功率放大器组成</td><td colspan="2">作 业 内 容</td></tr>
<tr><td colspan="4" rowspan="9">音频信号源输入(L)
信号输入选择
输入放大器
前置放大器
末级功率放大器
扬声器
音频信号源输入(R)
信号输入选择
输入放大器
前置放大器
末级功率放大器
高、中、低音调控制
声道平衡控制
音量控制
功率放大器系统方框图</td><td>1</td><td>了解音频功率放大器组成方框图、各部分功能作用及工作原理</td></tr>
<tr><td>2</td><td>分析音频功率放大器电路组成及整机工作原理</td></tr>
<tr><td>3</td><td>掌握音频功率放大器前级放大电路组成方框图及工作原理</td></tr>
<tr><td>4</td><td>通过查阅书籍、上网或其他途径搜集整理相关资料</td></tr>
<tr><td colspan="2">使用工具(书籍)</td></tr>
<tr><td colspan="2">参考：模拟电子技术、音响技术等资料</td></tr>
<tr><td colspan="2">※工艺要求(注意事项)</td></tr>
<tr><td>1</td><td>音频功率放大器结构完整性</td></tr>
<tr><td>2</td><td>音频功率放大器工作原理及信号流程</td></tr>
<tr><td>更改标记</td><td></td><td>编　制</td><td></td><td>批　准</td><td></td></tr>
<tr><td>更改人签名</td><td></td><td>审　核</td><td></td><td>生产日期</td><td></td></tr>
</table>

5.1.2　功率放大器电路组成任务书

见表 5-3。

表 5-3　功率放大器电路组成分析

<table>
<tr><td rowspan="2">××学院</td><td rowspan="2">功率放大器电路组成任务书</td><td>文件编号</td><td></td></tr>
<tr><td>版　　次</td><td></td></tr>
<tr><td></td><td></td><td colspan="2">共 8 页/第 1 页</td></tr>
<tr><td>工序号：1</td><td>工序名称：音频功率放大器电路组成与分析</td><td colspan="2">作 业 内 容</td></tr>
<tr><td colspan="2" rowspan="10"> 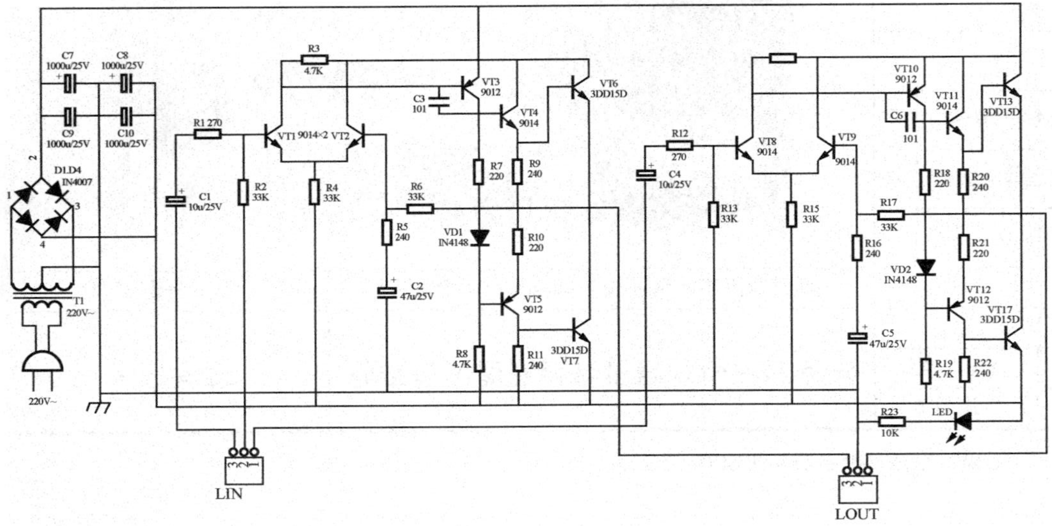
功率放大器电气原理图</td><td>1</td><td>掌握音频功率放大器电路组成及各部分作用</td></tr>
<tr><td>2</td><td>分析音频功率放大器整机电路工作原理</td></tr>
<tr><td>3</td><td>掌握音频功率放大器整机信号流程</td></tr>
<tr><td>4</td><td>通过查阅书籍、上网或其他途径搜集整理相关资料</td></tr>
<tr><td colspan="2">使用工具(书籍)</td></tr>
<tr><td colspan="2">参考：模拟电子技术、音响技术等资料</td></tr>
<tr><td colspan="2">※工艺要求(注意事项)</td></tr>
<tr><td>1</td><td>音频功率放大器作用、应用领域</td></tr>
<tr><td>2</td><td>音频功率放大器功能、完整性</td></tr>
<tr><td colspan="2"></td></tr>
<tr><td>更改标记</td><td>编　制</td><td>批　　准</td><td></td></tr>
<tr><td>更改人签名</td><td>审　核</td><td>生产日期</td><td></td></tr>
</table>

5.1.3 功率放大器元器件识别与检测任务书

见表 5-4。

表 5-4 功率放大器元器件识别与检测

××学院		功率放大器元器件识别与检测任务书		文件编号	
				版 次	
				共 8 页/第 3 页	
工序号：1		工序名称：功率放大器元器件识别与检测		作 业 内 容	
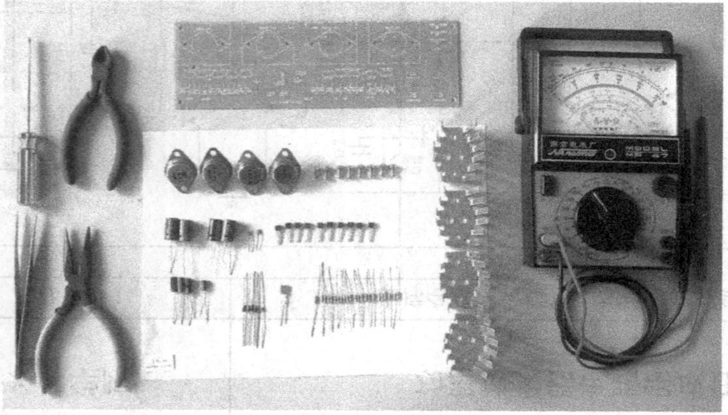 元器件清点与检测				1	根据功率放大器元器件清单清点识别元器件
				2	功率放大器元器件外观识别与分类
				3	功率放大器各元器件质量好坏检测及元器件替换原则
				使用工具(书籍)	
				万用表、电烙铁、尖嘴钳、斜口钳、镊子、一字螺丝刀、十字螺丝刀	
				※工艺要求(注意事项)	
				1	元器件识读方法与识别
				2	万用表检测方法、误差引起判断结果
更改标记		编 制		批 准	
更改人签名		审 核		生产日期	

5.1.4　功率放大器电源装配任务书

见表 5-5。

表 5-5　功率放大器整流电路的装配

<table>
<tr><td rowspan="3">××学院</td><td rowspan="3">功率放大器电源装配任务书</td><td colspan="2">文件编号</td><td colspan="2"></td></tr>
<tr><td colspan="2">版　次</td><td colspan="2"></td></tr>
<tr><td colspan="4">共 8 页/第 4 页</td></tr>
<tr><td>工序号：1</td><td>工序名称：功率放大器整流电路的装配</td><td colspan="4">作 业 内 容</td></tr>
<tr><td colspan="2" rowspan="11"> 焊接基本工艺</td><td>1</td><td colspan="3">根据电气原理图、PCB 板图找出相应电子元器件</td></tr>
<tr><td>2</td><td colspan="3">根据电气原理图和 PCB 板图找准元器件的装配位置，并对元器件进行整形</td></tr>
<tr><td>3</td><td colspan="3">将已整形好的元器件按照正确安装工艺插入相应 PCB 板电路</td></tr>
<tr><td>4</td><td colspan="3">将插好的元器件按照正确焊接步骤和工艺完成电路焊接</td></tr>
<tr><td>5</td><td colspan="3">对本单元装配元器件进行检查，对不合格元器件进行调整</td></tr>
<tr><td colspan="4">使用工具(书籍)</td></tr>
<tr><td colspan="4">万用表、电烙铁、尖嘴钳、斜口钳、镊子、一字螺丝刀、十字螺丝刀</td></tr>
<tr><td colspan="4">※工艺要求(注意事项)</td></tr>
<tr><td>1</td><td colspan="3">认真检测所装配元器件，保证所装配元器件完好</td></tr>
<tr><td>2</td><td colspan="3">在装配中注重元器件的安装工艺、焊接工艺</td></tr>
<tr><td colspan="4"></td></tr>
<tr><td>更改标记</td><td></td><td>编　制</td><td></td><td>批　准</td><td></td></tr>
<tr><td>更改人签名</td><td></td><td>审　核</td><td></td><td>生产日期</td><td></td></tr>
</table>

5.1.5 功率放大器前级放大电路装配任务书

见表 5-6。

表 5-6 功率放大器前级电路的装配

<table>
<tr><td colspan="2" rowspan="3">××学院</td><td colspan="2" rowspan="3">功率放大器前级放大电路装配任务书</td><td>文件编号</td><td></td></tr>
<tr><td>版　次</td><td></td></tr>
<tr><td colspan="2">共 8 页/第 5 页</td></tr>
<tr><td colspan="2">工序号：1</td><td colspan="2">工序名称：功率放大器前级放大电路的装配</td><td colspan="2">作 业 内 容</td></tr>
<tr><td colspan="4" rowspan="10">前置放大电路装配</td><td>1</td><td>根据电气原理图、PCB 板图找出相应电子元器件</td></tr>
<tr><td>2</td><td>根据电气原理图和 PCB 板图找准元器件的位置，并对元器件进行整形</td></tr>
<tr><td>3</td><td>将已整形好的元器件按照正确安装工艺插入相应 PCB 板电路</td></tr>
<tr><td>4</td><td>将插好的元器件按照正确焊接步骤和工艺完成电路焊接</td></tr>
<tr><td>5</td><td>对本单元装配元器件进行检查，对不合格元器件进行调整</td></tr>
<tr><td colspan="2">使用工具(书籍)</td></tr>
<tr><td colspan="2">万用表、电烙铁、尖嘴钳、斜口钳、镊子、一字螺丝刀、十字螺丝刀</td></tr>
<tr><td colspan="2">※工艺要求(注意事项)</td></tr>
<tr><td>1</td><td>在装配中注重元器件的安装工艺、焊接工艺</td></tr>
<tr><td>2</td><td>认真检测所装配元器件，保证所装配元器件完好</td></tr>
<tr><td>更改标记</td><td></td><td>编　制</td><td></td><td>批　准</td><td></td></tr>
<tr><td>更改人签名</td><td></td><td>审　核</td><td></td><td>生产日期</td><td></td></tr>
</table>

5.1.6　功率放大器末级放大电路装配任务书

见表 5-7。

表 5-7　功率放大器末级电路的装配

<table>
<tr><td rowspan="3" colspan="2">××学院</td><td rowspan="3" colspan="2">功率放大器末级放大电路装配任务书</td><td>文件编号</td><td></td></tr>
<tr><td>版　　次</td><td></td></tr>
<tr><td colspan="2">共 8 页/第 6 页</td></tr>
<tr><td colspan="2">工序号：1</td><td colspan="2">工序名称：功率放大器末级电路的装配</td><td colspan="2">作 业 内 容</td></tr>
<tr><td rowspan="10" colspan="4">功率放大器末级放大电路装配</td><td>1</td><td>根据电气原理图、PCB 板图找出相应电子元器件</td></tr>
<tr><td>2</td><td>根据电气原理图和 PCB 板图找准元器件的位置，并对元器件进行整形</td></tr>
<tr><td>3</td><td>将已整形好的元器件按照正确安装工艺插入相应 PCB 板电路</td></tr>
<tr><td>4</td><td>将插好的元器件按照正确焊接步骤和工艺完成电路焊接</td></tr>
<tr><td>5</td><td>对本单元装配元器件进行检查，对不合格元器件进行调整</td></tr>
<tr><td colspan="2">使用工具(书籍)</td></tr>
<tr><td colspan="2">万用表、电烙铁、尖嘴钳、斜口钳、镊子、一字螺丝刀、十字螺丝刀</td></tr>
<tr><td colspan="2">※工艺要求(注意事项)</td></tr>
<tr><td>1</td><td>认真检测所装配元器件，保证所装配元器件完好</td></tr>
<tr><td>2</td><td>在装配中注重元器件的安装工艺、焊接工艺</td></tr>
<tr><td>更改标记</td><td></td><td>编　制</td><td></td><td>批　　准</td><td></td></tr>
<tr><td>更改人签名</td><td></td><td>审　核</td><td></td><td>生产日期</td><td></td></tr>
</table>

5.1.7 功率放大器检测任务书

见表 5-8。

表 5-8 功率放大器检测

<table>
<tr><td rowspan="3">××学院</td><td rowspan="3" colspan="2">功率放大器检测任务书</td><td>文件编号</td><td colspan="2"></td></tr>
<tr><td>版 次</td><td colspan="2"></td></tr>
<tr><td colspan="3">共 8 页/第 7 页</td></tr>
<tr><td>工序号：1</td><td colspan="2">工序名称：功率放大器检测</td><td colspan="3">作 业 内 容</td></tr>
<tr><td colspan="3" rowspan="10">功率放大器通电前电路检测</td><td>1</td><td colspan="2">根据功率放大器电气原理图对实际装配 PCB 板进行检查</td></tr>
<tr><td>2</td><td colspan="2">装配工艺检查，整机表面无损伤、涂层无划痕、脱落，金属结构件无开焊、开裂</td></tr>
<tr><td>3</td><td colspan="2">焊接工艺检查，所有焊接点有无短路、断路、虚焊、错焊、连焊等不良焊点</td></tr>
<tr><td>4</td><td colspan="2">关键点检测，用万用表的 R×10Ω或 R×100Ω挡对各关键点检查进行检测</td></tr>
<tr><td colspan="3">使用工具(书籍)</td></tr>
<tr><td colspan="3">万用表、电烙铁、尖嘴钳、斜口钳、镊子、一字螺丝刀、十字螺丝刀</td></tr>
<tr><td colspan="3">※工艺要求(注意事项)</td></tr>
<tr><td>1</td><td colspan="2">整机装配工艺检查，焊接工艺检查</td></tr>
<tr><td>2</td><td colspan="2">用万用表对各关键点进行检测，防止短路、断路、虚焊、错焊、连焊，避免通电后烧坏电路和损坏元器件</td></tr>
<tr></tr>
<tr><td>更改标记</td><td></td><td>编 制</td><td></td><td>批 准</td><td></td></tr>
<tr><td>更改人签名</td><td></td><td>审 核</td><td></td><td>生产日期</td><td></td></tr>
</table>

5.1.8　功率放大器调试任务书

见表 5-9。

表 5-9　功率放大器调试

<table>
<tr><td colspan="2" rowspan="3">××学院</td><td colspan="2" rowspan="3">功率放大器调试任务书</td><td>文件编号</td><td colspan="2"></td></tr>
<tr><td>版　次</td><td colspan="2"></td></tr>
<tr><td colspan="3">共 8 页/第 8 页</td></tr>
<tr><td colspan="2">工序号：1</td><td colspan="2">工序名称：功率放大器调试</td><td colspan="3">作 业 内 容</td></tr>
<tr><td colspan="4" rowspan="10">功率放大器</td><td>1</td><td colspan="2">根据功率放大器电气原理图对实际装配 PCB 板进行检查</td></tr>
<tr><td>2</td><td colspan="2">功率放大器的基本调试方法步骤</td></tr>
<tr><td>3</td><td colspan="2">功率放大器设备性能调试，如功率放大能力、带负载能力</td></tr>
<tr><td>4</td><td colspan="2">功率放大器性能与电路改进</td></tr>
<tr><td>5</td><td colspan="2">完成功率放大器总装配，使产品符合设计要求</td></tr>
<tr><td colspan="3">使用工具(书籍)</td></tr>
<tr><td colspan="3">万用表、电烙铁、尖嘴钳、斜口钳、镊子、一字螺丝刀、十字螺丝刀</td></tr>
<tr><td colspan="3">※工艺要求(注意事项)</td></tr>
<tr><td>1</td><td colspan="2">整机装配工艺检查、焊接工艺检查、产品性能调试</td></tr>
<tr><td>2</td><td colspan="2">完成功率放大器总装配，使产品符合设计要求</td></tr>
<tr><td>更改标记</td><td></td><td>编　制</td><td></td><td colspan="2">批　准</td><td></td></tr>
<tr><td>更改人签名</td><td></td><td>审　核</td><td colspan="3">生产日期</td><td></td></tr>
</table>

5.2 项目准备

1. 音频功率放大系统的基本组成

音频放大器系统由信号拾取、前级放大和功率放大组成，如图 5-1 所示为音频放大系统方框图。功率放大器的作用是将前一级送来的音频电信号进行不失真的放大，产生足够的输出功率，以推动扬声器发出优美动听的声音。

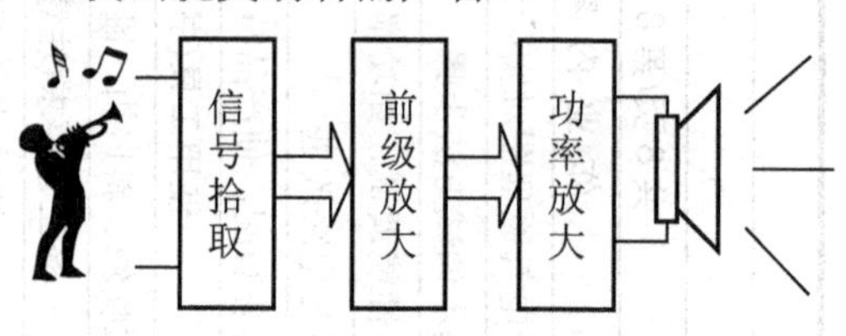

图 5-1　音频放大系统方框图

典型音频功率放大器组成方框图，如图 5-2 所示。

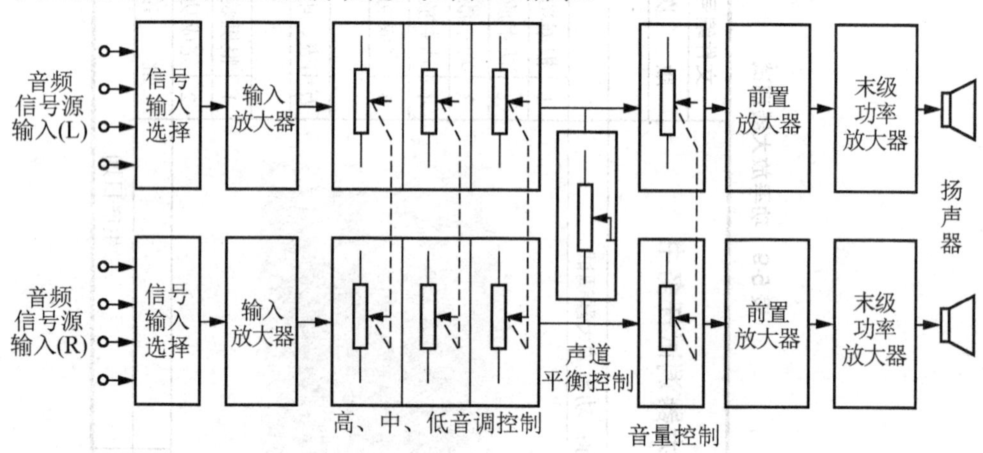

图 5-2　音频功率放大器组成方框图

2. 按功率管的工作状态分类

(1) 甲类：甲类又称为 A 类。在输入正弦电压信号的整个周期内，功率管一直处于导通工作状态。其特点是失真小、功耗大、效率低(约为 35%)。

(2) 乙类：乙类又称为 B 类。每只功率管导通半个周期，截止半个周期，两只功率管轮流工作。其特点是效率较好(约为 75%)，容易产生交越失真。

(3) 甲乙类：甲乙类又称为 AB 类。每只功率管导通时间大于半个周期，但又不足一个周期，截止时间小于半个周期，两只功率管推挽工作。这种电路可以避免交越失真，因而在高保真功率放大器中应用最多。

(4) D 类放大器(数字音频功率)放大器是一种将输入模拟音频信号或 PCM 数字信息变换成 PWM(脉冲宽度调制)或 PDM(脉冲密度调制)的脉冲信号，然后用 PWM 或 PDM 的脉冲信号去控制大功率开关器件通/断音频功率放大器，也称为开关放大器。具有效率高的突出优点。

① 具有很高的效率，通常能够达到 85%以上。

② 体积小，可以比模拟的放大电路节省很大的空间。

③ 无裂噪声接通。

④ 低失真，频率响应曲线好。外围元器件少，便于设计调试。

A 类、B 类和 AB 类放大器是模拟放大器，D 类放大器是数字放大器。B 类和 AB 类推挽放大器比 A 类放大器效率高、失真较小，功放晶体管功耗较小，散热好，但 B 类放大器在晶体管导通与截止状态的转换过程中会因其开关特性不佳或因电路参数选择不当而产生交替失真。而 D 类放大器具有效率高、低失真、频率响应曲线好、外围元器件少优点。AB 类放大器和 D 类放大器是目前音频功率放大器的基本电路形式。

(5) T 类功率放大器的功率输出电路和脉宽调制 D 类功率放大器相同，功率晶体管也是工作在开关状态，效率和 D 类功率放大器相当。

3. 功率放大器输出与音箱连接

1) 变压器耦合

变压器输出级与扬声器之间采用变压器耦合导致电路效率低、失真大、频响曲线难以平坦，在高保真功率放大器中已极少使用。

2) 电容器耦合

OTL(Output Transformer Less)电路输出级与扬声器之间采用电容耦合的无输出变压器功放电路，其大容量耦合电容对频响也有一定影响，是高保真功率放大器的基本电路。

3) 直接耦合

OCL(Output Capacitor Less)电路是输出级与扬声器之间无电容而直接耦合的功放电路，频响特性比 OCL 好，也是高保真功率放大器的基本电路。

BTL(Balanced Transformer Less)电路是一种平衡无输出变压器功放电路，其输出级与扬声器之间以电桥方式直接耦合，因而又称为桥式推挽功放电路，也是高保真功率放大器的基本电路。

4. 功率放大器基本性能指标

1) 功率放大器输出功率

输出功率是指功放电路输送给负载的功率。目前人们对输出功率的测量方法和评价方法很不统一，使用时注意以下几点。

(1) 额定功率(RMS)：它指在一定的谐波范围内功放长期工作所能输出的最大功率(严格说是正弦波信号)。经常把谐波失真度小于 1%时的平均功率称为额定输出功率或最大有用功率、持续功率、不失真功率等。

(2) 最大输出功率：当不考虑失真大小时，功放电路的输出功率可远高于额定功率，还可输出更大数值的功率，它能输出的最大功率称为最大输出功率，前述额定功率与最大输出功率是两种不同前提条件的输出功率。

(3) 音乐输出功率(MPO)：音乐输出功率 MPO 是英文 Music Power Output 的缩写，它是指功放电路工作于音乐信号时的输出功率，也就是输出失真度不超过规定值的条件下，功放对音乐信号的瞬间最大输出功率。

音乐输出功率可以用来评价功放的动态听音效果，例如在平稳的音乐过程后面突然出现了冲击性强的打击乐器声音，有的功放电路可在瞬间提供很大的输出功率给以力度感、有使不完的劲；有的功放却显得力不从心、底气不足。这瞬间突发性输出功率的能力可以用音乐输出功率来量度。

(4) 峰值音乐输出功率(PMPO)：它是最大音乐输出功率，是功放电路的另一个动态指标，若不考虑失真度，功放电路可输出的最大音乐功率就是峰值音乐输出功率。通常峰值音乐输出功率大于音乐输出功率，音乐输出功率大于最大输出功率，最大输出功率大于额定输出功率，经实践统计，峰值音乐输出功率是额定输出功率的5～8倍。

2) 频率响应

频率响应反映功率放大器对音频信号各频率分量的放大能力，功率放大器的频响范围应不低于人耳的听觉频率范围，因而在理想情况下，主声道音频功率放大器的工作频率范围为20～20kHz。国际规定一般音频功放的频率范围是(40～16kHz)±1.5dB。

3) 失真

失真是重放音频信号的波形发生变化的现象。波形失真的原因和种类有很多，主要有谐波失真、互调失真、瞬态失真等。

4) 动态范围

放大器不失真地放大最小信号与最大信号电平的比值就是放大器的动态范围。实际运用时，该比值使用dB来表示两信号的电平差，高保真放大器的动态范围应大于90dB。

5) 信噪比

信噪比是指声音信号大小与噪声信号大小的比例关系，将功放电路输出声音信号电平与输出的各种噪声电平之比的分贝数称为信噪比的大小。

6) 输出阻抗和阻尼系数

(1) 输出阻抗：功放输出端与负载(扬声器)等效内阻抗称为功放的输出阻抗。

(2) 阻尼系数：阻尼系数是指放大器的额定负载(扬声器)阻抗与功率放大器实际阻抗的比值。

5.3 项目实施

5.3.1 功率放大器元器件准备

1. 元器件清单

按照元器件清单表5-10，认真清点所有元器件。

表5-10 功率放大器元器件清单

序号	名称	型号规格	位号	数量	序号	名称	型号规格	位号	数量
1	三极管	3DD15	VT6 VT7 VT13 VT14	4只	11	电阻器	220Ω	R7 R10 R18 R21	4只
2	三极管	9014	VT1 VT2 VT4 VT8 VT9 VT11	6只	12	电阻器	240Ω	R5 R9 R11 R16 R20 R22	6只
3	三极管	9012	VT3 VT5 VT10 VT12	4只	13	电阻器	270Ω	R1 R12	2只

续表

序号	名称	型号规格	位号	数量	序号	名称	型号规格	位号	数量
4	二极管	lN4001	VD3～VD6	4 只	14	电阻器	4.7kΩ	R3 R8 R14 R19	4 只
5	开关二极管	lN4148	VD1 VD2	2 只	15	电阻器	10kΩ	R23	1 只
6	发光二极管		LED	1 只	16	电阻器	33kΩ	R2 R4 R6 R13 R15 R17	6 只
7	电解电容器	1000μF/25V	C7～C10	4 只	17	散热器			4 个
8	电解电容器	47μF/25V	C2 C5	2 只	18	螺丝 螺帽	ϕ 3×8		8 套
9	电解电容器	10μF/25V	C1 C4	2 只	19	印制电路板	225×70mm		1 块
10	瓷介电容	100pF	C3 C6	2 只	20	装配说明书			1 张

2. 功率放大器元器件

功率放大器元器件清理与检测，元器件如图 5-3、图 5-4、图 5-5 所示。检测方法可参考项目四元器件识别与检测。

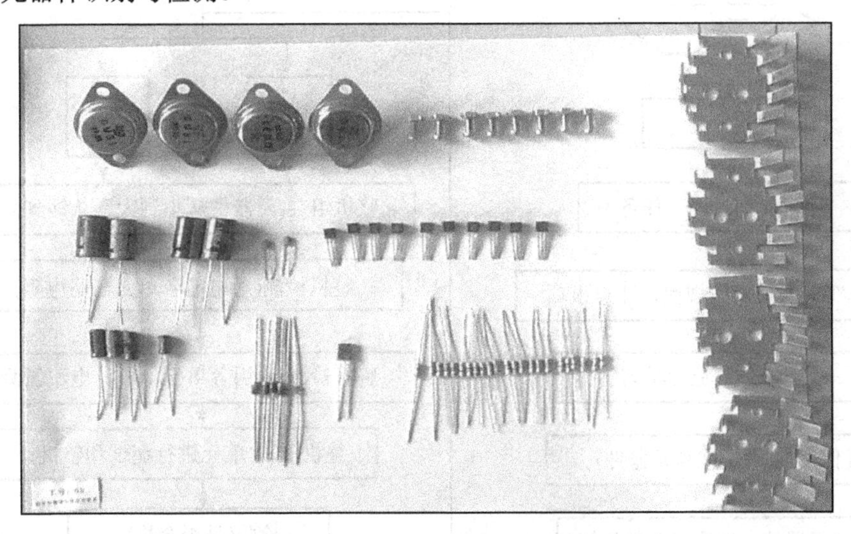

图 5-3　功率放大器电子元器件

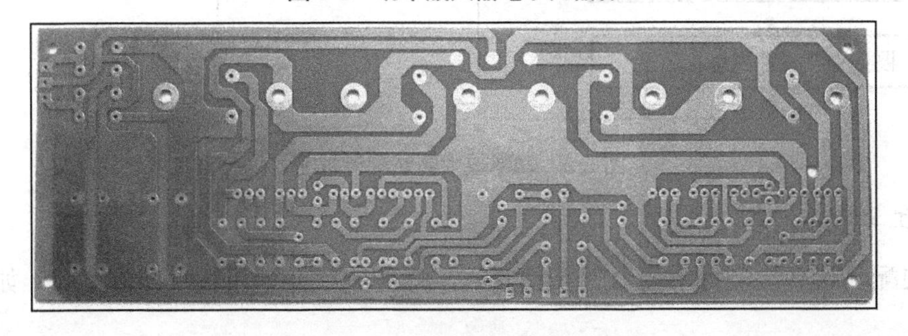

图 5-4　功率放大器 PCB 板

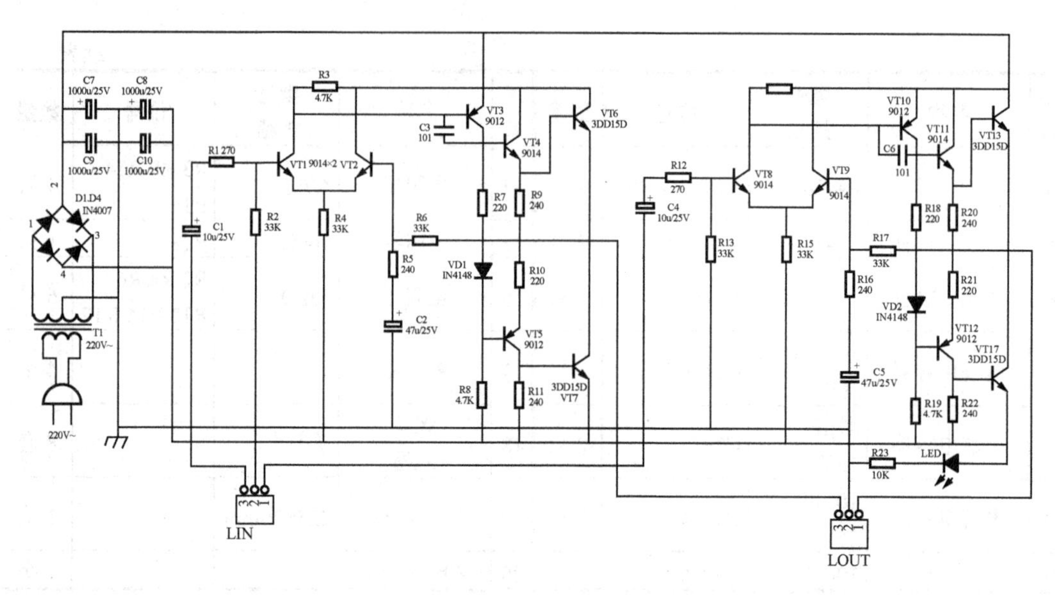

图 5-5　功率放大器电气原理图

3. 电子产品基本装配流程

功率放大器装配流程，如图 5-6 所示。

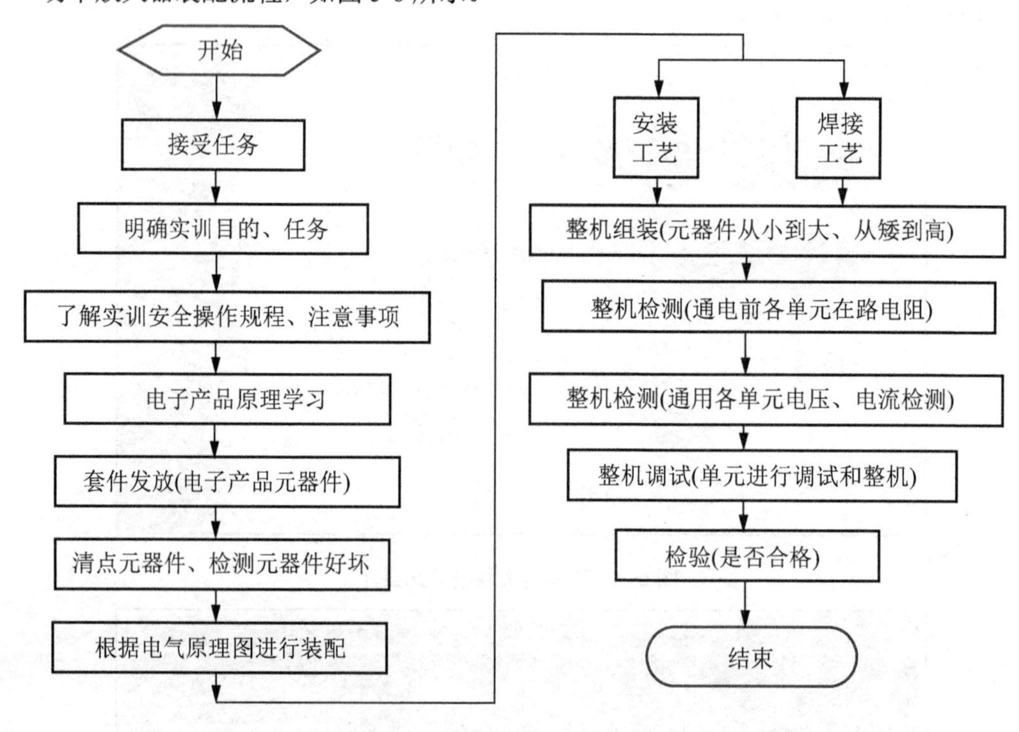

图 5-6　功率放大器装配流程图

4. 工具准备

在装配前认真检测每个元器件质量好坏，并将所须工具和仪表摆放整齐，如图 5-7 所示。

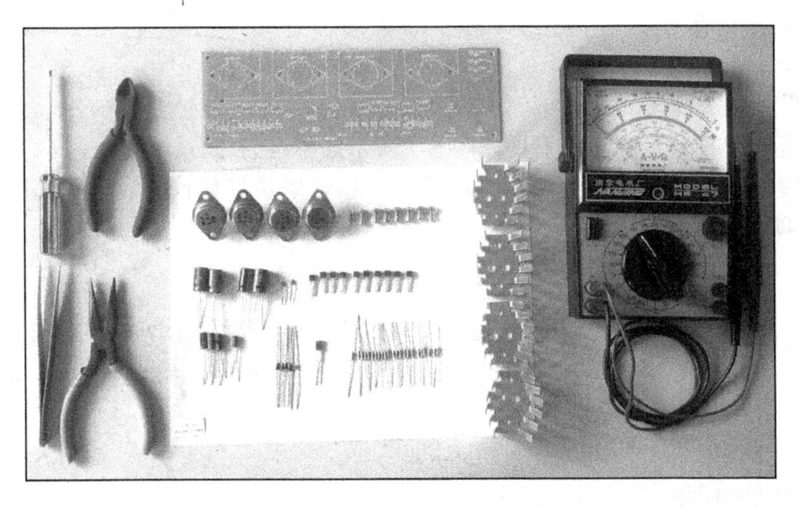

图 5-7　功率放大器元器件准备

5. 原理图装配顺序

在装配过程中可按如图 5-8、图 5-9 所示，完成功率放大器的组装。

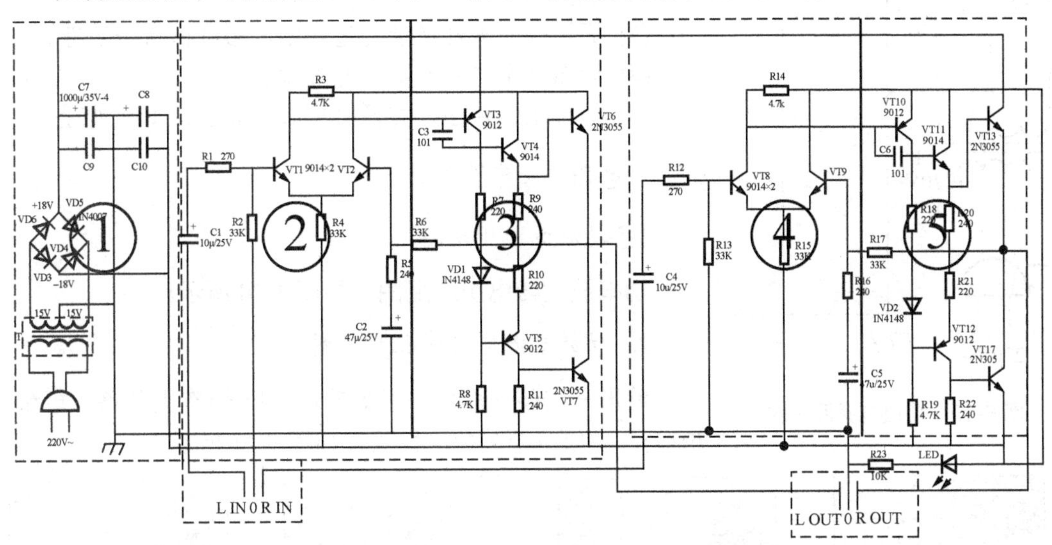

图 5-8　功率放大器装配顺序

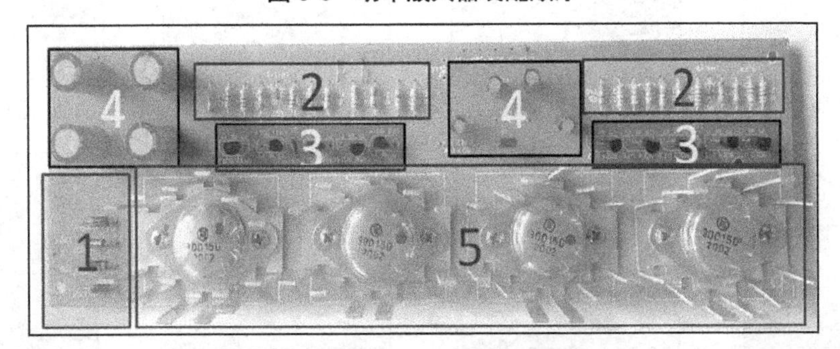

图 5-9　功率放大器元器件装配顺序

5.3.2 安装具体步骤

1. 准备工作

(1) 将需电子产品元器件和工具如图 5-7 所示做好准备工作。

(2) 掌握电子产品基本组成、工作原理、元器件质量好坏检测、电子装配流程及装配工艺注意事项等。

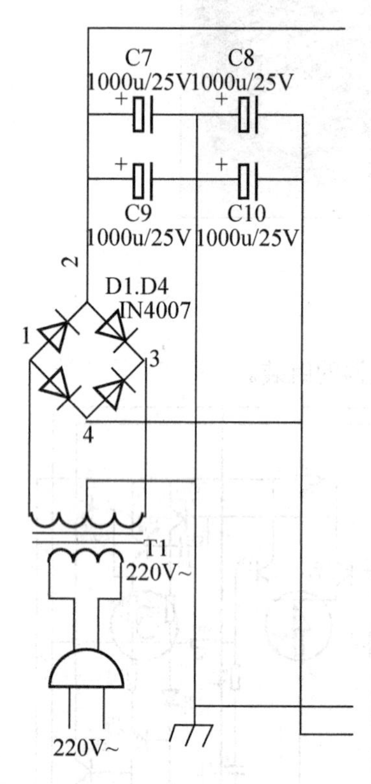

图 5-10 功放电源原理图

2. 操作步骤

掌握操作步骤及装配工序可按图 5-6 和图 5-9 所示，把所有电子元器件装入 PCB 板中，并达到样品或要求规定的成型高度。

3. 工艺要求

(1) 元件的整形、排列位置严格按文件规定要求，不能损伤元器件。

(2) 二极管、三极管、电解电容有极性，必须按 PCB 板上的方向进行插件。

(3) 无极性元器件在装配过程中，必须保持一致性。

(4) 元器件不得有错插、漏插现象。

(5) 清理工作台面，并及时把多余元器件上交处理。

5.3.3 整流滤波电路安装

1. 功放电源原理图

功率放大器电源装配图，如图 5-10 所示。

2. 功放电源电路装配步骤图

整形→安装→焊接→引脚处理→检查(有无开路、短路、桥接)，功放电源装配流程效果如图 5-11 所示。

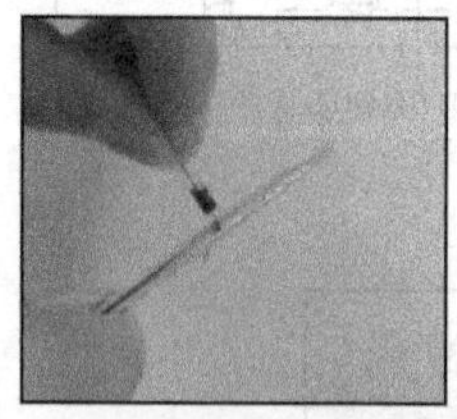

(a) 元器件整形 1

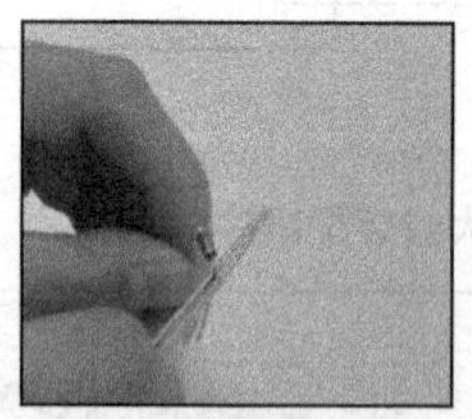

(b) 元器件整形 2

(c) 元器件安装

(d) 元器件安装效果 1

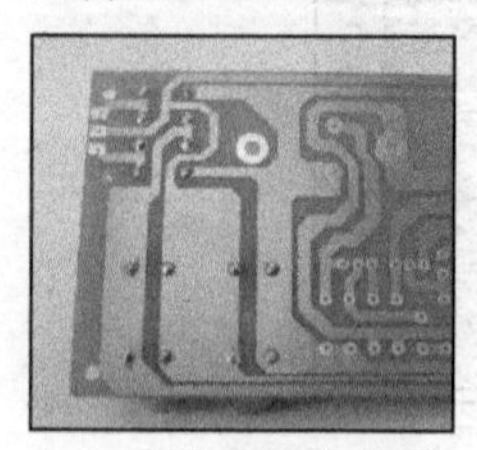

(e) 元器件焊接效果

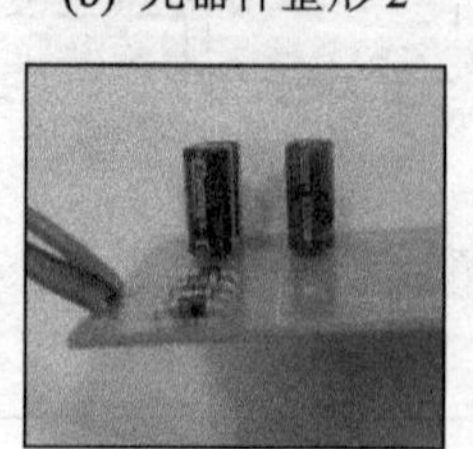

(f) 元器件安装效果 2

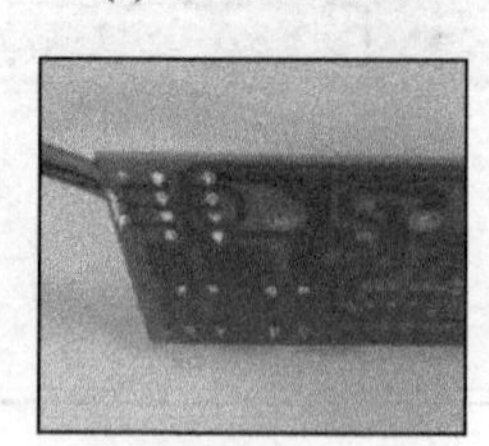

(g)元器件焊接效果

(h)元器件安装效果

图 5-11 功放电源安装步骤

5.3.4　前置放大电路安装(左声道安装)

(1) 功放前置(差分)放大电路装配原理图，如图 5-12 所示。

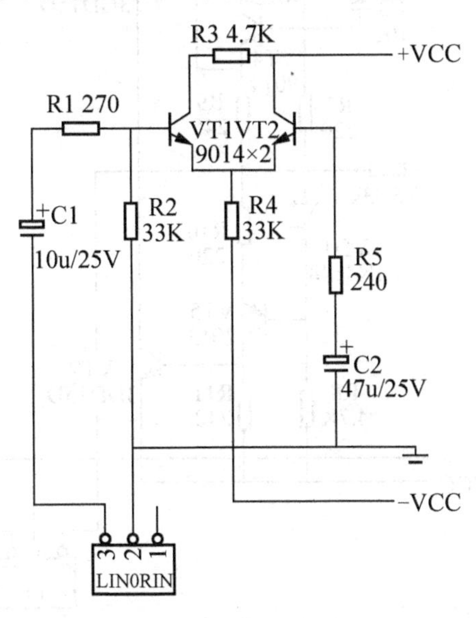

图 5-12　前置(差分)放大电路装配原理图

(2) 功放前置(差分)放大电路装配步骤图，如图 5-13 所示。

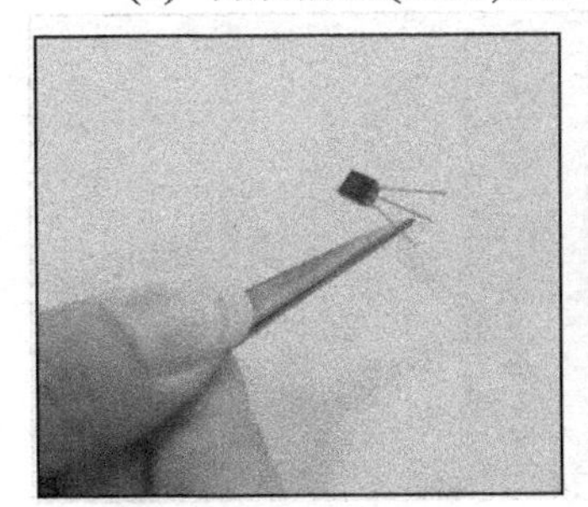

(a) 三极管整形处理

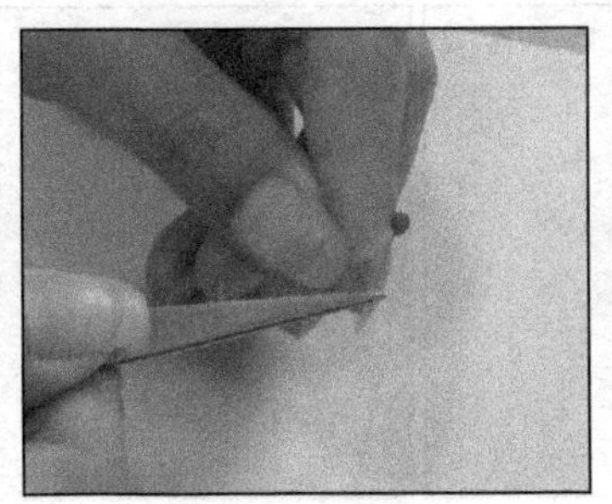

(b) 瓷片电容整形

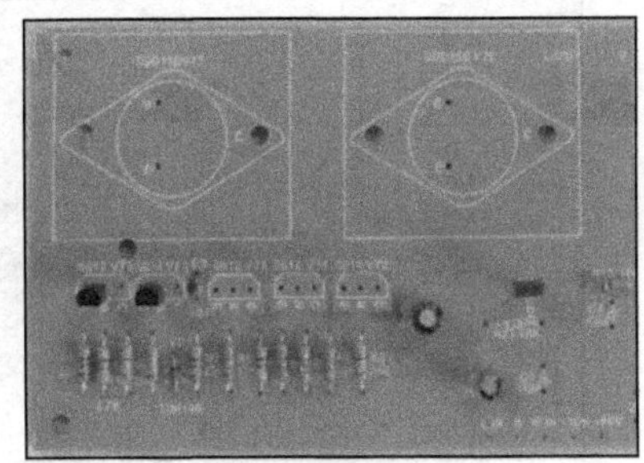

(c) 安装效果图

图 5-13　前置(差分)放大器装配效果图

5.3.5　末级功率放大电路安装

1. 功率放大器末级放大电路原理图

末级放大电路原理图，如图 5-14 所示。

2. 功放末级放大电路装配步骤效果图

(1) 元器件准备，如图 5-15 所示。

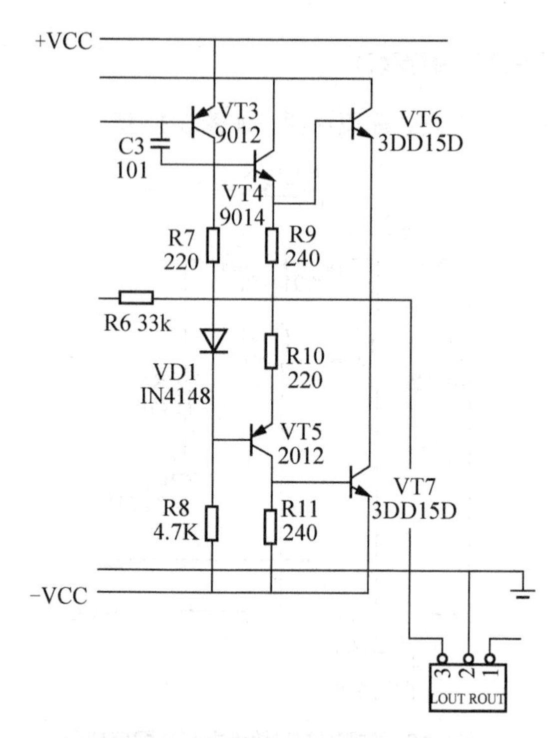

图 5-14　功率放大器末级放大电路

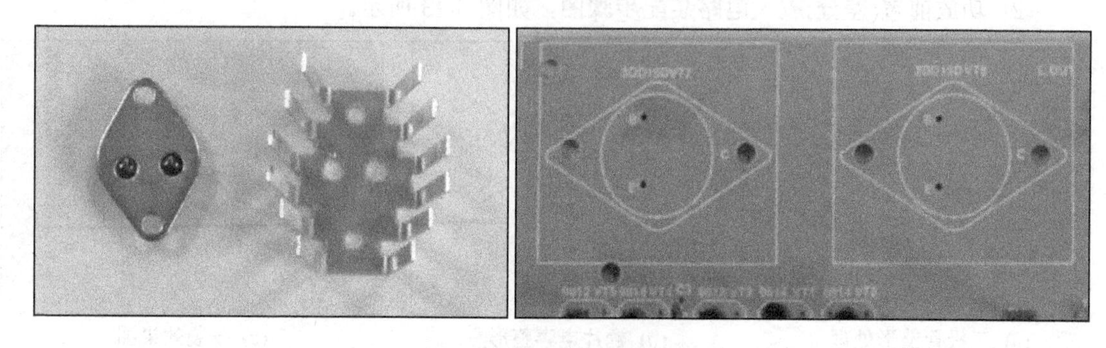

图 5-15　功率放大管准备

(2) 功率管安装，注意功放引脚不能短路，如图 5-16 所示

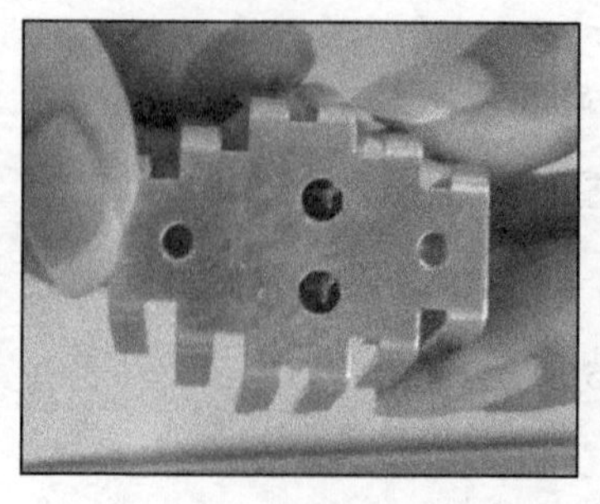

图 5-16　功率放大管安装效果图

(3) 末级功率放大管装配图，如图 5-17 所示。用螺丝刀加以固定，工作时可以充分散热，提高工作效率。

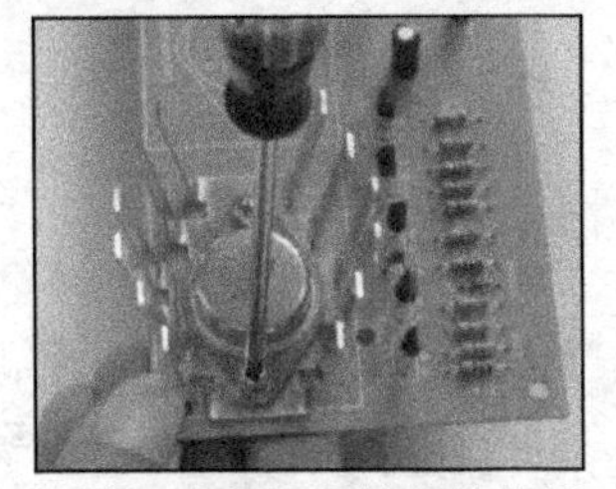

(a) 末级功率放大管安装效果 1

(b) 末级功率放大管安装效果 2

(c) 末级功率放大管安装图

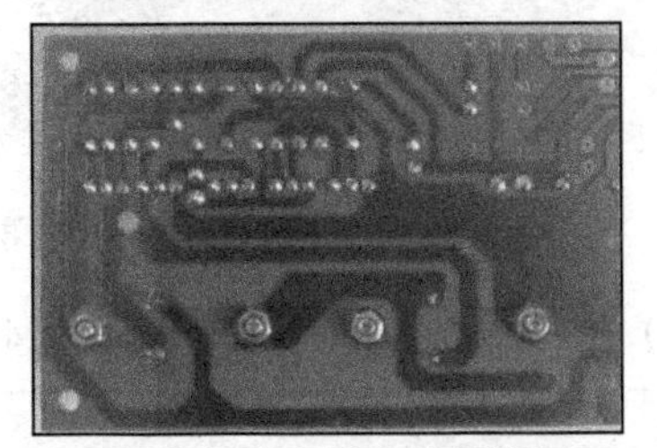

(d) 末级功率放大管焊接图

图 5-17　末级功放管安装效果图

5.3.6　功率放大电路安装(右声道安装)

(1) 右声道安装电气原理图，如图 5-18 所示。

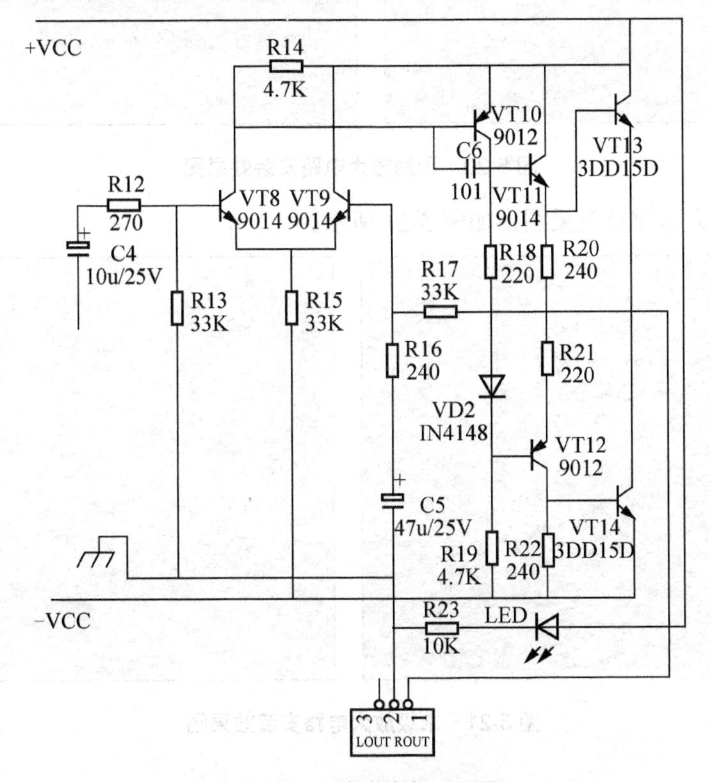

图 5-18　右声道电气原理图

(2) 前置(差分)放大器安装效果图，如图 5-19 所示。

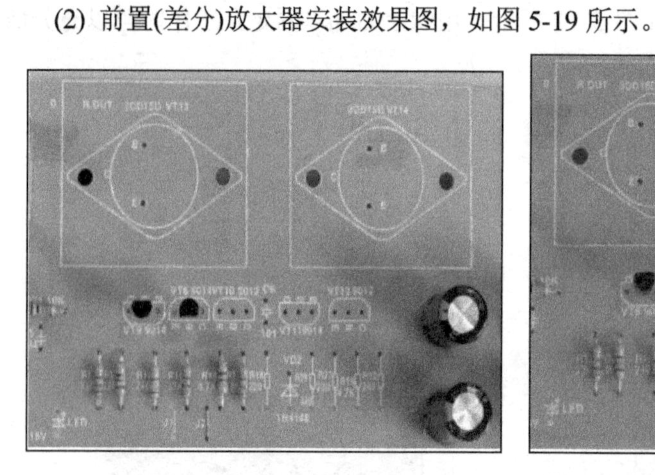
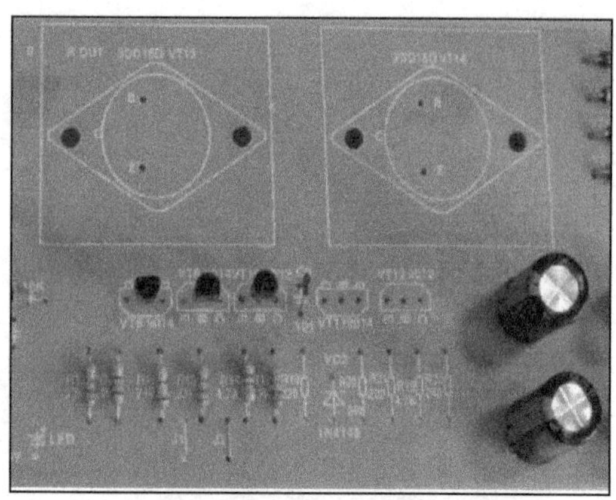

图 5-19　前置(差分)放大器安装效果图

(3) 激励级放大器安装效果图，如图 5-20 所示。

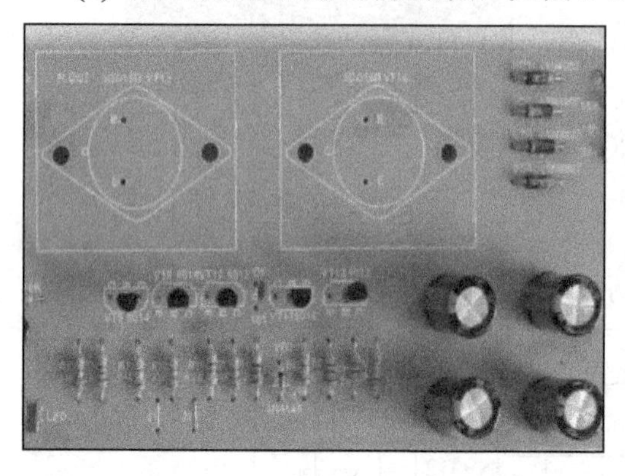
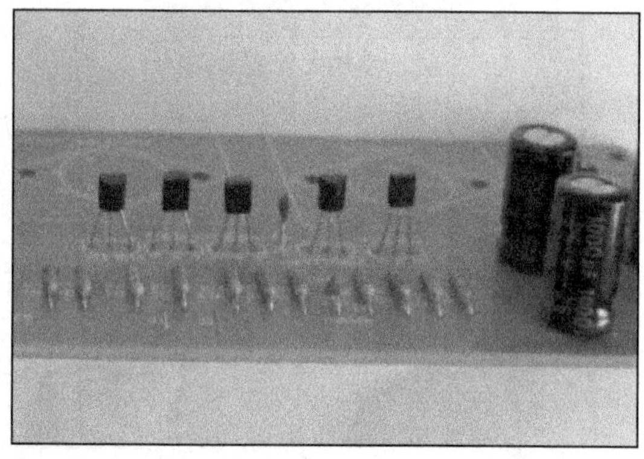

图 5-20　激励放大电路安装效果图

(4) 末级放大器安装效果图，如图 5-21 所示。

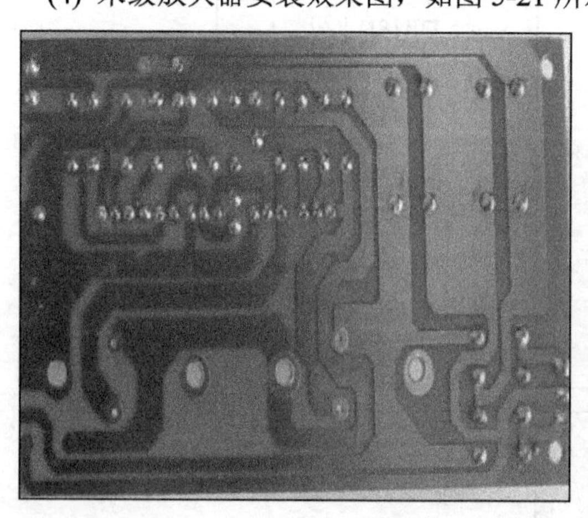
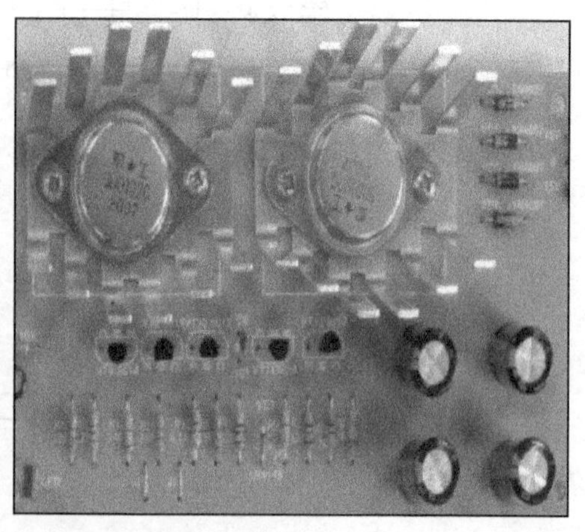

图 5-21　末级放大电路安装效果图

5.3.7　功率放大电路安装完整图

音频功率放大器安装效果图，如图 5-22 所示。

图 5-22　功率放大器效果图

5.3.8　整机安装工艺检测

整机总装完成后，按质量检查的内容进行检验，通常整机质量的检查有以下几个方面。

1. 外观检查

装配好的整机表面应无损伤、涂层无划痕、脱落，金属结构件无开焊、开裂，元器件安装牢固，导线无损伤，元器件和端子套管代号符合产品设计文件规定。整机的活动部分活动自如，PCB 板没有多余物(如焊料渣、零件、金属屑等)，如图 5-23 所示。

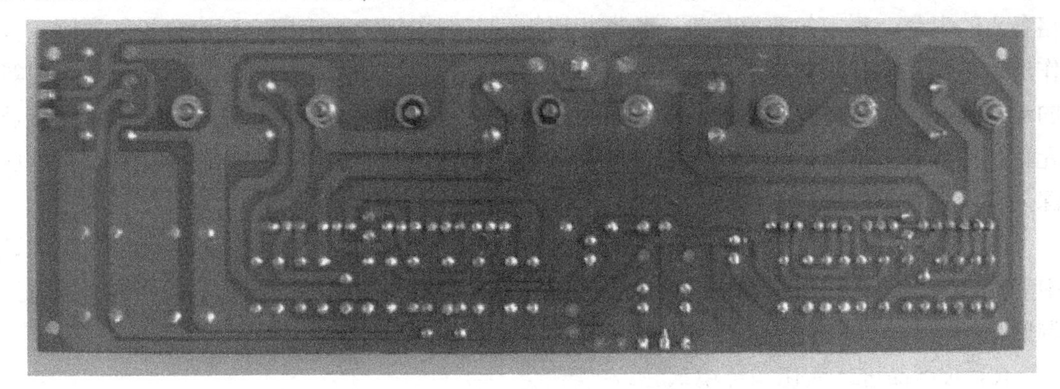

图 5-23　功率放大器焊接面

(1) 目视法查看元器件平整度、漏插、错插及损伤情况。

(2) 斜口钳将切脚高度超过 1～1.2mm 的管脚剪平。

(3) 检查线路板，用烙铁将短路、断路、虚焊、错焊、连焊等不良焊点焊好，用锥子将需要开孔的灯丝孔、电源线孔打开。

(4) 对未到位的元器件扶正，调整使安装工艺符合要求。

2. 装配正确性检查

装配正确性检查又称电路检查，目的是检查电气连接是否符合电路原理图和接线图的

要求，导电性能是否良好。通常用万用表的 R×10Ω或 R×100Ω挡对各关键点进行检查。可根据预先编制的电路检查程序表，对照电路图进行检查。

(1) 通电前的检查工作。在通电前应先检查底板插件是否正确，是否有虚焊和短路，各仪器连接及工作状态是否正确。有效地减小元器件损坏，提高调试效率。首次调试还要检查各仪器能否正常工作，验证其精确度。

(2) 测量电源工作情况。若调试单元是外加电源，则先测量其供电电压是否适合。若由自身底板供电，则应先断开负载，检测其在空载和接入假定负载时的电压是否正常；若电压正常，再接通原电路。

(3) 通电观察。对电路通电，但暂不加入信号，也不要急于调试。首先观察有无异常现象，如冒烟、异味、元件发烫等。若真有异常现象，则应立即关断电路的电源，再次检查底板。

(4) 单元电路测试与调整。测试是在安装后对电路的参数及工作状态进行测量。调整是指在测试的基础上对电路的参数进行修正，使之满足设计要求。分块调试一般有两种方法。

① 若整机电路是由分开的多块功能电路板组成的，可以先对各功能电路分别调试完后再组装一起调试。

② 对于单块电路板，先不要接各功能电路的连接线，待各功能电路调试完后再接上。分块调试比较理想的调试程序是按信号的流向进行，这样可以把前面调试过的输出信号作为后一级的输入信号，为最后联机调试创造条件。

分块调试包括静态调试和动态调试：静态调试一般在指没有外加信号的条件下测试电路各点的电位，测出的数据与设计数据相比较，若超出规定的范围，则应分析其原因，并作适当调整；动态调试一般指在加入信号(或自身产生信号)后，测量三极管、集成电路等的动态工作电压，以及有关的波形、频率、相位、电路放大倍数，并通过调整相应的可调元件，使其多项指标符合设计要求。若经过动、静态调试后仍不能达到原设计要求，则应深入分析其测量数据，并作出修正。

(5) 整机性能测试与调整。由于使用了分块调试方法，有较多调试内容已在分块调试中完成，整机调试只须测试整机性能技术指标是否与设计指标相符，若不符合再作出适当调整。

(6) 对产品进行老化和环境试验。

5.3.9 整机通电前检测

电子产品通电前在路电阻检测，主要用于检测所装配电子产品是否出现短路、虚焊、漏焊、错焊、元器件装配不正确等问题。避免造成盲目通电而损坏电子元器件或导致电子产品装配不成功等，在路检测可用万用表 R×100Ω挡或 R×10Ω挡检测。

1. 功放电源电路检测

(1) 功放整流、滤波电路装配完成通电前(在路)测试(通电测试前)，如图 5-24 所示，用于检查电路是否存在短路。

图 5-24　功放在路测试电阻

(2) 通电前电源关键点在路检测数据记录表，见表 5-11。

表 5-11　功率放大器电源在路检测数据表

电源 检测	电源 变压器初级	电源 变压器次级	桥式 整流电路	滤波电路 (正电源)	滤波电路 (负电源)
正向电阻					
反向电阻					

(3) 在路检测正常后，通电对功率放大器整流、滤波电路进行测试，以保证整个功率放大器供电正常，如图 5-25 所示。将所测的结果记入表 5-12 数据表中，可为以后维修提供参考。

图 5-25　功放在路通电检测电源

表 5-12 功率放大器通电电源检测数据表

电源 检测	电源 变压器初级	电源 变压器次级	桥式 整流电路	滤波电路 (正电源)	滤波电路 (负电源)
电压(V)					

2. 放大器电路检测

通电前对放大电路各关键点在路进行检测 VT1～VT12，见表 5-13。

表 5-13 放大电路关键点检测

关键点检测		E	B	C
VT1	正向电阻			
	反向电阻			
VT2	正向电阻			
	反向电阻			
VT3	正向电阻			
	反向电阻			
VT4	正向电阻			
	反向电阻			
VT5	正向电阻			
	反向电阻			
VT6	正向电阻			
	反向电阻			
VT7	正向电阻			
	反向电阻			
VT8	正向电阻			
	反向电阻			
VT9	正向电阻			
	反向电阻			
VT10	正向电阻			
	反向电阻			
VT11	正向电阻			
	反向电阻			
VT12	正向电阻			
	反向电阻			

3. 输入/输出端关键点检测

在路检测输入与输出端电阻，特别是输出端检测极为重要，如果出现短路将会损坏功率放大器末级功率管或损坏负载(喇叭)，输入/输出端关键点检测见表 5-14。

表 5-14 输入放/大电路检测

输入/输出端	输入端(*L*)	输入端(*R*)	输出端(*L*)	输出端(*R*)
正向电阻				
反向电阻				

5.3.10 功率放大器通电调试

经过通电前的检测后没有短路，也可与参考值进行比较，如果没有短路或开路则可以进行下面步骤。

1. 电源通电调试

通电后如果功率放大器电源工作不正常可参照正常数据表，表 5-11 和表 5-12。

2. 功率放大器电路调试

步骤一：L 声道调试。

首先调整差分放大器 VT1、VT2 的电流，先用导线将 VT4、VT5 基极短接，使 VT4～VT7 截止。然后把电阻 R6 引脚断开，差分放大级的射极总电流由 R4 决定，调节 R4 使 VT1、VT2 发射极电流为 1mA 左右，然后把电阻 R6 电路还原。

接上假负载电阻(8Ω/20W)调整输出两端电压，使输出电压为 0V，若电压有偏移，可调整电阻器 R3(或用电位器代替 R3 调整改变阻值大小)，使输出端 LOUT 为 0V。

步骤二：R 声道调试。

首先调整差分放大器 VT8、VT9 的电流，先用导线将 VT11、VT12 基极短接，使 VT11、VT12 截止。然后把电阻 R17 引脚断开，差分放大级的射极总电流由 R15 决定，调节 R15 使 VT8、VT9 发射极电流为 1mA 左右，然后把电阻 R17 电路还原。

接上假负载电阻(8Ω/20W)调整输出两端电压，使输出电压为 0V，若电压有偏移，可调整电阻器 R14(或用电位器代替 R4 调整改变阻值大小)，使输出端 RLOUT 为 0V。

注：在调试过程中不得短路，万用表在测试过程中要小心细致且不能随意划动到其他电路引脚，以免引起电路出现故障。

3. 功率放大器放大电路关键点检测

经过以上步骤调试以后，对功率放大器各关键点进行测试，见表 5-15。

表 5-15 放大电路通电后关键点检测

关键点检测		E	B	C
VT1	电压/V			
VT2	电压/V			
VT3	电压/V			
VT4	电压/V			
VT5	电压/V			
VT6	电压/V			
VT7	电压/V			
VT8	电压/V			
VT9	电压/V			
VT10	电压/V			
VT11	电压/V			
VT12	电压/V			

4. 输入/输出端通电后关键点检测

通过以上数据检测后，可在输入端加入音频测试信号对放大器性能进行检测，将数据记录在表 5-16。

表 5-16 输入放/大电路通电后关键点检测

输入/输出端	输入端(*L*)	输入端(*R*)	输出端(*L*)	输出端(*R*)
电压/V				

5.3.11 功率放大器技术指标的测试

对已调整好的整机必须进行严格的技术测定，以判断它是否达到原设计的技术要求，如功率放大器的整机功耗、灵敏度、频率范围等技术指标的测定。不同类型的整机有各自的技术指标，并规定了相应的测试方法。

1. 功率放大器常用测量的仪器

音频信号发生器、毫伏表、示波器、失真仪、负载、信号扫频仪、万能表、高压测试仪、电阻测试仪。

2. 功率放大器仪器测量线路连接

音频功率放大器放大性能检测图，如图 5-26 所示。

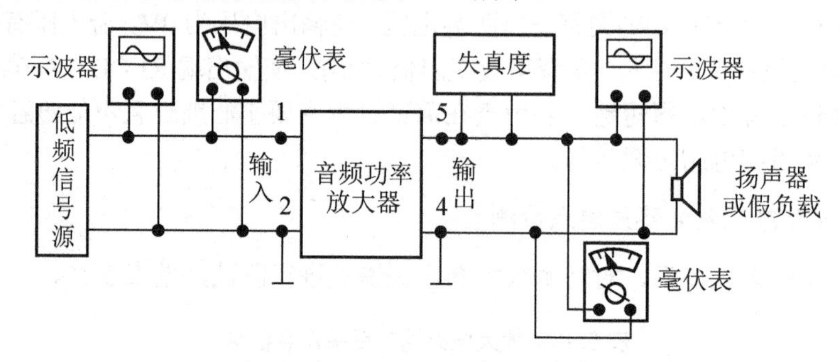

图 5-26 音频功率放大器测试

3. 功率放大器基本参数的测试

将功率放大器按图 5-26 进行连接，可测试以下基本参数。

调整低频信号源将频率调置为 1kHz，幅度调在最小值，然后调节低频信号发生器电平输入幅度使输出电压缓慢增大，直至放大器输出信号在示波器上的波形将出现峰值失真而又未产生失真时为止。用失真度仪测出输出电压的失真度；用毫伏表测出输入电压和输出电压的大小，并记录在表 5-17 中。

通过以上测试和表 5-17 的结果可计算出音频功率放大器的电压放大倍数 AV 和最大输出功率 P_o。

电压放大倍数：$AV=U_o/U_i$，

最大输出功率：$P_o=U^2{}_o/R_L$

式中：R_L 为负载电阻器。

表 5-17　输入输出信号测试

测试频率 1kHz	输入端 $U_i(L)$	输出端 $U_o(L)$	输入端 $U_i(R)$	输出端 $U_o(R)$
电压/mV				
示波器波形图				

4. 功率放大器基其它基本参数的测试

(1) 频响测试(单位：dB)：输出额定电压时，调节输入电平，使输出衰减 10dB(或 20dB 按要求)的电压为 0dB，调节信号频率从低频到高频(20Hz～20kHz 测试)，并使信号源幅度不变(输入信号和原来一样)，此时的输出与 0dB 相比较，变化在一定范围内±3dB。

(2) 分离度、串音测试(单位：dB)：输出额定电压时，两通道间的分离幅度，从一通道满功率输出测另一通道的 dB 数。标准值 60dB 或按工程要求。

(3) 信噪比(S\N)测试(单位：dB)：输出额定电压时，去掉信号后的电压，噪声和满功率信号的比值，90dB 以上、3mv 以下或按工程要求。

(4) 失真度测试(单位：%)：1kHz 信号，输出额定电压时的失真度，0.5%以下或按工程要求。

(5) 动态失真测试(单位：%)：输出额定电压时，先关本通道 VR 至最小，信号源按要求提升 25dB 或 30dB，再调大本通道 VR，输出 10V，或按工程要求的电压值，波形不切波、不失真。

(6) 音调测试(单位：dB)：输出额定电压时，调小本通道 VR，使输出衰减、提升 10dB(或 20dB 按要求)，调节信号频率从低频到高频(数值按要求)，0dB，调节高、低音调(EQ)从最小调至最大，看输出与“0”dB 相比较，变化在一定范围内。

(7) 相位测试：输出额定电压时，输入波形是否与输出波形反相。

(8) 过载测试：输出额定电压时，负载电阻调小 4Ω或 2Ω，输出波形有上下切波。

5. 整机老化和环境试验

通常，电子产品在装配、调试完后还要对小部分整机进行老化测试和坏境试验，这样可以提早发现电子产品中一些潜伏的故障，特别是可以发现带有共性的故障，从而对同类型产品能够及早通过修改电路进行补救，有利于提高电子产品的可靠性。

一般的老化测试是对小部分电子产品进行长时间通电运行，并测量其无故障工作时间。分析总结这些电器的故障特点，找出它们的共性问题加以解决。环境试验一般根据电子产品的工作环境而确定具体的试验内容，并按照国家规定的方法进行试验。环境试验一般只对小部分产品进行，常见环境试验内容和方法如下。

(1) 对供电电源适应能力试验，如使用交流 220V 供电的电子产品，一般要求输入交流电压在 220V±22V 和频率在 50Hz±4Hz 之内，电子产品仍能正常工作。

(2) 温度试验：把电子产品放入温度试验箱内，进行额定使用的上、下限工作温度的试验。

(3) 振动和冲击试验：把电子产品紧固在专门的振动台和冲击台上进行单一频率振动试验，可变频率振动试验和冲击试验，用木锤敲击电子产品也是冲击试验的一种。

5.4 项目考核

项目考核评分标准见表 5-18。

表 5-18 项目考核评分标准

项目	配分	扣分标准(每项累计扣分不超过配分)	扣分记录	得分
原理图与PCB 的分析	15分	1. 绘制功率放大器组成方框图。每错一处扣 0.5 分，扣至 0 分为止； 2. 分析功率放大器工作原理。每错一处扣 0.5 分，扣至 0 分为止； 3. 分析功率放大器 PCB 板图。每错一处扣 0.5 分，扣至 0 分为止		
功率放大器电路装配	15分	1. 能从所给定的元器件中筛选所需全部元器件，否则每缺选一个或错选一个扣 2 分； 2. 能正确判别有极性元器件极性，否则每错一个元器件扣 2 分； 3. 能正确判断元器件质量好坏，否则每错一个元器件扣 2 分		
功率放大器焊接	20分	1. 元器件引脚成型符合要求，否则每只扣 1 分； 2. 元器件装配到位，装配高度、装配形式符合要求，否则每只扣 1 分； 3. 元器件标识应外露便于识读，否则每处扣 1 分； 4. 跳线长度适宜，不交叉，否则每处扣 1 分； 5. 外壳及紧固件装配到位，不松动，不压线，否则每处扣 2 分		
功率放大器调试	20分	1. 虚焊、桥接、漏焊、半边焊、毛刺、焊锡过量或过少、助焊剂过量等，每处焊点扣 0.5 分； 2. 焊盘翘起、脱落(含未装元器件处)，每处扣 2 分； 3. 损坏元器件，每只扣 1 分； 4. 烫伤导线、塑料件、外壳，每处扣 2 分； 5. 连接线焊接处应牢固工整，导线线头加工及浸锡规范，线头不外露，否则每处扣 1 分； 6. 插座插针垂直整齐，否则每个扣 0.5 分； 7. 插孔式元器件引脚长度 2～3mm，且剪切整齐，否则酌情扣 1 分； 8. 整板焊接点未进行清洁处理扣 1 分		
功率放大器调试	20分	1. 通电开机 (1) 开机烧电源或其他电路，扣 20 分； (2) 开机电源正常但作品不能工作，扣 15 分； (3) 若用万用表无法判定元器件的相关指标而导致上述故障除外 2. 参数测试 (1) 参数测试结果的误差大于 50%，每项参数扣 5 分； (2) 参数测试结果的误差大于 30%小于或等于 50%，每项参数扣 4 分； (3) 参数测试结果的误差大于 20%小于或等于 30%，每项参数扣 3 分； (4) 参数测试结果的误差大于 10%小于或等于 20%，每项参数扣 2 分		
安全操作	10分	1. 使用仪表工具摆放操作步骤不正确扣 2 分； 2. 操作过失造成损坏设备、仪器或短路烧保险扣 10 分，造成触电事故取消本项分		
总　分				

项目6

串联稳压电源装配与调试

6.1 项目任务

串联稳压电源装配与调试项目主要内容见表6-1。

表6-1 项目任务

项目内容	1. 掌握串联稳压电源组成方框图、各部分功能作用及工作原理； 2. 掌握串联稳压电源电气原理图、单元电路作用及信号流程； 3. 正确识别检测串联稳压电源各元器件质量好坏及元器件替换原则； 4. 根据电气原理图和PCB板图找准安装位置，并对元器件进行整形、安装元器件； 5. 串联稳压电源焊接，用焊接工具对各单元电路电子元器件进行焊接，防止虚焊接、漏焊、错焊等； 6. 串联稳压电源检测，用仪器仪表根据电气原理图和PCB板装配图对串联稳压电源各关键点检测； 7. 串联稳压电源各单元电路与整机调试，各关键点静态、动态调试； 8. 串联稳压电源组装与调试、注意事项(安全用电、焊接、检测工序)
重难点	1. 串联稳压电源的组成、工作原理及信号流程。 2. 串联稳压电源安装工艺、焊接工艺和工序流程等，防止虚焊、漏焊、错焊，并对其修整等； 3. 串联稳压电源各关键点检测、各单元电路与整机调试。
参考的相关文件	SJ/T 10694—2006《电子产品制造与应用系统防静电检测通用规范》； SJ 20908—2004《低频插头座防护工艺规范》； SJ 50598/2—2003《系列1.JY3116卡口连接锡焊式接触件直式自由电连接器(E、F、J和P类)详细规范》； SJ 20896—2003《印制电路板组件装焊后的洁净度检测及分级》； SJ/Z 11266—2002《电子设备的安全》； SJ 20810—2002《印制板尺寸与公差》

项目导读

电子产品装配技术是将电子零部件按设计要求装成整机的多种技术的综合，是电子产品生产构成中极其重要的环节。产品的设计可能因装配不当而无法实现预定的技术指标，严重时可能导致设备无法正常工作。因此掌握安装技术工艺知识和调试技术对电子产品的设计、制造、使用和维修都是不可缺少的。

串联型稳压电路是最常用的电子电路之一，它被广泛地应用在各种电子电路中。

6.1.1 串联稳压电源组成任务书

见表 6-2。

表 6-2 串联稳压电源组成

<table>
<tr><td rowspan="2">××学院</td><td rowspan="2">串联稳压电源组成任务书</td><td>文件编号</td><td></td></tr>
<tr><td>版　　次</td><td></td></tr>
<tr><td rowspan="2">工序号：1</td><td rowspan="2">工序名称：串联稳压电源组成</td><td colspan="2">共 8 页/第 1 页</td></tr>
<tr><td colspan="2">作 业 内 容</td></tr>
<tr><td colspan="2" rowspan="9"> 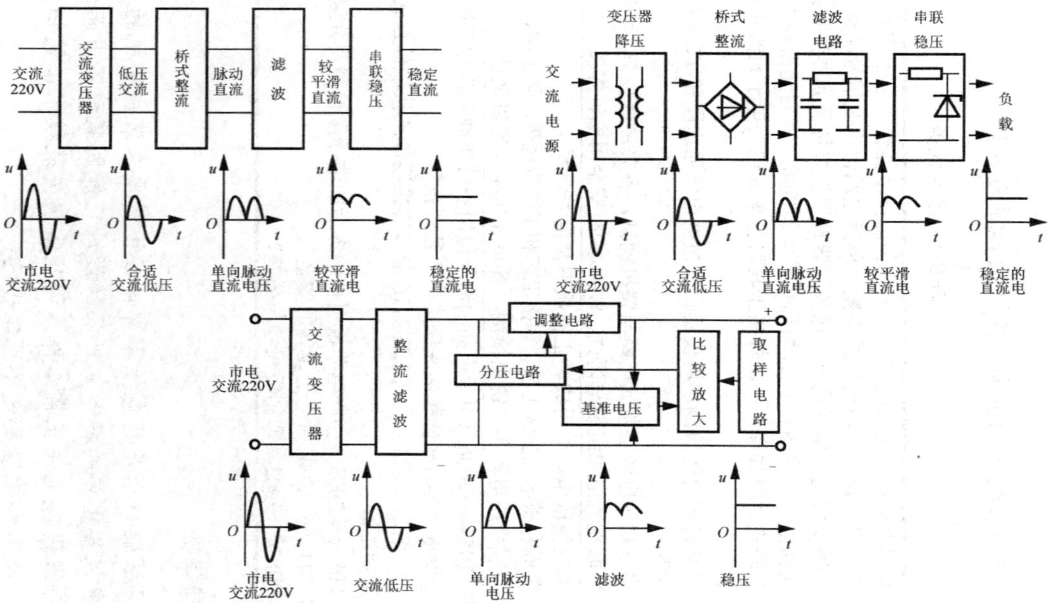交流220V　交流变压器　低压交流　桥式整流　脉动直流　滤波　较平滑直流　串联稳压　稳定直流
市电交流220V　合适交流低压　单向脉动直流电压　较平滑直流电　稳定的直流电
交流电源　变压器降压　桥式整流　滤波电路　串联稳压　负载
市电交流220V　合适交流低压　单向脉动直流电压　较平滑直流电　稳定的直流电
市电交流220V　交流变压器　整流滤波　调整电路　分压电路　基准电压　比较放大　取样电路
市电交流220V　交流低压　单向脉动电压　滤波　稳压
串联稳压电源组成框图</td><td>1</td><td>了解串联稳压电源组成方框图、各部分功能作用及工作原理</td></tr>
<tr><td>2</td><td>分析串联稳压电源电路组成及整机工作原理</td></tr>
<tr><td>3</td><td>掌握串联稳压电源稳压电路组成及稳压原理</td></tr>
<tr><td>4</td><td>通过查阅书籍、上网或其他途径搜集整理相关资料</td></tr>
<tr><td colspan="2">使用工具(书籍)</td></tr>
<tr><td colspan="2">模拟电子技术、电路分析等</td></tr>
<tr><td colspan="2">※工艺要求(注意事项)</td></tr>
<tr><td>1</td><td>熟悉模拟电子技术、电路分析</td></tr>
<tr><td>2</td><td>掌握串联稳压电源电路工作原理</td></tr>
<tr><td>更改标记</td><td>　　编　制　</td><td>批　　准</td><td></td></tr>
<tr><td>更改人签名</td><td>　　审　核　</td><td>生产日期</td><td></td></tr>
</table>

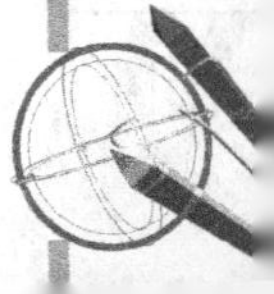

6.1.2　串联稳压电源电路原理图分析任务书

见表 6-3。

表 6-3　串联稳压电源电路原理图分析

××学院	串联稳压电源电路原理分析任务书	文件编号	
		版　次	
		共 8 页/第 2 页	
工序号：1	工序名称：串联稳压电源电路原理分析	作 业 内 容	
220V~ T 9V~ VD1 VD2 VD3 VD4 IN4001×4 VT2 E C R2 1 VT1 E C B 8050 R1 1K B 9013 C1 470μ/16V C2 22μ/10V R3 1K LED1 (绿) R4 100 R5 470 VT3 9013 C B E R6 330 LED2 (绿) 3V S1 6V C3 100μ/10V 正负切换 S2 稳压输出 DC R7 24 VT4 E C B 8550 VD5 IN4001 E1 + 3V E2 − 普充电池组 LED3(红) R8 普充指示560 3 2 1 R9 9.1 VT5 E C B 8550 VD6 IN4001 R11 15 E3 + 3V E4 − 快充电池组 LED2(红) R10 快充指示 560 串联稳压电源电气原理图		1	根据串联稳压电源方框图绘制电气原理图
		2	掌握串联稳压电源各部分组成、作用及功能
		3	掌握串联稳压电源电气原理图作用及功能、分析其工作原理
		4	掌握串联稳压电源稳压过程及原理
		使用工具(书籍)	
		模拟电子技术、电路分析等	
		※工艺要求(注意事项)	
		1	熟悉模拟电子技术、电路分析
		2	掌握串联稳压电源电路工作原理
更改标记	编　制	批　准	
更改人签名	审　核	生产日期	

6.1.3 串联稳压电源元器件检测任务书

见表 6-4。

表 6-4 串联稳压电源元器件检测

××学院	串联稳压电源元器件检测任务书	文件编号	
		版　　次	
		共 8 页/第 3 页	
工序号：1	工序名称：串联稳压电源元器件检测	作 业 内 容	
元器件清点与检测		1	根据元器件清单清点元器件
		2	认真识别串联稳压电源各元器件外观是否完好
		3	正确检测串联稳压电源各元器件质量好坏及元器件替换原则
		使用工具(书籍)	
		元器件手册、万用表	
		※工艺要求(注意事项)	
		1	元器件的正确识读与检测
		2	万用表正确检测方法、误差影响判断结果
更改标记	编　制	批　　准	
更改人签名	审　核	生产日期	

6.1.4　串联稳压电源整流滤波电路装配任务书

见表 6-5。

表 6-5　串联稳压电源整流滤波电路的装配

××学院	串联稳压电源整流滤波电路装配任务书	文件编号	
		版　次	
		共 8 页/第 4 页	
工序号：1	工序名称：串联稳压电源整流滤波电路的装配	作 业 内 容	
220V~ 9V~ T VD1 VD2 VD3 VD4 IN4001×4 C1 470μ/16V 串联稳压电源整流滤波电路装配		1	根据电气原理图、PCB 板图找出相应电子元器件
		2	根据电气原理图和 PCB 板图找准元器件的位置，并对元器件进行整形
		3	将已整形好的元器件按照正确安装工艺插入相应 PCB 板电路
		4	将插好的元器件按照正确焊接步骤和工艺完成电路焊接
		5	对本单元装配元器件进行检查，对不合格元器件进行调整
		使用工具(书籍)	
		万用表、电烙铁、尖嘴钳、斜口钳、镊子、一字螺丝刀、十字螺丝刀	
		※工艺要求(注意事项)	
		1	认真检测所装配元器件，保证所装配元器件完好
		2	在装配中注重元器件的安装工艺、焊接工艺
更改标记	编　制	批　准	
更改人签名	审　核	生产日期	

6.1.5 串联稳压电源稳压电路装配任务书

见表 6-6。

表 6-6 串联稳压电源稳压电路的装配

××学院	串联稳压电源稳压电路装配任务书	文件编号	
		版 次	
		共 8 页/第 5 页	
工序号：1	工序名称：串联稳压电源稳压电路的装配	作 业 内 容	
		1	根据电气原理图、PCB 板图找出相应电子元器件
		2	根据电气原理图和 PCB 板图找准元器件的位置，并对元器件进行整形
		3	将已整形好的元器件按照正确安装工艺插入相应 PCB 板电路
		4	将插好的元器件按照正确焊接步骤和工艺完成电路焊接
		5	对本单元装配元器件进行检查，对不合格元器件进行调整
		使用工具(书籍)	
		万用表、电烙铁、尖嘴钳、斜口钳、镊子、一字螺丝刀、十字螺丝刀	
		※工艺要求(注意事项)	
		1	认真检测所装配元器件，保证所装配元器件完好
	串联稳压电源稳压电路装配	2	在装配中注重元器件的安装工艺、焊接工艺
更改标记	编 制	批 准	
更改人签名	审 核	生产日期	

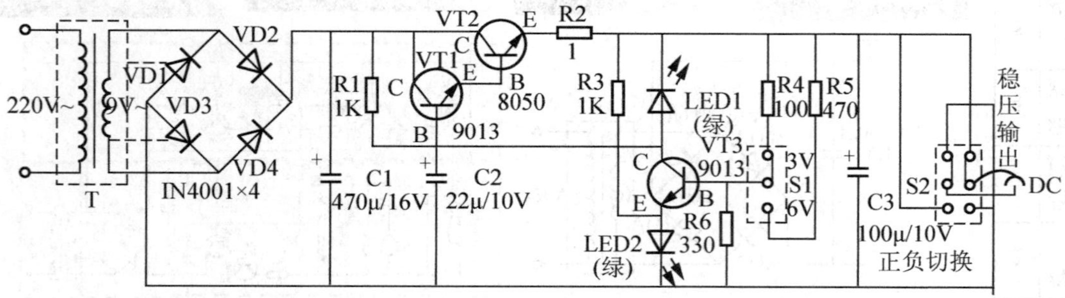

6.1.6　串联稳压电源充电电路装配任务书

见表 6-7。

表 6-7　串联稳压电源充电电路的装配

××学院	串联稳压电源充电电路装配任务书			文件编号	
				版　次	
				共 8 页/第 6 页	
工序号：1	工序名称：串联稳压电源充电电路的装配			作 业 内 容	
VD2 VD1 VD3 VD4 220V~ 9V~ T IN4001×4 3 2 1 R7 24 VT4 E C VD5 R9 9.1 E VT5 C VD6 R11 15 B 8550 IN4001 E1 + 3V E2 − B 8550 IN4001 E3 + 3V E4 − LED3(红) R8 普充指示560 普充电池组 LED2(红)R10 快充指示 560 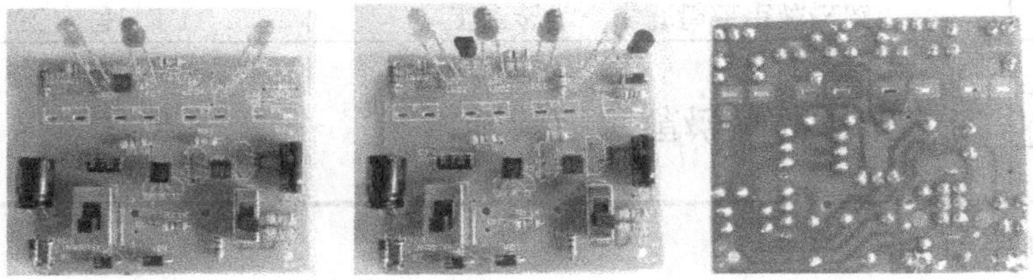 快充电池组 串联稳压电源充电电路装配				1	根据电气原理图、PCB 板图找出相应电子元器件
				2	根据电气原理图和 PCB 板图找准元器件的位置，并对元器件进行整形
				3	将已整形好的元器件按照正确安装工艺插入相应 PCB 板电路
				4	将插好的元器件按照正确焊接步骤和工艺完成电路焊接
				5	对本单元装配元器件进行检查，对不合格元器件进行调整十字螺丝刀
				使用工具(书籍)	
				万用表、电烙铁、尖嘴钳、斜口钳、镊子、一字螺丝刀、	
				※工艺要求(注意事项)	
				1	认真检测所装配元器件，保证所装配元器件完好
				2	在装配中注重元器件的安装工艺、焊接工艺
更改标记		编　制		批　准	
更改人签名		审　核		生产日期	

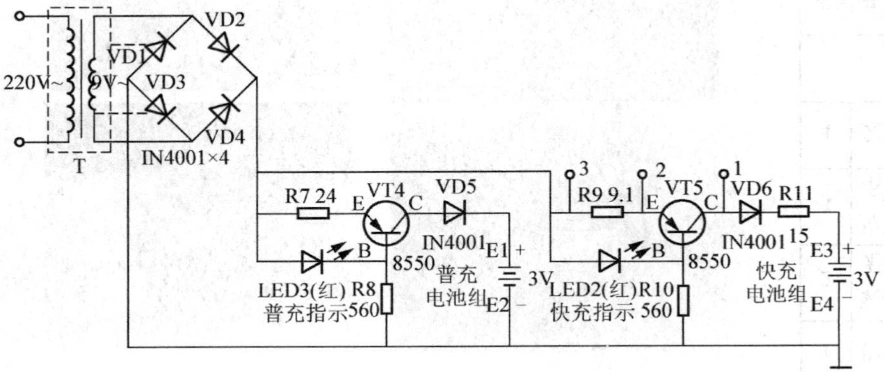

6.1.7 串联稳压电源检测任务书

见表 6-8。

表 6-8 串联稳压电源检测

<table>
<tr><td rowspan="2">××学院</td><td rowspan="2" colspan="2">串联稳压电源检测任务书</td><td>文件编号</td><td colspan="2"></td></tr>
<tr><td>版　　次</td><td colspan="2"></td></tr>
<tr><td colspan="3"></td><td colspan="3">共 8 页/第 7 页</td></tr>
<tr><td>工序号：1</td><td colspan="2">工序名称：串联稳压电源检测</td><td colspan="3">作 业 内 容</td></tr>
<tr><td colspan="3" rowspan="10"> 串联稳压电源总装与检测</td><td>1</td><td colspan="2">根据串联稳压电源电气原理图对实际装配 PCB 板进行检查</td></tr>
<tr><td>2</td><td colspan="2">装配工艺检查：整机表面无损伤、涂层无划痕、脱落，金属结构件无开焊、开裂</td></tr>
<tr><td>3</td><td colspan="2">焊接工艺检查：所有焊接点有无短路、断路、虚焊、错焊、连焊等不良焊点</td></tr>
<tr><td>4</td><td colspan="2">关键点检测：用万用表的 R×10Ω或 R×100Ω挡对各关键点进行检测</td></tr>
<tr><td colspan="3">使用工具(书籍)</td></tr>
<tr><td colspan="3">万用表、电烙铁、尖嘴钳、斜口钳、镊子、一字螺丝刀、十字螺丝刀</td></tr>
<tr><td colspan="3">※工艺要求(注意事项)</td></tr>
<tr><td>1</td><td colspan="2">整机装配工艺检查、焊接工艺检查</td></tr>
<tr><td>2</td><td colspan="2">用万用表对各关键点进行检测：防止短路、断路、虚焊、错焊、连焊，避免通电后烧坏电路和损坏元器件</td></tr>
<tr><td colspan="3"></td></tr>
<tr><td>更改标记</td><td></td><td>编　制</td><td></td><td>批　　准</td><td></td></tr>
<tr><td>更改人签名</td><td></td><td>审　核</td><td></td><td>生产日期</td><td></td></tr>
</table>

6.1.8　串联稳压电源调试与总装配任务书

见表 6-9。

表 6-9　串联稳压电源调试与总装配

<table>
<tr><td colspan="2" rowspan="3">××学院</td><td colspan="2" rowspan="3">串联稳压电源调试与总装配任务书</td><td>文件编号</td><td></td></tr>
<tr><td>版　次</td><td></td></tr>
<tr><td colspan="2">共 8 页/第 8 页</td></tr>
<tr><td colspan="2">工序号：1</td><td colspan="2">工序名称：串联稳压电源调试与总装配</td><td colspan="2">作 业 内 容</td></tr>
<tr><td colspan="4" rowspan="11">串联稳压电源调试与总装配</td><td>1</td><td>根据串联稳压电源电气原理图对实际装配 PCB 板进行检查</td></tr>
<tr><td>2</td><td>串联稳压电源的基本调试方法，满足产品基本要求</td></tr>
<tr><td>3</td><td>串联稳压电源设备性能调试，如输出供电、充电能力调试</td></tr>
<tr><td>4</td><td>串联稳压电源性能与电路改进调试方法</td></tr>
<tr><td>5</td><td>完成串联稳压电源总装配，使产品符合设计要求</td></tr>
<tr><td colspan="2">使用工具(书籍)</td></tr>
<tr><td colspan="2">万用表、电烙铁、尖嘴钳、斜口钳、镊子、一字螺丝刀、十字螺丝刀</td></tr>
<tr><td colspan="2">※工艺要求(注意事项)</td></tr>
<tr><td>1</td><td>整机装配工艺检查、焊接工艺检查、产品性能调试</td></tr>
<tr><td>2</td><td>完成串联稳压电源总装配，使产品符合设计要求</td></tr>
<tr><td colspan="2"></td></tr>
<tr><td>更改标记</td><td></td><td>编　制</td><td></td><td>批　准</td><td></td></tr>
<tr><td>更改人签名</td><td></td><td>审　核</td><td></td><td>生产日期</td><td></td></tr>
</table>

6.2 项目准备

6.2.1 串联稳压电源基础知识

1. 串联稳压电源系统基本组成

串联稳压电源组成方框图如图 6-1 所示，由交流变压器、整流电路、滤波电路、稳压电路 4 部分组成。

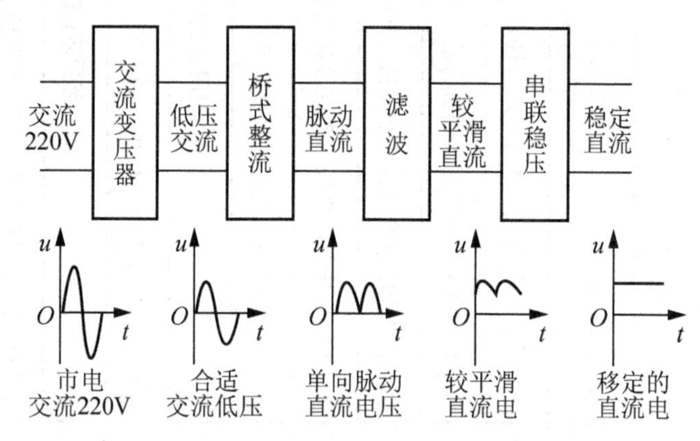

图 6-1 串联稳压电源组成框图

2. 串联稳压电源各部分功能及作用

电源变压器：将交流电网电压 u_1 变为合适的交流电压 u_2。

整流电路：将交流电压 u_2 变为脉动的直流电压 u_3。

滤波电路：将脉动直流电压 u_3 转变为平滑的直流电压 u_4。

稳压电路：清除电网波动及负载变化的影响，保持输出电压 u_o 的稳定。

3. 串联稳压电源系统方框图

串联稳压电源稳压部分分别由电源调整管、比较放大电路、取样电路、基准电压等电路组成，如图 6-2 所示。

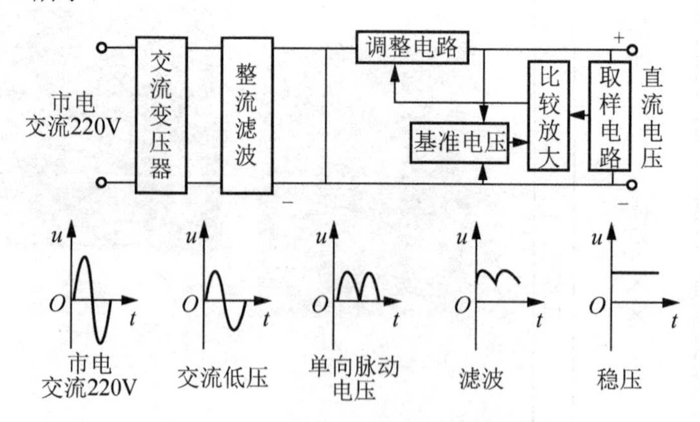

图 6-2 串联稳压电源组成方框图

6.2.2 电源变压器

1. 电源变压器概述

电源变压器是将 220V 交流电电压升高或降低，变成所需要的各种电压，如图 6-3 所示。电源变压器主要由铁心、初次级绕组、绝缘材料构成。常见的铁心有“日”字型、E 字型和 C 型。日字型铁心变压器的初、次级线圈绕在铁心中间的芯柱上。一般初级线圈在里层，次级线圈在外层。C 型铁心变压器的初、次级线圈绕在铁心的两侧的芯柱上。由于 C 型铁心由导磁率高的冷轧硅钢带卷成，因此它的损耗小、效率高。为适应各种电路变压器的功率可做成各种规格以满足电路需求。

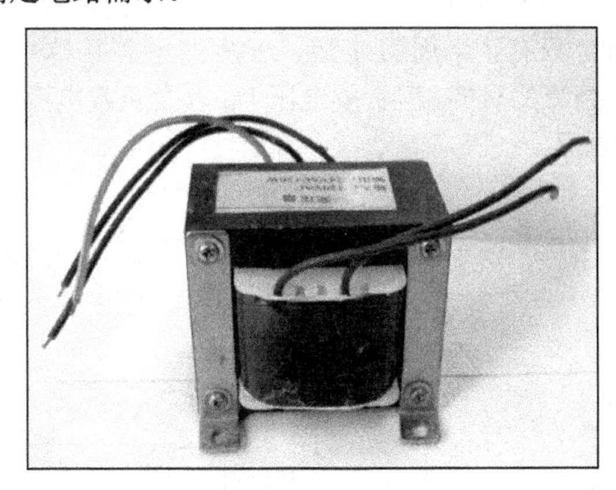

图 6-3 变压器

2. 环型电源变压器

如图 6-4 所示，它的铁心由冷轧硅钢带卷绕而成，磁路中无气隙，漏磁极小，工作时电噪声较小，可用于各音频和高频电路供电。

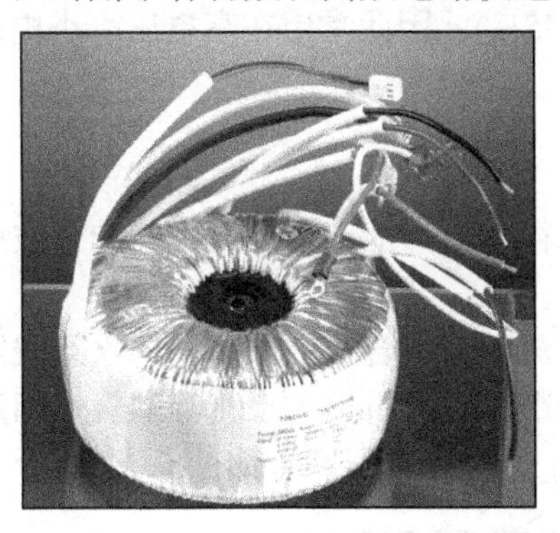

图 6-4 环型电源变压器

6.2.3 整流电路

整流电路是把交流电压转变为脉动的直流电。常见的小功率整流电路，有单相半波、全波、桥式整流等，为了使分析简单，把二极管当作理想元件处理，即二极管的正向导通电阻为零，反向电阻为无穷大。

各种整流电路及工作原理介绍如下。

1. 半波整流电路

半波整流电路是一种最简单的整流电路。它由电源变压器B、整流二极管D和负载电阻 R_L 组成。变压器把市电电压(多为220V)变换为所需要的交变电压 E_2，二极管D再把交流电变换为脉动直流电，如图6-5所示。

工作原理：变压器次级电压 E_2，是一个方向和大小都随时间变化的正弦波电压，它的波形如图6-6(a)所示。当 E_2 为正半周，即变压器上端为正下端为负，此时二极管承受正向电压而导通，E_2 通过它加在负载电阻 R_L 上，在π～2π时间内，E_2 为负半周，变压器次级下端为正，上端为负。这时D承受反向电压，不导通，R_L 上无电压。在π～2π时间内，重复0～π时间的过程，而在3π～4π时间内，又重复π～2π时间的过程。这样反复下去，交流电的负半周就被“削”掉了，只有正半周通过 R_L，在 R_L 上获得了单一方向(上正下负)的电压，如图6-6(b)所示，达到了整流的目的，但负载电压 U_{sc} 以及负载电流的大小还随时间而变化，因此，通常称它为脉动直流。

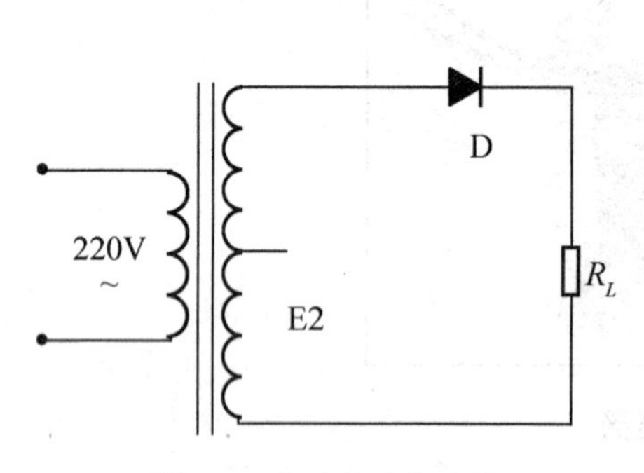

图6-5　半波整流电路图

图6-6　半波整流电路波形图

这种只有正半周二极管导通并在负载上形成电流，而在负半周无电流通过的整流方式叫半波整流。不难看出，半波整流电流利用率很低(计算表明，整流得出的半波电压在整个周期内的平均值，即负载上的直流电压 $U_{sc}=0.45E_2$)。因此常用在高电压、小电流的场合，而在一般无线电装置中很少采用。

2. 全波整流电路

如果把整流电路的结构作一些调整，可以得到一种能充分利用电能的全波整流电路。如图6-7所示为全波整流电路的电原理图。

全波整流电路，可以看作是由两个半波整流电路组合成的。变压器次级线圈中间需要引出一个抽头，把次级线圈分成两个对称的绕组，从而引出大小相等但极性相反的两个电压 E_{2a}、E_{2b}；构成 E_{2a}、D1、R_L 与 E_{2b}、D2、R_L 两个通电回路，如图6-7所示。

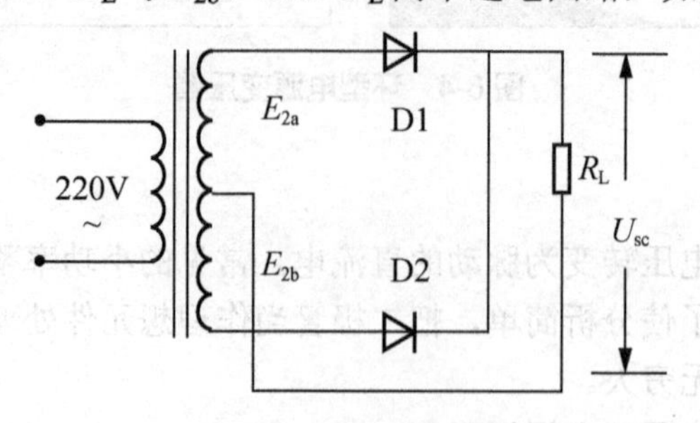

图6-7　全波整流电路

全波整流电路的电流，如图 6-8 所示。当 0～π间内，E_{2a}对 D1 为正向电压，D1 导通，在 R_L 上得到上正下负的电压；E_{2b}对 D2 为反向电压，D2 不导通，如图 6-9(b)所示。在π～2π时间内，E_{2b}对 D2 为正向电压，D2 导通，在 R_L 上得到的仍然是上正下负的电压；E_{2a}对 D1 为反向电压，D1 不导通，如图 6-9(c)所示。

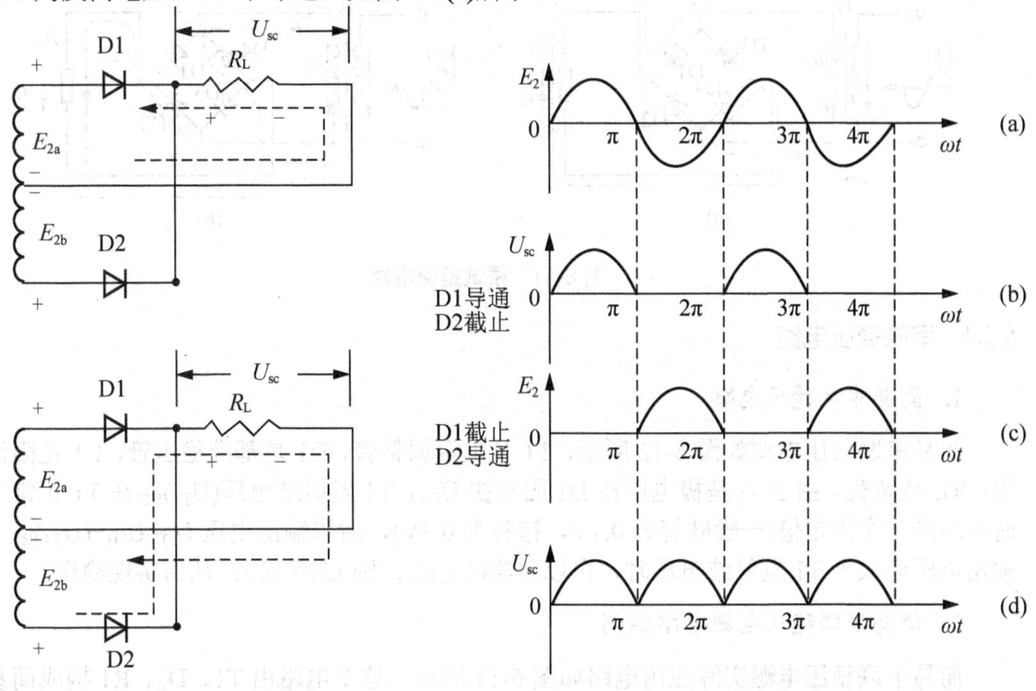

图 6-8　全波整流电路　　　　图 6-9　全波整流电路

如此反复，由于两个整流元件 D1、D2 轮流导电，结果负载电阻 R_L 上在正、负两个半周作用期间，都有同一方向的电流通过，如图 6-9(d)所示的那样，因此称为全波整流，全波整流不仅利用了正半周，而且还巧妙地利用了负半周，从而大大地提高了整流效率($U_{sc}=0.9E_2$，比半波整流时大一倍)。

3. 桥式整流电路

桥式整流电路如图 6-10(a)所示，图(b)为简化画法。桥式整流电路是使用最多的一种整流电路。

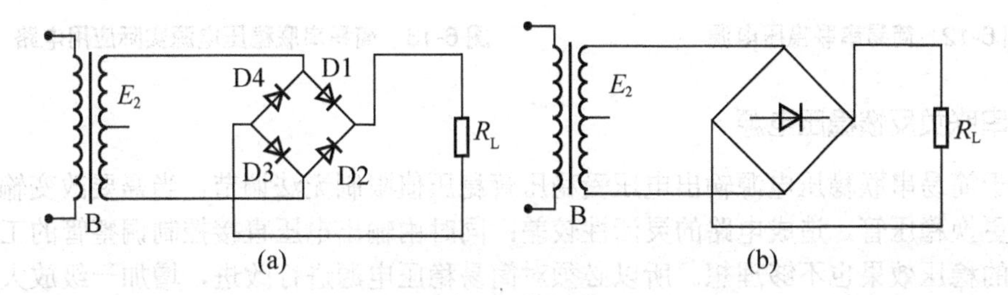

图 6-10　桥式整流电路

桥式整流电路的工作原理：当 u_2 为正半周时，上正下负，D1、D3 导通，D2、D4 加反向电压截止。电路中构成 u_2、D1、R_L、D3 通电回路，在 R_L 上形成上正下负的半波整流电压如图 6-11(a)所示；当 u_2 为负半周时，对 D2、D4 加正向电压，D2、D4 导通，对 D1、D3 加反向电压，D1、D3 截止。电路中 u_2、R_L、D_2、D_4 构成回路，同样在 R_L 上形成上正下负的整流电压，如图 6-11(b)所示。

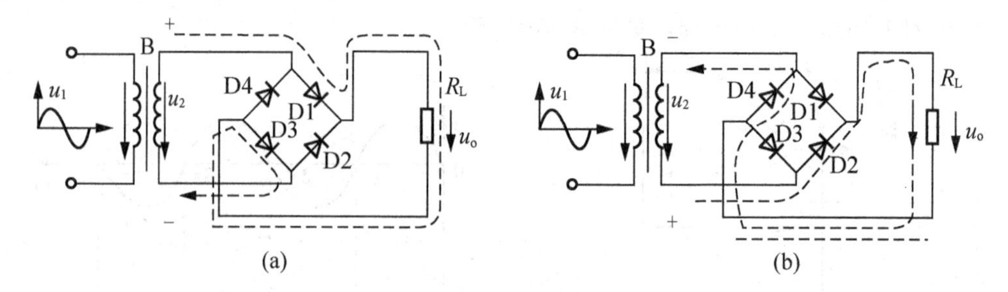

图 6-11　桥试整流电路

6.2.4　串联稳压电路

1. 简易串联稳压电路

简易串联稳压电源如图 6-12 所示，T1 是电源调整管，D1 是基准稳压管，R1 是限流电阻，RL 是负载。由于 T_1 基极电压被 D1 固定在 U_{D1}，T1 发射结电压$(U_{T1})_{BE}$在 T1 正常工作时基本是一个固定值(一般硅管为 0.7V，锗管为 0.3V)，所以输出电压 $U_O=U_{D1}-(U_{T1})_{BE}$。当输出电压远大于 T1 发射结电压时，可以忽略$(U_{T1})_{BE}$，则 $U_O \approx U_{D1}$，从而实现稳压。

2. 简易串联稳压电源电路实例

简易串联稳压电源实际应用电路如图 6-13 所示，这个电路由 T1、D_Z、R1 构成简易稳压电路，B6、D1～D4、C1 组成整流滤波电路。由于 T1 发射结有 0.7V 压降，为保证输出电压达到 6V，选用稳压值为 6.7V 左右的稳压管。

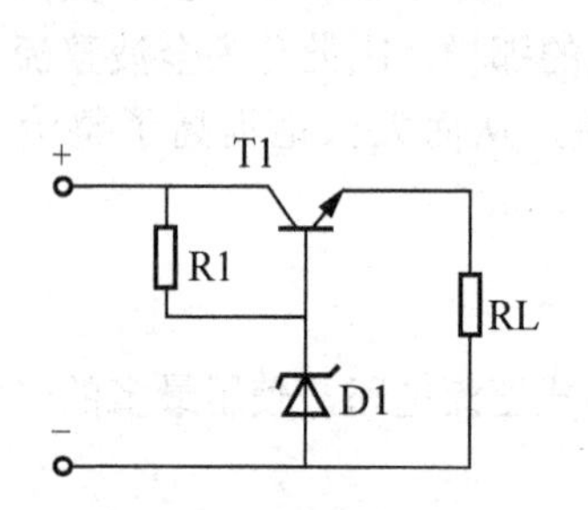

图 6-12　简易串联稳压电源

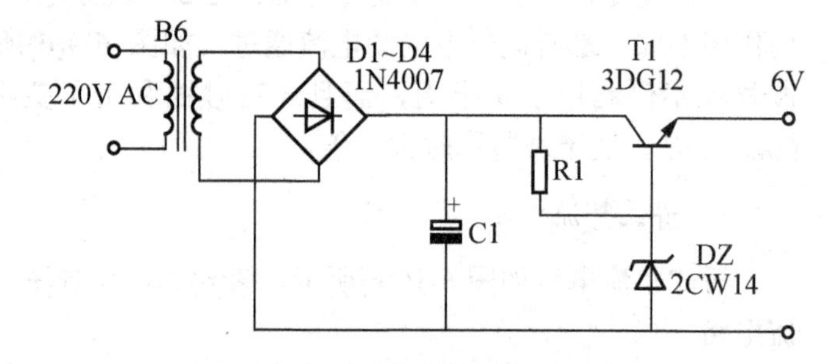

图 6-13　简易串联稳压电源实际应用电路

6.2.5　串联负反馈稳压电源

由于简易串联稳压电源输出电压受稳压管稳压值限制无法调节，当需要改变输出电压时必须更换稳压管，造成电路的灵活性较差；同时由输出电压直接控制调整管的工作，造成电路的稳压效果也不够理想。所以必须对简易稳压电源进行改进，增加一级放大电路，专门负责将输出电压的变化量放大后控制调整管的工作。由于整个控制过程是一个负反馈过程，所以这样的稳压电源叫串联负反馈稳压电源。

串联负反馈稳压电源电路如图 6-14 所示，其中 T1 是调整管，D1 和 R2 组成基准电压，T2 为比较放大器，R3、R4、R5 组成取样电路，R_L 是负载。

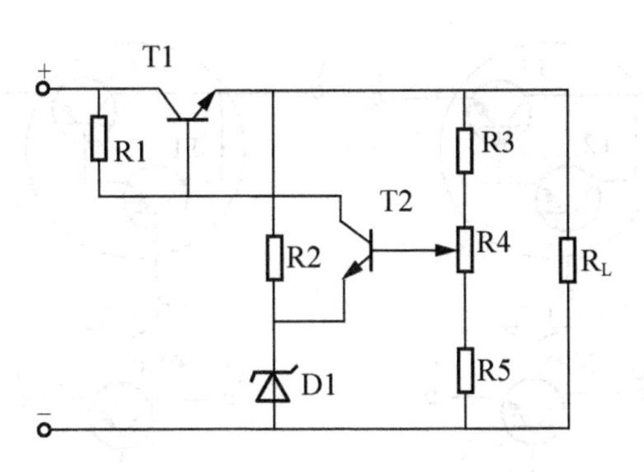

图 6-14　串联负反馈稳压电源

1) 原理分析

当输出电压 U_O 降低时，通过 R3、R4、R5 的取样电路，引起 T2 基极电压$(U_{T2})_O$成比例下降，由于 T2 发射极电压$(U_{T2})_E$受稳压管 D1 的稳压值控制保持不变，所以 T2 发射结电压$(U_{T2})_{BE}$将减小，于是 T2 基极电流$(I_{T2})_B$减小，T2 发射极电流$(I_{T2})_E$跟随减小，T2 管压降$(U_{T2})_{CE}$增加，导致其发射极电压$(U_{T2})_C$上升，即调整管 T1 基极电压$(U_{T1})_B$将上升，T1 管压降$(U_{T1})_{CE}$减小，使输入电压 U_I 更多地加到负载上，这样输出电压 U_O 就上升，实现稳压目的。这个调整过程可以使用下面的变化关系图表示。

$U_O\downarrow\rightarrow(U_{T2})_O\downarrow\rightarrow U_B$ 恒定$\rightarrow(U_{T2})_{BE}\downarrow\rightarrow(I_{T2})_B\downarrow\rightarrow(I_{T2})_E\downarrow\rightarrow(U_{T2})_{CE}\uparrow\rightarrow(U_{T2})_C\uparrow\rightarrow(U_{T1})_B\uparrow\rightarrow(U_{T1})_{CE}\downarrow\rightarrow U_O\uparrow$。

当输出电压升高时整个变化过程与上面完全相反，这里就不再赘述，简单地用下图表示：$U_O\uparrow\rightarrow(U_{T2})_B\uparrow\rightarrow U_{D1}$ 恒定$\rightarrow(U_{T2})_{BE}\uparrow\rightarrow(I_{T2})_B\uparrow\rightarrow(I_{T2})_E\uparrow\rightarrow(U_{T2})_{CE}\downarrow\rightarrow(U_{T2})_C\downarrow\rightarrow(U_{T1})_B\downarrow\rightarrow(U_{T1})_{CE}\uparrow\rightarrow U_O\downarrow$。

与简易串联稳压电源相似，当输入电压 U_I 或者负载等其他情况发生变化时，都会引起输出电压 U_O 的相应变化，最终都可以用上面分析的过程说明其工作原理。

在串联负反馈稳压电源的整个稳压控制过程中，由于增加了比较放大电路 T2，输出电压 U_O 的变化经过 T2 放大后再去控制调整管 T1 的基极，使电路的稳压性能得到增强。T2 的 β 值越大，输出的电压稳定性越好。

2) 增加输出电流

当输出电流不能达到要求时，可以通过采用复合调整管的方法来增加输出电流。一般复合调整管有 4 种连接方式，如图 6-15 所示。

复合管都是由一个小功率三极管 T2 和一个大功率三极管 T1 连接而成，如图 6-15 所示。复合管就可以看作是一个放大倍数为 $\beta_{T1}\beta_{T2}$，极性和 T2 一致，功率为$(P_{T1})_{PCM}$的大功率管，而其驱动电流只要求$(I_{T2})_B$。

实用串联负反馈稳压电源电路图，如图 6-16 所示。图中 T1 和 T2 组成复合管用于增加输出电流大小。另外还增加了一个电容 C2，它的主要作用是防止产生自激振荡，一旦发生自激振荡可由 C2 将其旁路掉。

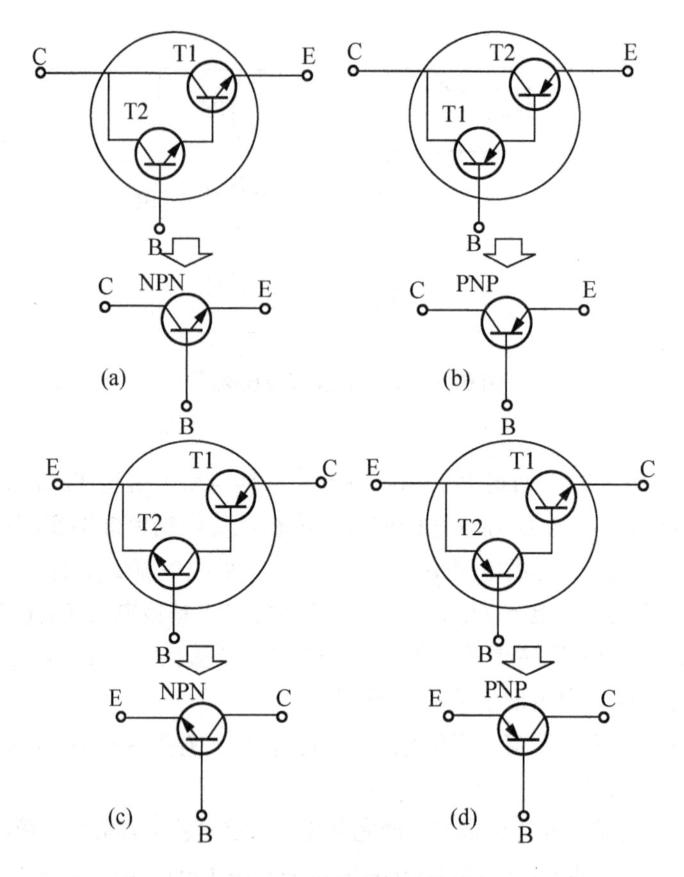

图 6-15　4 种复合调整管结构

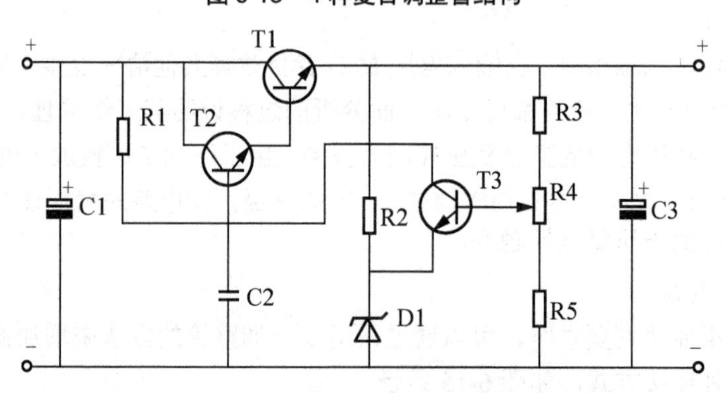

图 6-16　复合调整管串联负反馈稳压电源电路图

3) 典型串联稳压电源

根据图 6-2 所示的串联稳压电源方框图，可画出典型串联稳压电源电路图如图 6-17 所示。电路由变压器 B1、桥式整流 D1～D4、滤波电路由 C1～C3、调整管 T1 和 T2、基准稳压由 D5、R2 组成、取样部分 R3、R4、R5 组成。

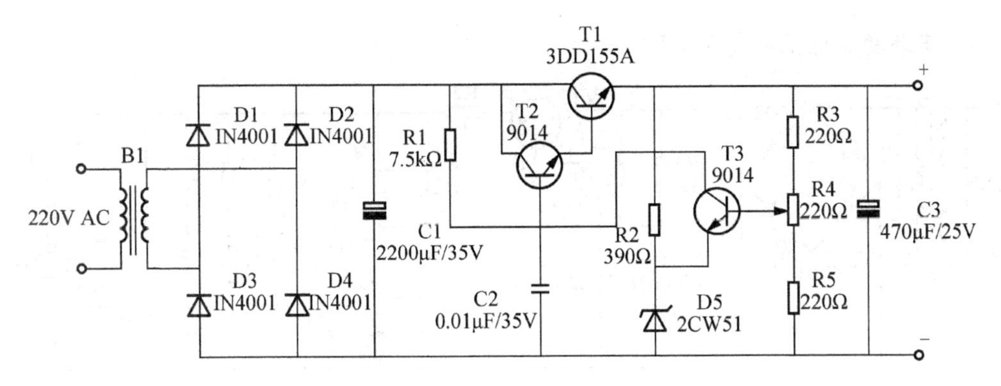

图 6-17　串联稳压电源电路图

6.3　项 目 实 施

6.3.1　串联稳压电源元器件识别与检测

1. 元器件清点

按照元器件清单表 6-10 和电气原理图 6-18，认真清点所有元器件。

表 6-10　串联稳压电源元器件清单

序号	名称	型号规格	位号	数量	序号	名称	型号规格	位号	数量
1	二极管	LN4001	VD1 ～ VD6	6 支	18	负极弹簧片			4 个
2	三极管	9013	VT1 、VT3	2 支	19	主线路板			1 块
3	三极管	8050	VT2	1 支	20	负极线路板			1 块
4	三极管	8550	VT4、5	2 支	21	电源插座			1 块
5	发光二极管	绿色	LED1、LED2	2 支	22	直流电源插座	ϕ2、1	DC	1 个
6	发光二极管	红色	LED3、LED4	2 支	23	功能指示不干胶	2 孔		1 张
7	电解电容	470μF/16V	C1	1 支	24	产品型号不干胶	30×46		1 张
8	电解电容	22μF/10V	C2	1 支	25	电源插头线	1m		1 根
9	电解电容	100μF/10V	C3	1 支	26	十字插头输出线	0.8m		1 根
10	电阻	1Ω 9.1Ω 100Ω	R2、R9 R4	各 1 支	27	短导线	10cm		6 根
11	电阻	330Ω、470Ω	R6、R5	各 1 支	28	热塑套管	2cm		2 根
12	电阻	15Ω、24Ω	R11、R7	2 支	29	外壳上盖、下盖			1 套
13	电阻	560Ω	R8、R10	2 支	30	透明盖、塑料腰条			各 1 个
14	电阻	1kΩ	R1、R3	2 支	31	自攻螺丝	ϕ2.5×5		2 粒
15	变压器	220V, 5.5W	T	1 支	32	自攻螺丝	ϕ2.5×10		4 粒
16	直脚开关	1×2、2×2	S0、S2	各 1 支	33	自攻螺丝	ϕ3×6		2 粒
17	正极片			4 个	34	装配说明			1 份

2. 串联稳压电源电气原理图

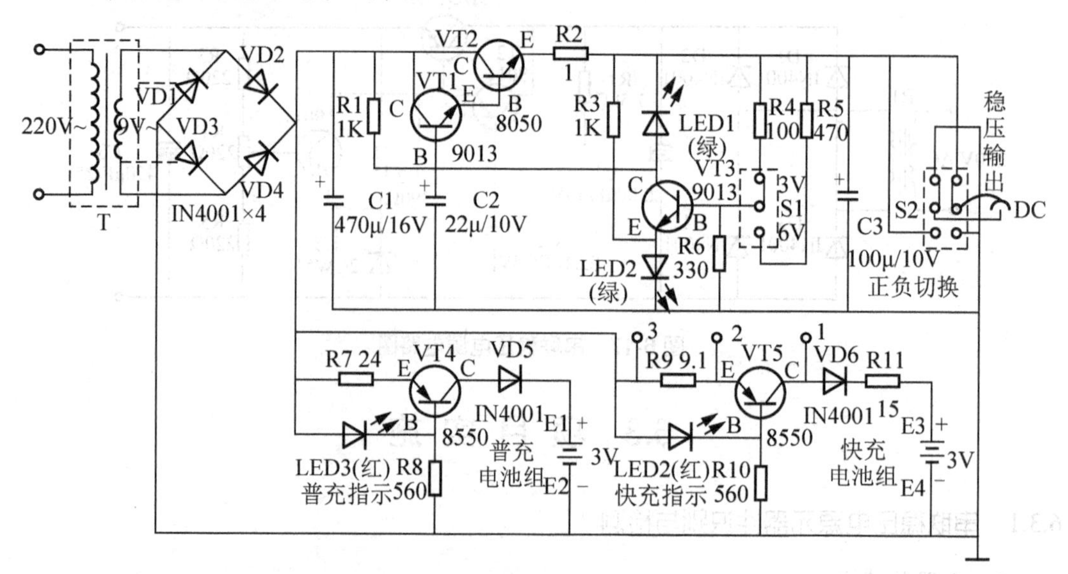

图 6-18　串联稳压电源电气原理图

清点串联稳压电源元器件元器件时可将元器件分类整理，如图 6-19 所示。

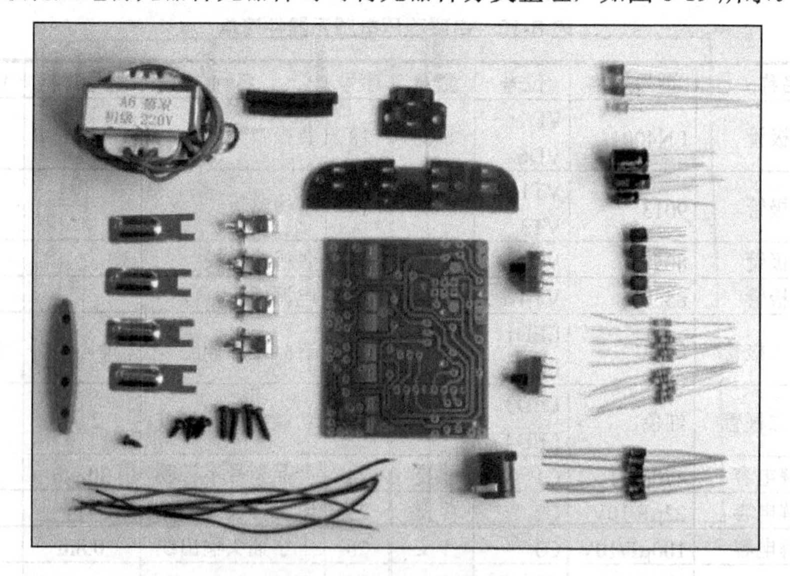

图 6-19　电子元器件

6.3.2　串联稳压电源整机装配流程

1. 准备工作

(1) 将电子产品元器件和工具如图 6-20 所示，做好相关准备工作，将所用的元器件和工具摆放整齐。

(2) 掌握电子产品基本组成、工作原理、元器件质量好坏检测、电子装配流程及装配工艺注意事项等。

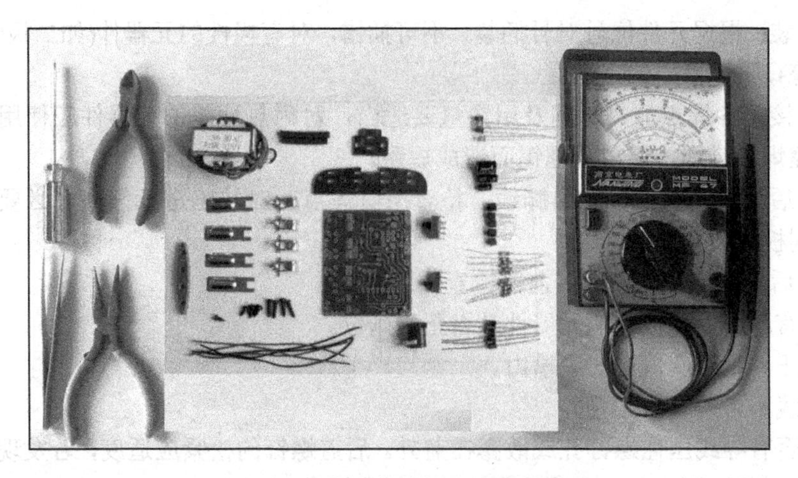

图 6-20　串联稳压电源元器件准备

2. 装配顺序(电气原理图)

为了在装配过程中便于调试，可按图 6-21 所示装配顺利进行。

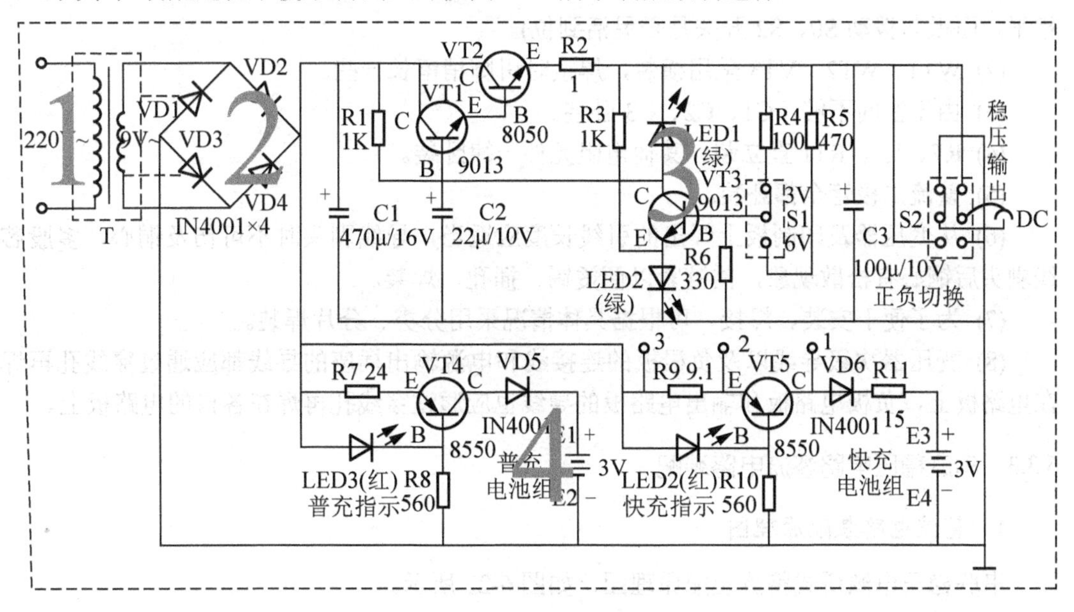

图 6-21　串联稳压电路原理图

3. 工艺要求

焊接与安装按下列步骤进行，按照操作顺序，一般先焊装低矮、耐热元件。若有需与印制板紧固的较大型元件，或与面板上孔、槽相嵌装的元件，需给予特别的注意。

(1) 清查元器件的数量(见元件清单)与质量，对不合格元件应及时更换。

(2) 确定元器件的安装方式、安装高度，一般它由该器件在电路中的作用，印制板与外壳间的距离以及该器件两安装孔之间的距离所决定。

(3) 进行引脚处理，即对器件的引脚弯曲成形并进行烫锡处理。成型时不得从引脚根部弯曲(应大于 1.5mm，卧装需从根部弯曲的元件请小心弯曲)，尽量把有字符的器件面设置于易于观察的位置，字符应从左到右(卧式)，从下到上(直立式)。

(4) 插装：根据元件位号对号插装，不可插错，对有极性的元器件(如二极管、三极管、电解电容等)，插孔时应特别小心。

(5) 焊接：各焊点加热时间及用锡量要适当，对耐热性差的元器件应使用工具辅助散热。防止虚焊、错焊，避免因拖锡而造成短路。

(6) 焊后处理：剪去多余引脚线，检查所有焊点，对缺陷进行修补，必要时用无水酒精清洗印制板。

(7) 盖后盖上螺钉，盖后盖前需检查以下几点。

① 所有与面板孔嵌装的元器件是否正确到位。

② 变压器是否座落在安装槽内。

③ 导线不可紧靠铁心。

④ 是否有导线压住螺钉孔或散露在盖外。后盖螺钉的松紧应适度，若发现盖不上或盖不严，切不可硬拧螺钉，应开盖检查处理后再上螺钉。

4. 安装提示

(1) 注意所有与面板孔嵌装元件的高度与孔的配合(如发光二极管的圆顶部应与面板孔相平，面板与拨动 S0、S2 开关是否灵活到位)。

(2) WT1、WT2、VT3 采用横装，焊接时引脚稍留长一些。

(3) 由于空间不够，C1、C2、C3 卧装。

(4) R7、R9、R11 直立装，其他电阻元件一律卧装。

(5) 整流二极管全都卧装。

(6) 从变压器及印制板上焊出的引线长度应适当，导线剥头时不可伤及铜心，多股芯线剥头后铜心有松散现象，需链紧以便烫锡、插孔、焊装。

(7) 为了便于安装、焊接，可根据具体情况采用分类、分片焊装。

(8) 变压器次级导线以及负极板的连接线和电源输出插座的导线都应通过穿线孔再焊在电路板上，负极电路板和输出电路板的导线也应通过穿线孔再焊在各自的电路板上。

6.3.3 串联稳压电路整流电路装配

1. 整流电路装配原理图

串联稳压电源桥式整流装配原理图，如图 6-22 所示。

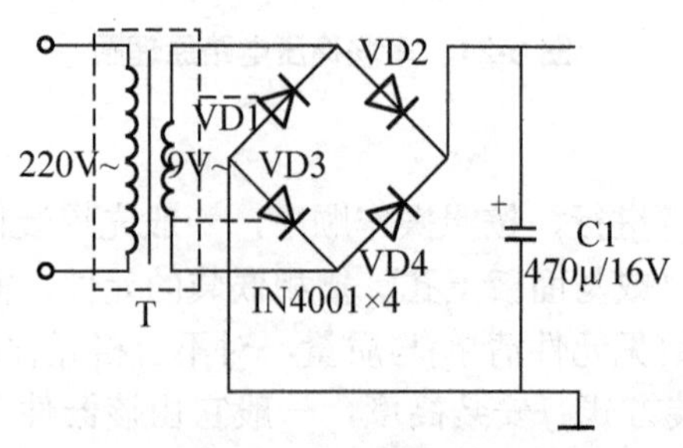

图 6-22 串联稳压电源整流电气原理图

(1) 串联稳压电源桥式整流电路装配，如图 6-23 所示。

整形→安装→焊接→引脚处理→检查(有无开路、短路、桥接)。

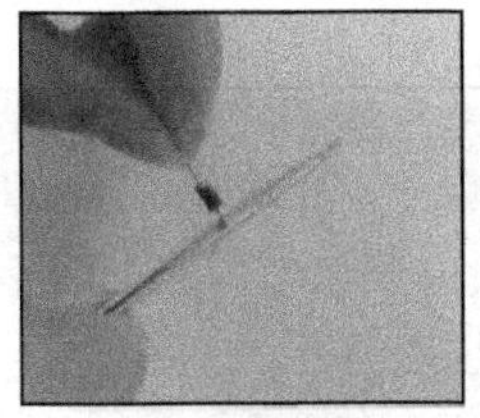

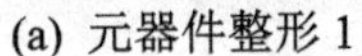

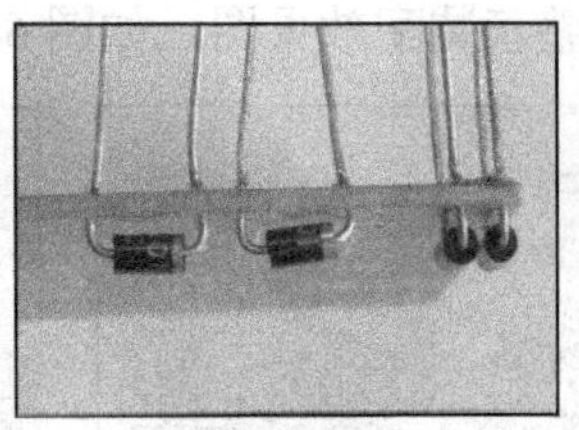

(a) 元器件整形 1　　(b) 元器件整形 2　　(c) 元器件安装　　(d) 装配效果图

图 6-23　串联稳压电源整流电路装配图

(2) 串联稳压电源变压器测试与装配，如图 6-24 所示。电源变压器在装配初级线圈时注意先套热塑管，线接好以后再加温让热塑管紧紧抱住接线头，避免造成短路。

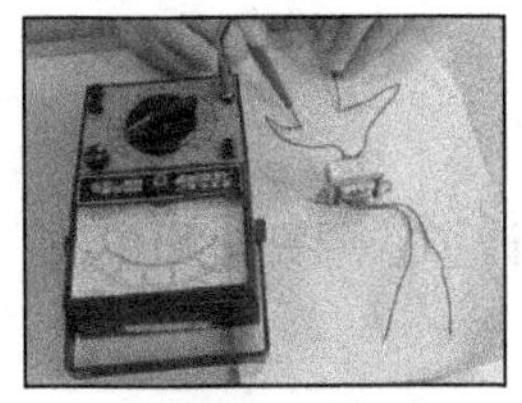

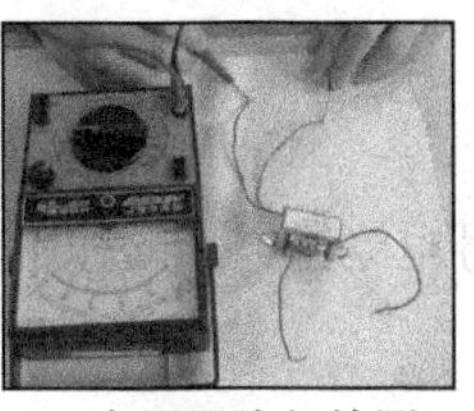

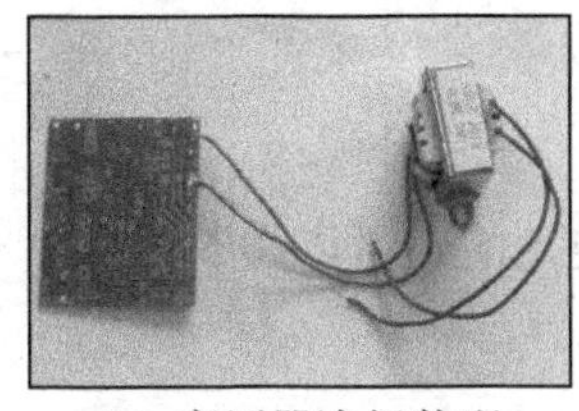

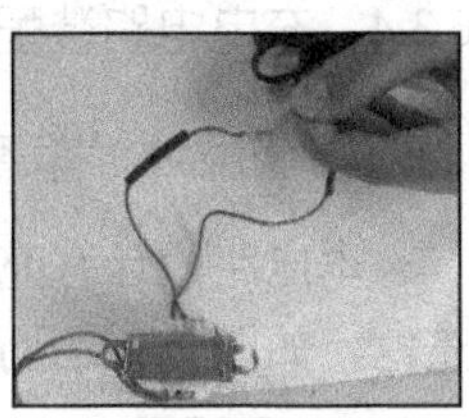

(a) 变压器初级检测　　(b)变压器次级检测　　(c) 变压器次级装配　　(d) 变压器初级装配

图 6-24　串联变压器装配图

2. 稳压电路装配原理图

串联稳压电源电源稳压电气原理图，如图 6-25 所示。

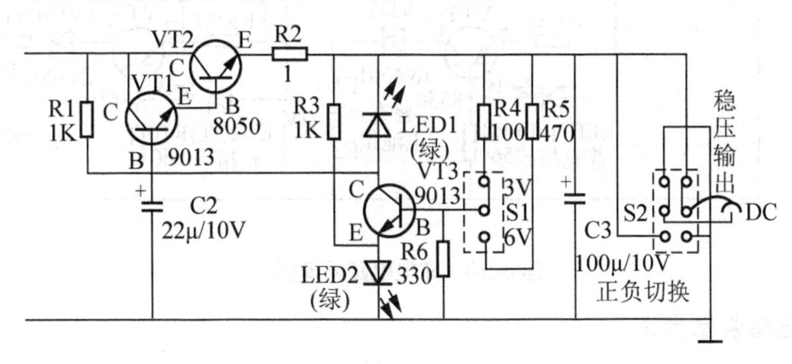

图 6-25　稳压电路装配原理图

(1) 取样与基准电路装配效果图，如图 6-26 所示。

(1) 取样电路装配　　(2) 取样电路装配　　(3) 基准稳压电路装配　　(4) 比较放大电路装配

图 6-26　取样与基准电路装配图

(2) 放大电路与调整管装配效果图，如图 6-27 所示。

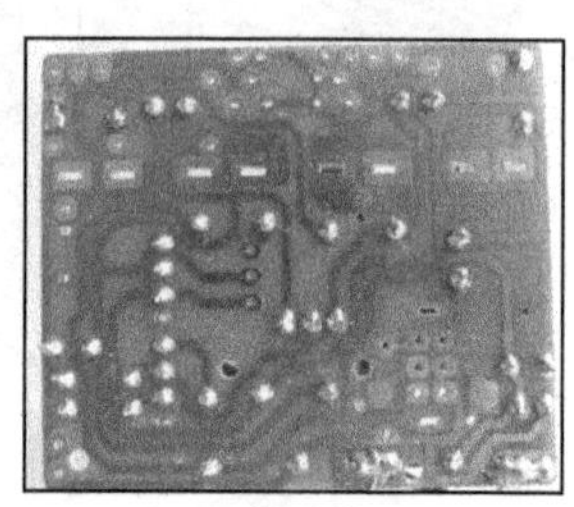

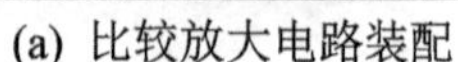

(a) 比较放大电路装配　(b) 调整放大电路装配　(c) 电源调整管装配　(d) 电路装配

图 6-27　放大电路与调整管装配图

6.3.4　充电电路装配

1. 充电电路装配

本电路设计有充电功能，可以为 5 号和 7 号电池充电，同时还设计了普通充电和快速充电，如图 6-28 所示。

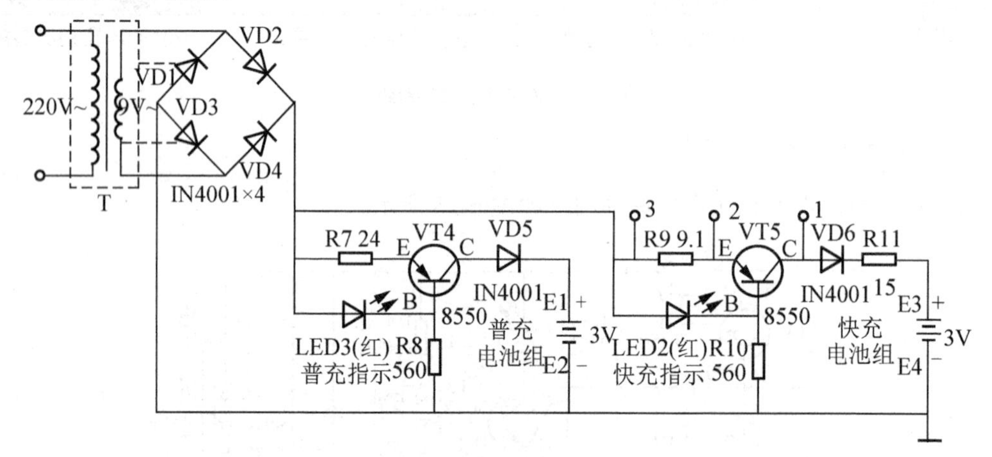

图 6-28　充电电路原理图

2. 充电电路装配步骤

充电电路装配如图 6-29 所示，在装配发光二极管时注意留足发光二极管的高度，以免装配外壳时发光二极管装配不到位，可先确定外壳与 PCB 板的距离，高度如图 6-29 所示。

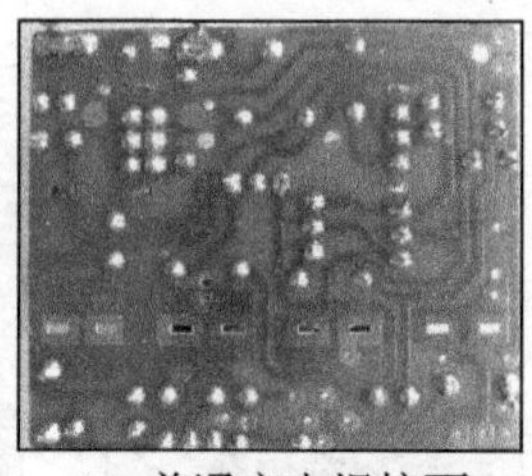

(a) 普通充电图　(b) 普通充电焊接面　(c) 快速充电电路　(d) 快速充电焊接面

图 6-29　充电电路装配图

3. 附件电路装配

在完成基本电路装配后，接下来对附件进行装配，如图 6-30 所示。

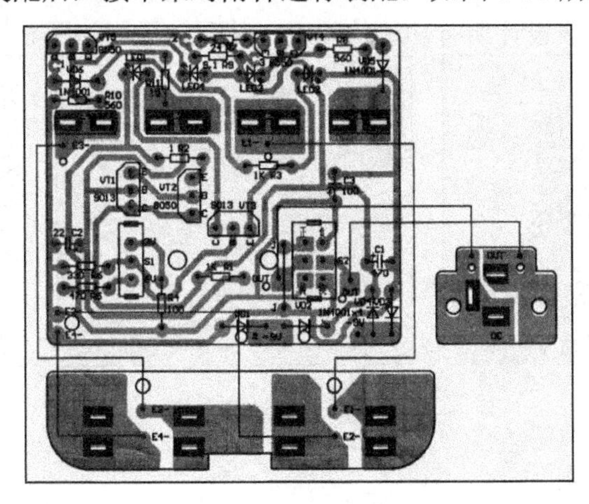

图 6-30　附件装配图

附件装配效果图如图 6-31 所示。

(a) 电池负极片装配　　(b) 电池正极片装配　　(c) 电源输出插座装配

图 6-31　附件装配效果图

主电路板与附件电路板连接，为实现充电功能同时提供 3V、6V 直流电源输出。电气原理图可按照图 6-30 连线装配图完成装配，效果图如图 6-32 所示。

(a) 直流电输出线连接

(b) 充电器线连接

图 6-32　附件连接效果图

4. 总装

总装是装配流程最后一项，它是将电子产品所有电子元器件、PCB 板、套件、外壳和附件等，装配在一起完成设计所有功能的体现。装配效果图如图 6-33 所示。

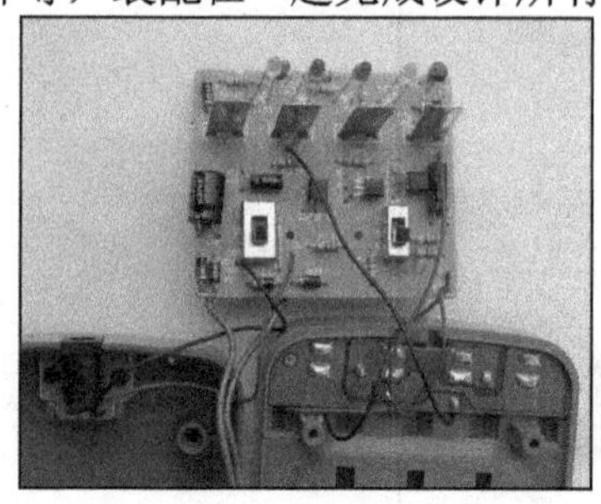

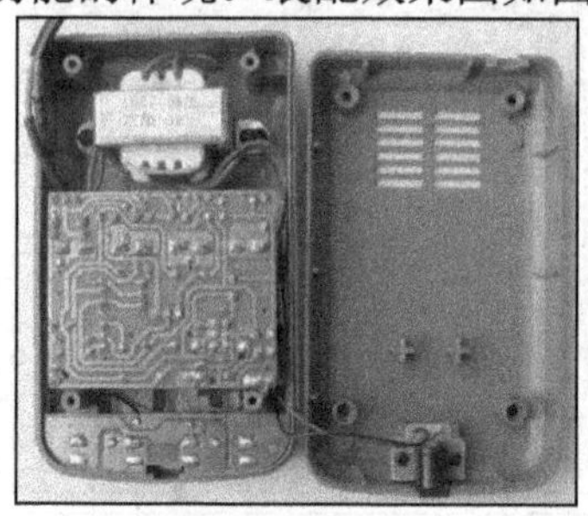

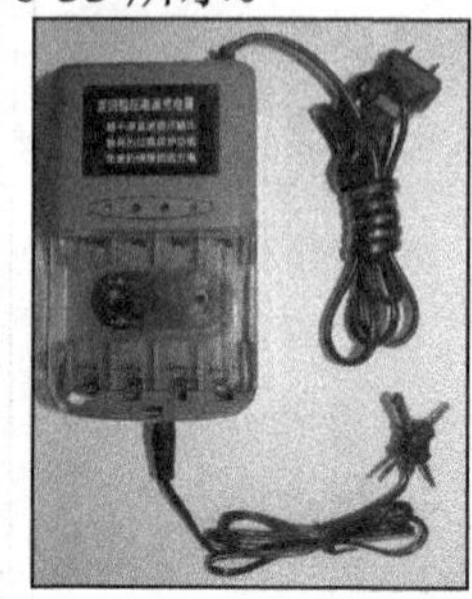

图 6-33 串联稳压电源

6.3.5 整机装配工艺检测

整机总装完成后，按功能和参数等检查内容进行检验。通常整机质量的检查有以下几个方面。

1. 外观检查(直观法)

总装完毕后，按电气原理图、PCB 板印制板装配图及工艺要求，检查整机安装情况，重点检查电源线、变压器连线及印制板上相邻导线焊点有无短路及缺陷，整机表面无损伤、涂层无划痕、脱落，金属结构件无开焊、开裂，元器件安装牢固，导线无损伤，元器件和端子套管的代号符合产品设计文件规定。整机的活动部分活动自如，机内没有多余物(如焊料渣、零件、金属屑等)。

2. 装联正确性检查

装联正确性检查又称电路检查，是检查电气连接是否符合电路原理图和接线图的要求，导电性能是否良好。通常用万用表 R×10 或 R×100 欧姆挡，对各关键点进行检查。可根据预先编制的电路检查程序表，对照电路图进行检查。

(1) 通电前的检查工作。在通电前应先检查底板插件是否正确，是否有虚焊和短路，各仪器连接及工作状态是否正确。能有效地减小元件损坏，提高调试效率。首次调试还要检查各仪器能否正常工作，验证其精确度。

(2) 测量电源工作情况。若调试单元是外加电源，则先测量其供电电压是否适合。若由自身底板供电的，则应先断开负载，检测其在空载和接入假定负载时的电压是否正常；若电压正常，则再接通原电路。

(3) 通电观察。对电路通电，但暂不加入信号，也不要急于调试。首先观察有无异常现象，如冒烟、异味、元件发烫等。若有异常现象，则应立即关断电路的电源，再次检查所装配的元器件和焊接工艺。

(4) 单元电路测试与调整。测试是在安装后对电路的参数及工作状态进行测量。调整是指在测试的基础上对电路的参数进行修正，使之满足设计要求。分块调试一般有两种方法。

① 若整机电路是由分开的多块功能电路板组成的，可以先对各功能电路分别调试完后再组装在一起调试。

② 对于单块电路板，先不要接各功能电路的连接线，待各功能电路调试完后再接上。分块调试比较理想的调试程序是按信号的流向进行，这样可以把前面调试过的输出信号作为后一级的输入信号，为最后联机调试创造条件。

分块调试包括静态调试和动态调试：静态调试一般指没有外加信号的条件下测试电路各点的电位，测出的数据与设计数据相比较，若超出规定的范围，则应分析其原因，并作适当调整；动态调试一般指在加入信号(或自身产生信号)后，测量三极管、集成电路等的动态工作电压，以及有关的波形、频率、相位、电路放大倍数，并通过调整相应的可调元件，使其多项指标符合设计要求。若经过动、静态调试后仍不能达到原设计要求，则应深入分析其测量数据，并要作出修正。

(5) 整机性能测试与调整。由于使用了分块调试方法，有较多调试内容已在分块调试中完成，整机调试只须测试整机性能技术指标是否与设计指标相符，若不符合再作出适当调整。

(6) 对产品进行老化和环境试验。

6.3.6　通电前检测

电子产品通电前在路电阻检测，主要用于检测所装配电子产品是否出现短路、虚焊、漏焊、错焊、元器件装配不正确等问题。避免造成盲目通电而损坏电子元器件，或导致电子产品装配不成功等，在路检测可用万用表 R×100Ω挡或 R×10Ω挡检测。

1. 电源检测

(1) 电源变压器、桥式整流、滤波电路在通电前的测试，如图 6-34 所示，用于检查电路是否存在短路。

图 6-34　电源在路测试

(2) 检测变压器与桥式整流电路参数，将结果记录在表 6-11 数据表中。

表 6-11　变压器与桥式整流电路检测数据表

电源检测	电源变压器初级	电源变压器次级	桥式整流电路	滤波电路(正电源)	滤波电路(负电源)
正向电阻					
反向电阻					

(3) 在路检测正常后，通电测试整流、滤波电路参数，以保证供电正常。将所测的结果记入表 6-12 数据表中，可为以后维修提供参考。

表 6-12　电源检测数据表

电源 检测	电源 变压器初级	电源 变压器次级	桥式 整流电路	滤波电路
电压/V				

2. 串联稳压电路检测

通电前稳压电路如图 6-25 所示，稳压电路由 VT1～VT3、LED1、LED3、R1～R6 组成，在路检测各关键点，并将结果记录在表 6-13 中，基准稳压电路关键点检测记录在表 6-14 中。

表 6-13　稳压电路关键点检测数据表

输入电路检测		E	B	C
VT1	正向电阻			
	反向电阻			
VT2	正向电阻			
	反向电阻			
VT3	正向电阻			
	反向电阻			

表 6-14　基准稳压电路检测数据表

电源检测	LED1	LDE2	开关 S0	开关 S2
正向电阻				
反向电阻				

3. 充电电路检测

充电电路如图 6-28 所示，主要由 VT4 和 VT5 构成，对此电路各关键点进行检测，将结果记录在表 6-15 中。

表 6-15　充电电路检测数据表

输入电路检测		E	B	C
VT4	正向电阻			
	反向电阻			
VT5	正向电阻			
	反向电阻			

6.3.7　串联稳压电源通电检测

经过通电前的检测，如果没有短路或开路，则可以进行下面步骤。

1. 电源通电检测

通电后应仔细观察电源工作是否正常；同时观察有无异常现象，如冒烟、异味、元件

发烫等。若有异常现象，则应立即关断电路的电源，再次检查所装配的元器件和焊接工艺。如果正常将所测的数据记录在表 6-16 中，为以后维修提供参考数据。

表 6-16　变压器与整流电路电压检测数据表

电源检测	电源变压器初级	电源变压器次级	桥式整流电路	滤波电路
电压/V				

2. 串联稳压电路检测

串联稳压电路如图 6-25 所示，通电后仔细观察电路工作状态是否正常，用万用表测试各关键点，并记录在表 6-17 数据表中

表 6-17　稳压电路通电关键点检测

关键点检测		E	B	C
VT1	电压/V			
VT2	电压/V			
VT3	电压/V			

3. 充电电路检测

充电电路如图 6-28 所示，主要由 VT4 和 VT5 构成，对此电路各关键点进行检测，将结果记录在表 6-18 中。

表 6-18　充电电路检测数据表

关键点检测		E	B	C
VT4	电压(V)			
VT5	电压(V)			

6.3.8　串联稳压电源调试

1. 基本调试

通过检测，电路进入正常工作状态，还应满足以下要求。

输入电压为交流 220V；输出电压为直流 3V、6V；最大输出电流为 500mA。

电池充电器：左通道($E1$、$E2$)充电电流 50～60mA(普通充电)；右通道($E3$、$E4$)充电电流 110～130mA(快速充电)，两通道可以同时使用，可以充 5 号或 7 号电池两节(串接)。稳压电源和充电器可以同时使用，只要两者电流之和不超过 500mA。

2. 设备性能调试

(1) 接通电源：绿色通电指示灯(LED2)亮。

(2) 空载电压：空载时测量通过十字插头输出的直流电压，其值应略高于额定电压值。

(3) 输出极性：拨动 S2 开关，输出极性应作相应变化。

(4) 负载能力：当负载电流在额定值 150mA 时，输出电压的误差小于±10%。

(5) 过载保护：当负载电流增大到一定值时，LED1 绿色指示灯逐渐变亮，LED2 逐渐变暗，同时输出电压下降。当电流增大到 500mA 左右时，保护电路起作用，LED1 亮，LED2 灭。若负载电流减小，则电路恢复正常。

(6) 充电电流：充电通道内不装电池，将万用表置于直流电流 500mA 以上的挡位，当正负表笔分别短时触及所测通道的正负极时(注意二节电池为一组)，被测通道充电指示灯亮，所显示的电流值即为充电电流值。也可以用仪器分别测量 1、2、3 的测试点。

3. 输出电压与充电性能调试

(1) 若稳压电源的负载在 150mA 时，输出电压误差大于规定值的±10%时，3V 挡更换 R4，6V 挡更换 R5，阻值增大电压升高，阻值减小电压降低。

(2) 若要改变充电电流值，可更换 R7(R9)，阻值增大，充电电流减小；阻值减小，充电电流增大。

6.4 项目考核

项目考核评分标准见表 6-19。

表 6-19 项目考核评分标

项目	配分	扣分标准(每项累计扣分不超过配分)	扣分记录	得分
原理图与PCB 的分析	15 分	1. 绘制串联稳压电源组成方框图。每错一处扣 0.5 分，扣至 0 分为止； 2. 分析串联稳压电源工作原理。每错一处扣 0.5 分，扣至 0 分为止； 3. 分析串联稳压电源 PCB 板图。每错一处扣 0.5 分，扣至 0 分为止		
电子元器件识别与检测	15 分	1. 能从所给定的元器件中筛选所需全部元器件，否则每缺选一个或错选一个扣 2 分； 2. 能正确判别有极性元器件极性，否则每错一个元器件扣 2 分； 3. 能正确判断元器件质量好坏，否则每错一个元器件扣 2 分		
串联稳压电源电路装配	20 分	1. 元器件引脚成型符合要求，否则每只扣 1 分； 2. 元器件装配到位，装配高度、装配形式符合要求，否则每只扣 1 分； 3. 元器件标识应外露，便于识读，否则每处扣 1 分； 4. 跳线长度适宜，不交叉，否则每处扣 1 分； 5. 外壳及紧固件装配到位，不松动，不压线，否则每处扣 2 分		
串联稳压电源焊接	20 分	1. 虚焊、桥接、漏焊、半边焊、毛刺、焊锡过量或过少、助焊剂过量等，每处焊点扣 0.5 分； 2. 焊盘翘起、脱落(含未装元器件处)，每处扣 2 分； 3. 损坏元器件，每只扣 1 分； 4. 烫伤导线、塑料件、外壳，每处扣 2 分； 5. 连接线焊接处应牢固工整，导线线头加工及浸锡规范，线头不外露，否则每处扣 1 分； 6. 插座插针垂直整齐，否则每个扣 0.5 分； 7. 插孔式元器件引脚长度 2～3mm，且剪切整齐，否则酌情扣 1 分； 8. 整板焊接点未进行清洁处理扣 1 分		

续表

项目	配分	扣分标准(每项累计扣分不超过配分)	扣分记录	得分
串联稳压电源调试	20 分	1. 通电开机 (1) 开机烧电源或其他电路，扣 20 分； (2) 开机电源正常但作品不能工作，扣 15 分； (3) 若用万用表无法判定元器件的相关指标而导致上述故障除外 2. 参数测试 (1) 参数测试结果的误差大于 50%，每项参数扣 5 分； (2) 参数测试结果的误差大于 30%小于或等于 50%，每项参数扣 4 分； (3) 参数测试结果的误差大于 20%小于或等于 30%，每项参数扣 3 分； (4) 参数测试结果的误差大于 10%小于或等于 20%，每项参数扣 2 分		
安全操作	10 分	1. 使用仪表工具摆放操作步骤不正确扣 2 分； 2. 操作过失造成损坏设备、仪器或短路烧保险扣 10 分，造成触电事故取消本项分		
总　分				

项目 7

SMT 微型贴片收音机装配与调试

7.1 项目任务

项目任务见表 7-1。

表 7-1 项目任务

项目内容	1. 掌握收音机组成方框图、各部分功能作用及工作原理； 2. 掌握收音机电气原理图、单元电路作用及信号流程； 3. 正确识别检测收音机各元器件质量好坏及元器件替换原则； 4. 收音机安装：根据电气原理图和 PCB 板图找准元器件安装位置，并对元器件进行整形、安装； 5. 收音机焊接，用焊接工具对各单元电路电子元器件进行焊接，防止虚焊接、漏焊、错焊等； 6. 收音机检测，用检测仪器仪表根据电气原理图和 PCB 板装配图对收音机进行检测(收音机各关键点检测)； 7. 收音机整机调试，关键点静态、动态(高、中、低频段接收频率调试)调试； 8. 收音机组装与调试、注意事项(安全用电、焊接、检测工序)
重难点	1. 收音机的组成、工作原理及信号流程； 2. 收音机安装工艺、焊接工艺和工序流程等，防止虚焊、漏焊、错焊，并对其进行修整等； 3. 收音机各关键点检测、电路与整机(高、中、低频段接收)调试
参考的相关文件	SJ/T 10694—2006《电子产品制造与应用系统防静电检测通用规范》； SJ 20908—2004《低频插头座防护工艺规范》； SJ 50598/2—2003《系列 1.JY3116 卡口连接锡焊式接触件直式自由电连接器(E、F、J 和 P 类)详细规范》； SJ 20896—2003《印制电路板组件装焊后的洁净度检测及分级》； SJ/Z 11266—2002《电子设备的安全》； SJ 20810—2002《印制板尺寸与公差》

项目导读

收音机，由机械器件、电子器件、磁铁等构造而成，是用电能将电波信号转换并能收听广播电台发射音频信号的一种机器，又名无线电、广播等。

1923 年 1 月 23 日，美国人在上海创办中国无线电公司，播送广播节目，同时出售收音机，以美国出品最多，其种类一是矿石收音机，二是电子管收音机。

1953 年，中国研制出第一台全国产化收音机(“红星牌”电子管收音机)，并投放市场。

1956 年，研制出中国第一只锗合金晶体管。

1958 年，我国第一部国产半导体收音机研制成功。

1965 年，半导体收音机的产量超过了电子管收音机的产量。

1980 年左右是收音机市场发展的高峰时期。

1982 年，出现了集成电路收音机和硅锗管混合线路和音频输出 OTL 电路的收音机。

1985—1989 年，随着电视机和录音机的发展，晶体管收音机销量逐年下降，电子管收音机也趋于淘汰。收音机款式从大台式转向袖珍式收音机，如 SMT 微型调频收音机。

7.1.1 收音机组成任务书

见表 7-2。

表 7-2 收音机基本知识

<table>
<tr><td colspan="2" rowspan="2">××学院</td><td colspan="2" rowspan="3">收音机组成任务书</td><td>文件编号</td><td></td></tr>
<tr><td>版　　次</td><td></td></tr>
<tr><td colspan="2"></td><td colspan="2">共 7 页/第 1 页</td></tr>
<tr><td colspan="2">工序号：1</td><td colspan="2">工序名称：收音机组成</td><td colspan="2">作 业 内 容</td></tr>
<tr><td colspan="4" rowspan="9">输入回路　高频放大　A　混频　C　中频放大限幅　D　鉴频　E　音频放大
v_A　t　v_C　t　v_D　t　v_E　t
v_B　t　B　本机振荡　AFC　G　直流电源
调频头
调频收音机组成框图</td><td>1</td><td>了解收音机组成方框图、各部分作用及功能</td></tr>
<tr><td>2</td><td>掌握无线电广播发射与接收原理</td></tr>
<tr><td>3</td><td>掌握收音机的电路组成及整机工作原理</td></tr>
<tr><td>4</td><td>通过查阅书籍、上网或其他途径搜集整理相关资料</td></tr>
<tr><td colspan="2">使用工具(书籍)</td></tr>
<tr><td colspan="2">模拟电子技术、电路分析、高频电子等</td></tr>
<tr><td colspan="2">※工艺要求(注意事项)</td></tr>
<tr><td>1</td><td>熟悉模拟电子技术、电路分析</td></tr>
<tr><td>2</td><td>掌握无线电广播发射与接收工作原理</td></tr>
<tr><td>更改标记</td><td></td><td>编　制</td><td></td><td>批　　准</td><td></td></tr>
<tr><td>更改人签名</td><td></td><td>审　核</td><td></td><td>生产日期</td><td></td></tr>
</table>

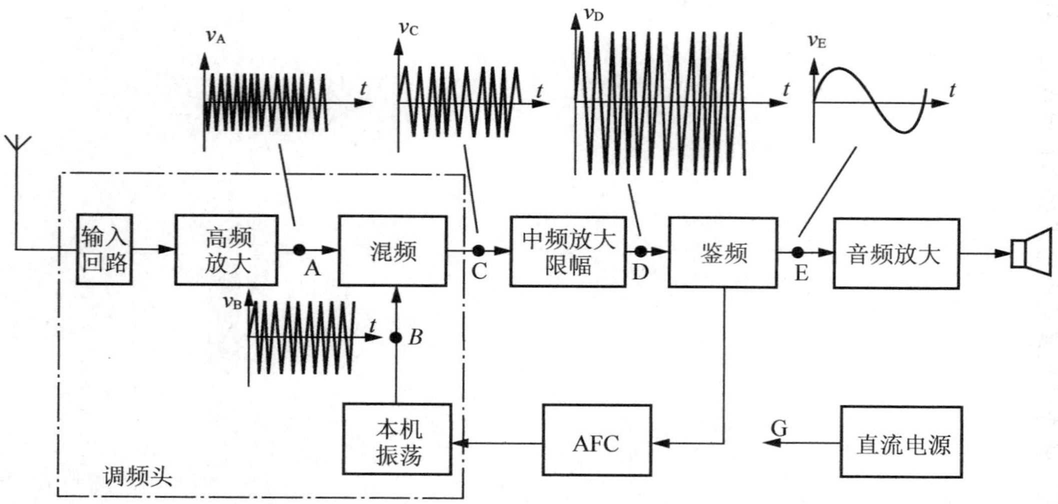

7.1.2　SMT 微型贴片收音机电路原理图分析任务书

见表 7-3。

表 7-3　SMT 微型贴片收音机原理图分析

××学院	SMT 微型贴片收音机电路原理图分析任务书	文件编号	
		版　次	
		共 7 页/第 2 页	
工序号：1	工序名称：SMT 微型贴片收音机电路原理图分析	作 业 内 容	
C17 332 9 8 C6 302 C4 331 10 7 C7 181 + 3V − SP C15 82P L3 78nH 11 6 C14 33P 12 5 L4 BB910 R5 681 V2 C5 221 IC SC1088 70nH V1 C8 681 C18 100μ C12 104 13 4 磁珠电感 L1 C19 223 C16 104 14 3 C11 223 XS EJ 耳机 R1 15K R4 562 L2 色环电感 C13 471 15 2 C1 222 R3 122 S1 调台 R2 154 C3 221 C9 683 16 1 C10 104 V4 9012 S2 复位 Rp 513 C2 104 V3 9013 SMT 微型贴片收音机电气原理图		1	根据收音机方框图绘制电气原理图
		2	掌握 SMT 微型贴片收音机各部份组成、作用及功能
		3	掌握 SMT 微型收音机电气原理图作用、功能和工作原理
		4	掌握 SMT 调频收音机信号流程原理
		使用工具(书籍)	
		高频电子线路、模拟电子技术、电路分析等	
		※工艺要求(注意事项)	
		1	熟悉高频电子线路、电路分析
		2	掌握 SMT 微型贴片收音机电路工作原理
更改标记	编　制	批　准	
更改人签名	审　核	生产日期	

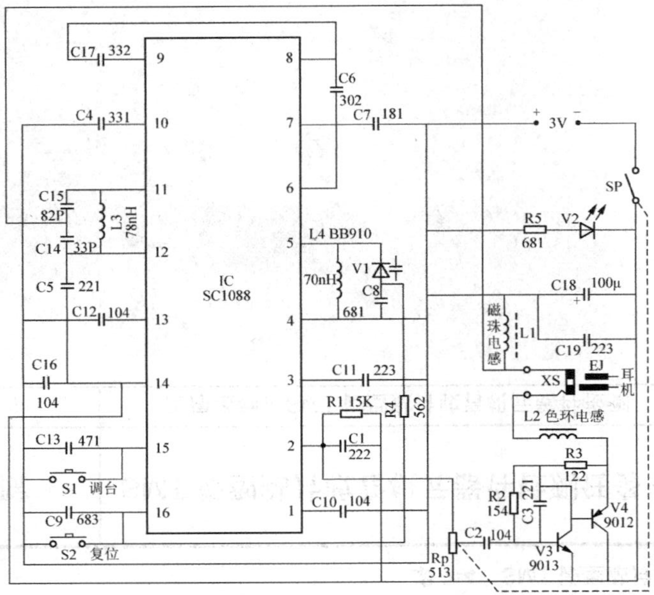

7.1.3 SMT 微型贴片收音机元器件检测任务书

见表 7-4。

表 7-4 SMT 微型贴片收音机元器件检测

<table>
<tr><td rowspan="3">××学院</td><td rowspan="3" colspan="2">SMT 微型贴片收音机元器件检测任务书</td><td>文件编号</td><td colspan="2"></td></tr>
<tr><td>版　次</td><td colspan="2"></td></tr>
<tr><td colspan="3">共 7 页/第 3 页</td></tr>
<tr><td>工序号：1</td><td colspan="2">工序名称：SMT 微型贴片收音机元器件检测</td><td colspan="3">作 业 内 容</td></tr>
<tr><td rowspan="9" colspan="3">元器件清点与检测</td><td>1</td><td colspan="2">根据元器件清单清点电子元器件</td></tr>
<tr><td>2</td><td colspan="2">认真识别 SMT 贴片收音机各元器件外观是否完好</td></tr>
<tr><td>3</td><td colspan="2">正确检测 SMT 贴片收音机元器件质量好坏及元器件</td></tr>
<tr><td colspan="3">使用工具(书籍)</td></tr>
<tr><td colspan="3">万用表、电烙铁、尖嘴钳、斜口钳、镊子、一字螺丝刀、十字螺丝刀</td></tr>
<tr><td colspan="3">※工艺要求(注意事项)</td></tr>
<tr><td>1</td><td colspan="2">元器件的正确识读与检测</td></tr>
<tr><td>2</td><td colspan="2">万用表正确检测方法、误差引起判断结果</td></tr>
<tr><td colspan="3"></td></tr>
<tr><td>更改标记</td><td></td><td>编　制</td><td></td><td>批　准</td><td></td></tr>
<tr><td>更改人签名</td><td></td><td>审　核</td><td></td><td>生产日期</td><td></td></tr>
</table>

7.1.4　SMT 微型贴片收音机元器件装配任务书

见表 7-5。

表 7-5　SMT 微型贴片收音机元器件的装配

××学院	SMT 微型贴片收音机元器件装配任务书			文件编号	
				版　次	
				共 7 页/第 4 页	
工序号：1	工序名称：SMT 微型贴片收音机元器件装配			作 业 内 容	
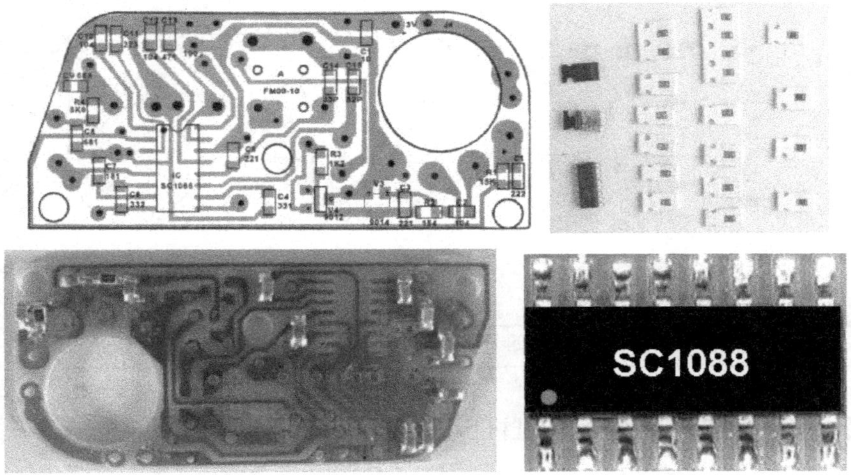 SMT 贴片元器件装配工艺				1	根据收音机电气原理图、PCB 板图找出相应电子元器件
				2	掌握收音机 SMT 元器件的装配与焊接工艺
				3	掌握 SMT 微型贴片收音机装配流程
				4	对所装配的 SMT 元器件进行检查，对不合格元器件进行调整
				使用工具(书籍)	
				万用表、电烙铁、尖嘴钳、斜口钳、镊子、一字螺丝刀、十字螺丝刀	
				※工艺要求(注意事项)	
				1	认真检测所装配元器件，保证所装配元器件完好
				2	在装配中注重元器件的安装工艺、焊接工艺
更改标记		编　制		批　准	
更改人签名		审　核		生产日期	

7.1.5 微型收音机 THT 插件元器件装配任务书

见表 7-6。

表 7-6 微型收音机 THT 插件元器件的装配

<table>
<tr><td rowspan="3">××学院</td><td rowspan="3">微型收音机 THT 插件元器件装配任务书</td><td colspan="2">文件编号</td><td></td></tr>
<tr><td colspan="2">版　　次</td><td></td></tr>
<tr><td colspan="3">共 7 页/第 5 页</td></tr>
<tr><td>工序号：1</td><td>工序名称：微型收音机 THT 插件元器件的装配</td><td colspan="3">作 业 内 容</td></tr>
<tr><td colspan="2" rowspan="11">THT 元器件装配工艺</td><td>1</td><td colspan="2">根据电气原理图、PCB 板图找出相应电子元器件</td></tr>
<tr><td>2</td><td colspan="2">根据电气原理图和 PCB 板图找准元器件的位置，并对元器件进行整形</td></tr>
<tr><td>3</td><td colspan="2">将已整形好的 THT 元器件按照正确安装工艺插入相应 PCB 板电路</td></tr>
<tr><td>4</td><td colspan="2">将插好的 THT 元器件按照正确焊接步骤和工艺完成电路焊接</td></tr>
<tr><td>5</td><td colspan="2">对本单元装配元器件进行检查，对不合格元器件进行调整</td></tr>
<tr><td colspan="3">使用工具(书籍)</td></tr>
<tr><td colspan="3">万用表、电烙铁、尖嘴钳、斜口钳、镊子、一字螺丝刀、十字螺丝刀</td></tr>
<tr><td colspan="3">※工艺要求(注意事项)</td></tr>
<tr><td>1</td><td colspan="2">认真检测所装配元器件，保证所装配元器件完好</td></tr>
<tr><td>2</td><td colspan="2">在装配中注重元器件的安装工艺、焊接工艺</td></tr>
</table>

<table>
<tr><td>更改标记</td><td></td><td>编　制</td><td></td><td>批　　准</td><td></td></tr>
<tr><td>更改人签名</td><td></td><td>审　核</td><td></td><td>生产日期</td><td></td></tr>
</table>

7.1.6　SMT 微型贴片收音机检测任务书

见表 7-7。

表 7-7　SMT 微型贴片收音机检测

××学院	SMT 微型贴片收音机检测任务书	文件编号	
		版　　次	
		共 7 页/第 6 页	
工序号：1	工序名称：SMT 微型贴片收音机检测	作 业 内 容	

引脚	1	2	3	4	5
电阻器值					
引脚	6	7	8	9	10
电阻器值					

SMT 收音机通电前电路检测

作 业 内 容	
1	根据 SMT 微型贴片收音机电气原理图对实际装配 PCB 板进行检查
2	装配工艺检查：整机表面无损伤、涂层无划痕、脱落，金属结构件无开焊、开裂
3	焊接工艺检查：焊接点有无短路、断路、虚焊、错焊、连焊等
4	关键点检测：用万用表对各关键点进行检测
使用工具(书籍)	
万用表、电烙铁、尖嘴钳、斜口钳、镊子、一字螺丝刀、十字螺丝刀	
※工艺要求(注意事项)	
1	整机装配工艺检查、焊接工艺检查
2	用万用表对各关键点进行检测：防止短路、断路、虚焊、错焊、连焊，避免通电后烧坏电路和损坏元器件

更改标记		编　制		批　　准	
更改人签名		审　核		生产日期	

7.1.7　SMT 微型贴片收音机调试与总装配任务书

见表 7-8。

表 7-8　SMT 微型贴片收音机调试与总装配

××学院	SMT 微型贴片收音机调试与总装配任务书			文件编号	
				版　　次	
				共 7 页/第 7 页	
工序号：1	工序名称：SMT 微型贴片收音机调试与总装配			作 业 内 容	
SMT 微型贴片收音机调试与总装配				1	根据 SMT 微型贴片收音机电气原理图对实际装配 PCB 板进行检查
				2	SMT 微型贴片收音机的基本调试方法，满足产品基本要求
				3	SMT 微型贴片收音机设备性能调试，如接收电台调试
				4	SMT 微型贴片收音机性能与电路改进调试方法
				5	完成 SMT 微型贴片收音机总装配，使产品符合设计要求
				使用工具(书籍)	
				调频(高频)信号发生器、万用表、电烙铁、尖嘴钳、斜口钳、镊子、一字螺丝刀、十字螺丝刀	
				※工艺要求(注意事项)	
				1	整机装配工艺检查、焊接工艺检查、产品性能调试
				2	完成 SMT 微型贴片收音机总装配，使产品符合设计要求
更改标记		编　制		批　　准	
更改人签名		审　核		生产日期	

7.2 项 目 准 备

7.2.1 收音机组成框图及工作原理

1. 无线电广播

无线电波在传播过程中可分为地波、天波和空间波三种形式。

无线电波波段划分，见表 7-9。

表 7-9 无线电波波段的划分

波段名称	波长范围	频率范围	频段名称	用途
超长波	10^4～10^5m	30～3kHz	甚低频 VLF	海上远距离通信
长波	10^3～10^4m	300～30kHz	低频 LF	电报通信
中波	2×10^2～10^3m	1500～300kHz	中频 MF	无线电广播
中短波	50～2×10^2m	6000～1500kHz	中高频 IF	电报通信、业余通信
短波	10～50m	30～6MHz	高频 HF	无线电广播、电报通信和业余通信
米波	1～10m	300～30MHz	甚高频 VHF	无线电广播、电视、导航和业余通信
分米波	1～10dm	3000～300MHz	特高频 UHF	电视、雷达、无线电导航
厘米波	1～10cm	30～3GHz	超高频 SHF	无线电接力通信、雷达、卫星通信
毫米波	1～10mm	300～30GHz	极高频 EHF	电视、雷达、无线电导航
亚毫米波	1mm 以下	300GHz 以上	超极高频	无线电接力通信

常用无线电调制方式有调频、调幅、调相、边带调制等，如图 7-1 所示。

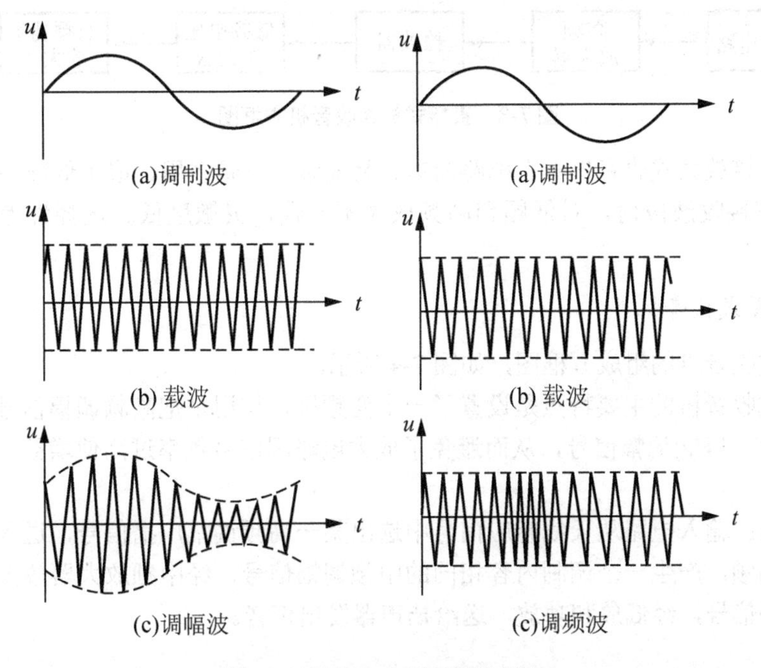

图 7-1 无线电广播调制波形图

2. 无线电广播发射

无线电广播发射系统主要由话筒将声波信号转换为音频电信号，再由音频放大器将音频信号进行放大，同时高频振荡器产生高频振荡信号送往调制器，经过调制器调制成高频信号，再通过高频放大器放大，最后由发射天线发射，如图 7-2 所示。

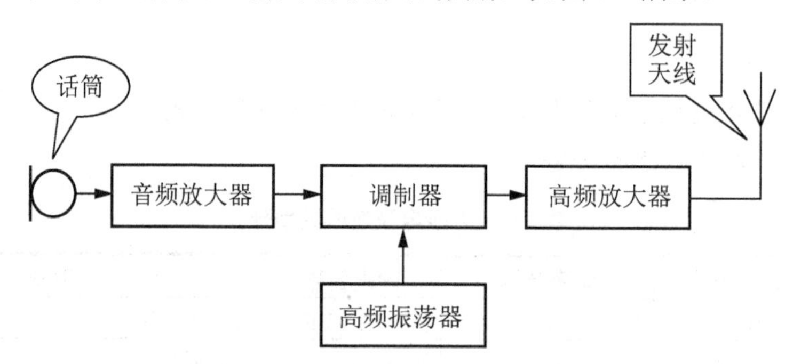

图 7-2 无线电广播发射方框图

3. 无线电广播接收

无线电广播接收方框图，如图 7-3 所示。

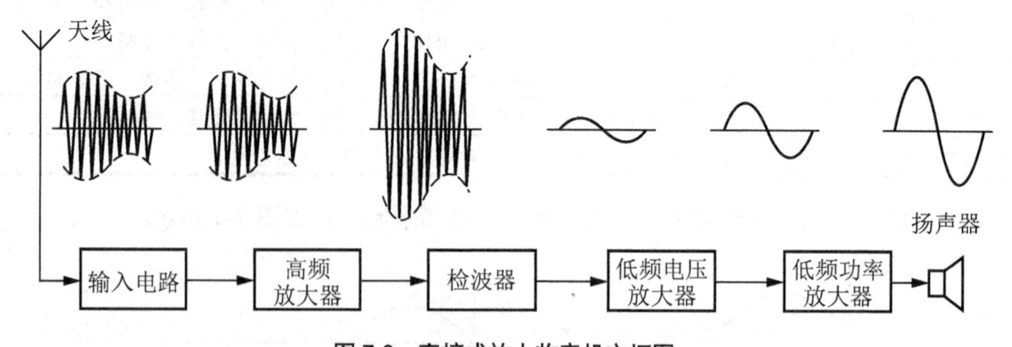

图 7-3 直接式放大收音机方框图

优点：直接放大式收音机具有电路简单、易安装、一管多用、成本低廉等特点。

缺点：在接收波段内，对低频和高频放大不一致，灵敏度低、选择性差、工作稳定性差。

4. 超外差式收音机

超外差式收音机的组成方框图，如图 7-4 所示。

超外差式收音机的主要特点是设置了一个变频级，作用是把高频调幅信号变成固定中频(国标为 465 kHz)调幅信号，从而避免了放大电路因信号频率过高使增益下降及不稳定的现象。

工作原理：输入电路从天线感应信号中选出某一高频调幅广播信号，送入变频器与本机振荡信号混频，产生一个调制内容相同的中频调幅信号，经中频放大器放大后，由检波器解调出音频信号，经低放和功放，送给扬声器发出声音。

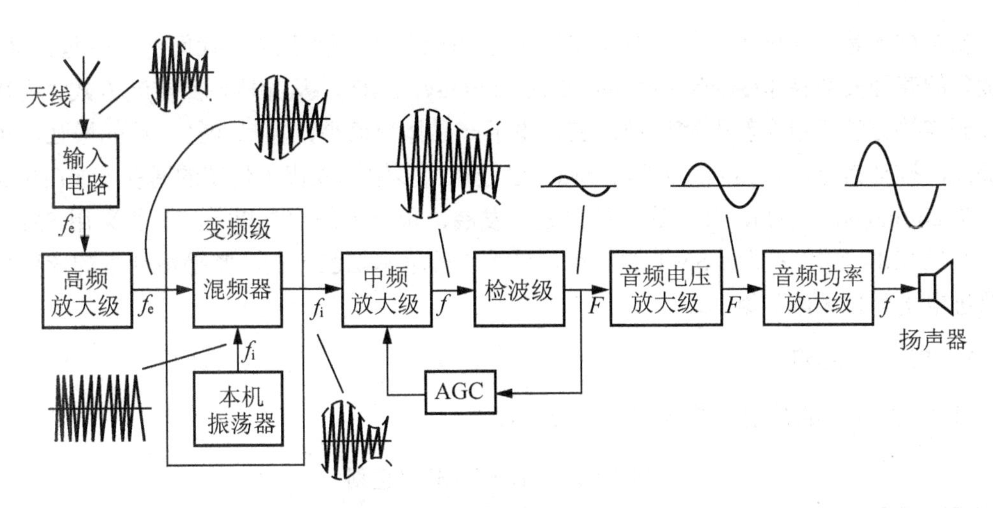

图 7-4　超外差式收音机方框图

5. 调频收音机基本组成

调频收音机组成方框图，如图 7-5 所示。

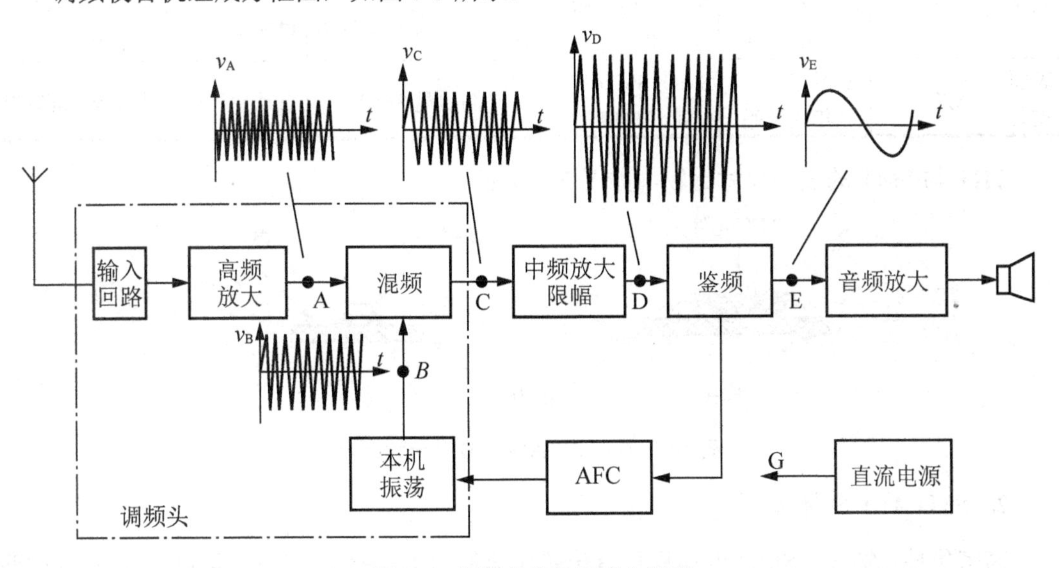

图 7-5　调频收音机组成方框图

工作原理：输入电路从天线感应信号中选出 87～108MHz 高频调频广播信号，送入高频放大器放大，再与本机振荡产生的高频信号进行混频，产生 10.7MHz 中频信号，经中频放大器放大后，经过限幅电路去掉噪声干扰后，送至鉴频器解调，解调后为音频电信号，再送往音频放大器进行放大，最后推动扬声器还原出优美动听的声音。

7.2.2　SMT 微型贴片收音机基础知识

电子系统的微型化和集成化是当代技术革命的重要标志，也是未来发展的重要方向。日新月异的各种高性能、高可靠性、高集成化、微型化轻型化的电子产品，正在改变世界，影响人类文明的进程。

安装技术是实现电子系统微型化和集成化的关键。20 世纪 70 年代问世，20 世纪 80 年代成熟的表面安装技术(Surface Mounted Technology，SMT)，从元器件到安装方式，从 PCB 设计到连接方法都以全新面貌出现，它使电子产品体积缩小，重量变轻，功能增强，可靠性提高，推动信息产业的高速发展。SMT 已经在很多领域取代了传统的通孔安装(Through Hole Techlonogy，THT)，并且这种趋势还在发展，预计未来 90%以上产品将采用 SMT。

通过 SMT 实习，了解 SMT 的特点，熟悉它的基本工艺过程，掌握最基本的操作技艺是跨进电子科技大厦的第一步。

1. THT 与 SMT

THT 与 SMT 的装配工艺区别，见表 7-10。

表 7-10　THT 与 SMT 的区别

	技术缩写	年代	代表元器件	安装基板	安装方法	焊接技术
通孔安装	THT	20 世纪 60～70 年代	晶体管，轴向引线元件	单、双面 PCB	手工/半自动插装	手工焊浸焊
		20 世纪 70～80 年代	单、双列直插 IC，轴间引线元器件编带	单面及多层 PCB	自动插装	波峰焊，浸焊，手工焊
表面安装	SMT	20 世纪 80 年代开始	SMC、SMD 片式封装 VSI、VLSI	高质量 SMB	自动贴片机	波峰焊，再流焊

THT 与 SMT 的安装尺寸比较，如图 7-6 所示。

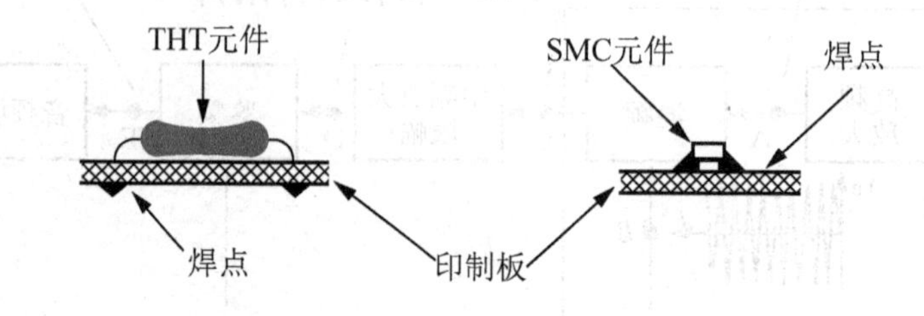

图 7-6　THT 与 SMT 的安装尺寸比较

2. SMT 的主要特点

高密集性：SMC、SMD 的体积只有传统元器件的 1/3～1/10 左右，可以装在 PCB 的两面，有效利用了印制板的面积，减轻了电路板的重量。一般采用了 SMT 后可使电子产品的体积缩小 40%～60%，重量减轻 60%～80%。

高可靠性：SMC 和 SMD 无引线或引线很短。重量轻，因而抗振能力强、焊点失效率比 THT 至少降低一个数量级，大大提高产品可靠性。

高性能：SMT 密集安装减少了电磁干扰和射频干扰，尤其高频电路中减小了分布参数的影响，提高了信号传输速度，改善了高频特性，使整个产品性能提高。

高效率：SMT 更适合自动化大规模生产。采用计算机集成制造系统(CIMS)可使整个生产过程高度自动化，将生产效率提高到新的水平。

低成本：SMT 使 PCB 面积减小，成本降低，无引线和短引线使 SMD、SMC 成本降低。安装中省去引线成型、打弯剪线的工序，频率特性提高，减小调试费用，焊点可靠性提高，

减少调试和维修成本。一般情况下采用 SMT 后可使产品总成本下降 30%以上。

3. SMT 工艺及设备简介

SMT 有两种基本焊接方式，即波峰焊与再流焊。

(1) 波峰焊适合大批量生产，对贴片精度要求高，生产过程自动化程度要求也很高，如图 7-7 所示。

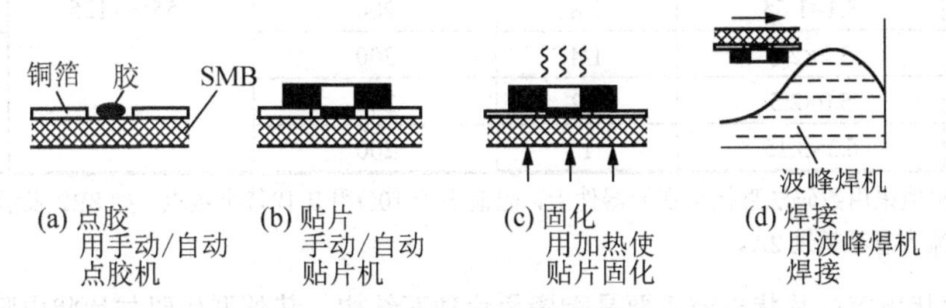

图 7-7　波峰焊(SMT 焊接工艺 1)

(2) 再流焊较为灵活，视配置设备的自动化程度，既可用于中小型批量生产，又可用于批量型生产，如图 7-8 所示。

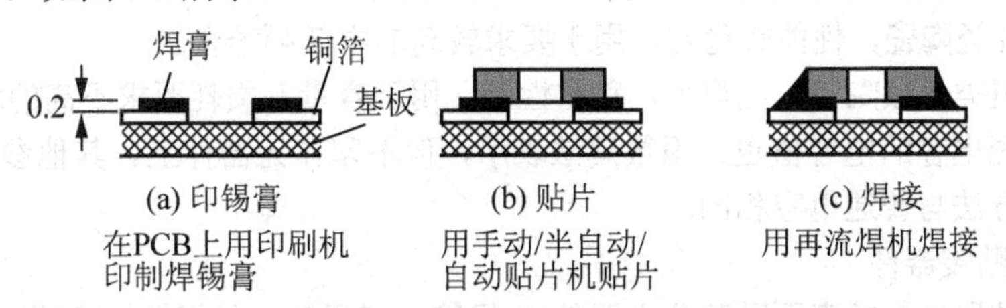

图 7-8　再流焊(SMT 焊接工艺 2)

在实际安装过程中，则需根据产品实际将上述两种方法交替使用。

7.2.3　SMT 元器件及设备

1. 表面贴装元器件 SMD

SMD(Surface Mounting Devices)元器件由于安装方式的不同，与 THT 元器件主要区别在外形封装。另一方面由于 SMT 重点在减小体积，故 SMT 元器以小功率元器件为主。又因为大部分 SMT 元器件为片式，故通常又称片状元器件或表贴元器件，一般简称 SMD。

1) 片状阻容元件

表贴元件包括表贴电阻、电位器、电容、电感、开关、连接器等。使用最广泛的是片状电阻和电容。

片状电阻电容的类型、尺寸、温度特性、电阻值、电容值、允许误差等，目前还没有统一标准，各生产厂商表示的方法也不同。

目前我国市场上片状电阻电容以公制代码表示外形尺寸。

(1) 片状电阻：表 7-11 是常用片状电阻尺寸等主要参数。

表 7-11　常用片状电阻主要参数

尺寸代码	外形尺寸 $L \times B$/mm	额定功率/W	最大工作电压/V	工作温度范围/℃	英制代码
1005	1.0×0.5	1/20(1/16)	50	−55～+125	0402
1608	1.55×0.8	1/16	50		0603
2012	2.0×1.25	1/10	150		0805
3216	3.1×1.55	1/8	200		1206
3225	3.2×2.6	1/4	200		1210
5025	5.0×2.5	1/2	200		2010
6432	6.3×3.15	1	200		2512

注：电阻值采用数码法直接标在元器件上，阻值小于 10Ω用 R 代替小数点，如 8R2 表示 8.2Ω，0R 为跨接片，电流容量不超过 2A。

(2) 片状电容：片状电容主要是陶瓷叠片独石结构，其外型代码与片状电阻含义相同，片状电容元件厚度为 0.9～4.0mm。

片状陶瓷电容依所用陶瓷不同分为 3 种，其代号及特性分别如下。

NPO：I 类陶瓷，性能稳定，损耗小，用于高频稳定场合。

X7R：Ⅱ类陶瓷，性能较稳定，用于要求较高的中低频场合。

Y5V：Ⅲ类低频陶瓷，比容大，稳定性差，用于容量、损耗要求不高的场合。

片状陶瓷电容的电容值也采用数码法表示，但不印在元器件上。其他参数如偏差、耐压值等表示方法与普通电容相同。

2) 表面贴装器件

表面贴装器件包括表面贴装分立器件(二极管、三极管、晶闸管等)和集成电路两大类。表面贴装分立器件除部分二极管采用无引线圆柱外型以外，常见外形封装有 SOT 型和 TO 封装，见表 7-12。

表 7-12　常用表面贴分立器件封装

封装	SOT-23	SOT-89	TO-252
外形	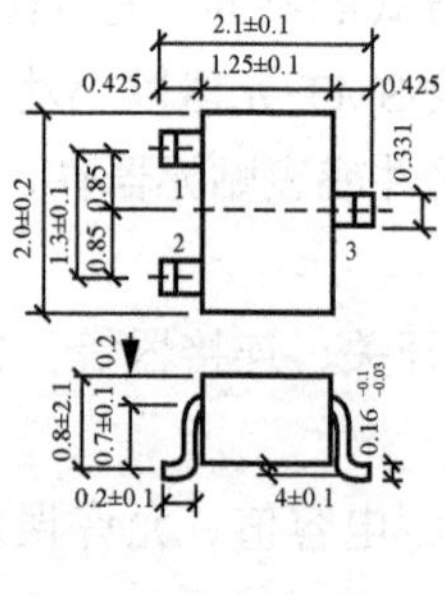	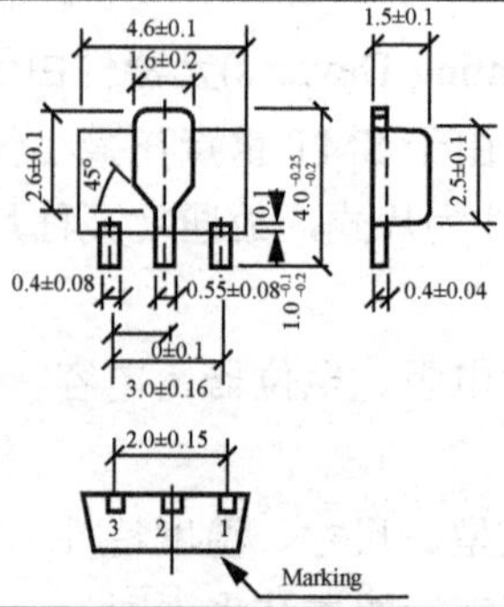	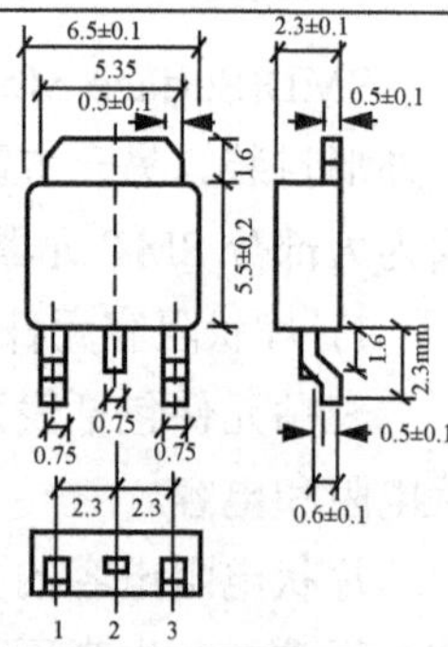
引脚功能	1. 发射极 2. 基极 3. 集电极	1. 发射极 2. 基极 3. 集电极	1. 基极 2. 集电极 3. 发射极
功率	≤300mW	0.3～2W	2～50W

SMD 集成电路常用双列扁平封装 SOP，如图 7-9 所示；四列扁平封装 QFP(Quad Flat Package)球栅阵列封装，如图 7-10 所示，封装属于有引线封装；BGA 封装属于无引线封装，如图 7-11 所示。

图 7-9　SOP 封装

图 7-10　QFP 封装

图 7-11　BGA 封装

2. 印制板 SMB

1) SMB(Surface Mounting Board)的特殊要求

(1) 外观要求光滑平整，不能有翘曲或高低不平。

(2) 热胀系数小，导热系数高，耐热性好。

(3) 铜箔粘合牢固，抗弯强度大。

(4) 基板介电常数小，绝缘电阻高。

2) 焊盘设计

片状元器件焊盘形状对焊点强度和可靠性关系重大，以片状阻容元器件为例，如图 7-12 所示。

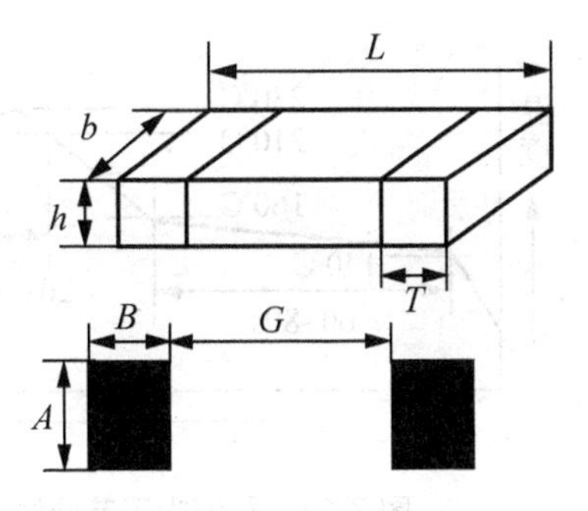

其中：$A=b$ 或 $b-0.3$

$B=h+T+0.3$(电阻)

$B=h+T-0.3$(电容)

$G=L-2T$

图 7-12　片状元件焊盘

大部分 SMC 和 SMD 在 CAD 软件中都有对应焊盘图形，只要正确选择，可满足一般设计要求。

3. 小型 SMT 设备

1) 焊膏印制

焊膏印刷机如图 7-13 所示。

操作方式：手动。

最大印制尺寸：320mm×280mm。

技术关键：①定位精度；②模板制造。

2) 贴片

手工贴片如图 7-14 和图 7-15 所示。

图 7-13　焊膏印刷机

(1) 镊子拾取安放。

(2) 真空吸取。

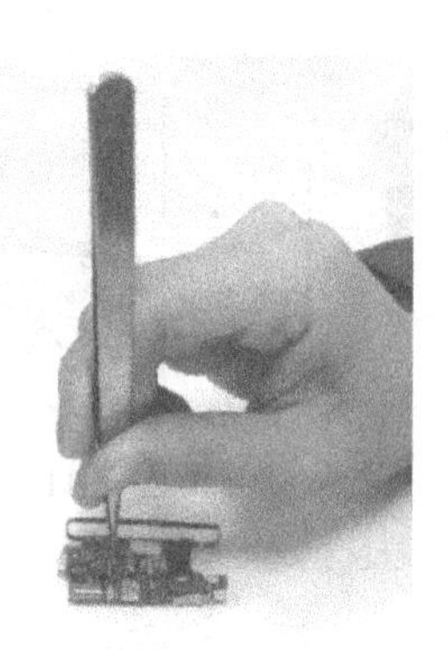

图 7-14 镊子拾取安放

图 7-15 真空吸笔

3) 再流焊设备

台式自动再流焊机如图 7-16 所示。

电源电压为 220V/50Hz；额定功率为 2.2kW；有效焊区尺寸为 240mm×180mm。

加热方式：远红外+强制热风。

工作模式：工艺曲线灵活设置，工作加热过程自动完成，如图 7-17 所示。标准工艺周期：约 4 分钟。

图 7-16 再流焊机

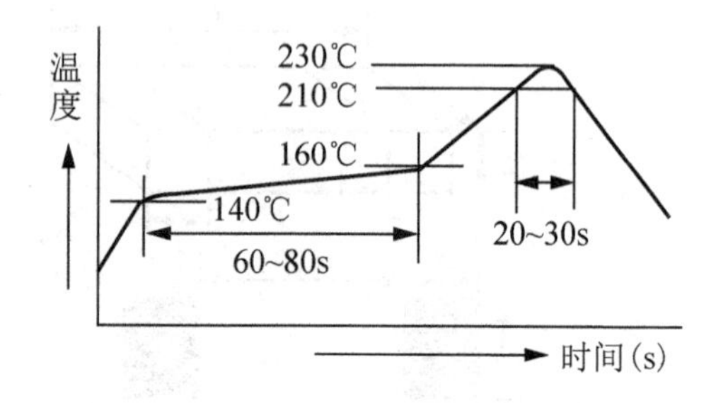

图 7-17 再流焊工艺曲线

4. SMT 焊接质量

1) SMT 典型焊点

SMT 焊接质量要求与 THT 基本相同，要求焊点的焊料连接面呈半弓形凹面，焊料与焊件交界处平滑，接触角尽可能小，无裂纹、针孔、夹渣，表面有光泽且光滑。

由于 SMT 元器件尺寸小，安装精确度和密度高，焊接质量要求更高。另外还有一些特有缺陷，如立片(又叫曼哈顿现象)。如图 7-18 和图 7-19 所示分别是两种典型的焊点。

2) 常见 SMT 焊接缺陷

几种常见 SMT 焊接缺陷如图 7-20 所示，采用再流焊工艺时，焊盘设计和焊膏印制对控制焊接质量起关键作用。例如，立片主要是两个焊盘上焊膏不均，一边焊膏太少甚至漏印而造成的。

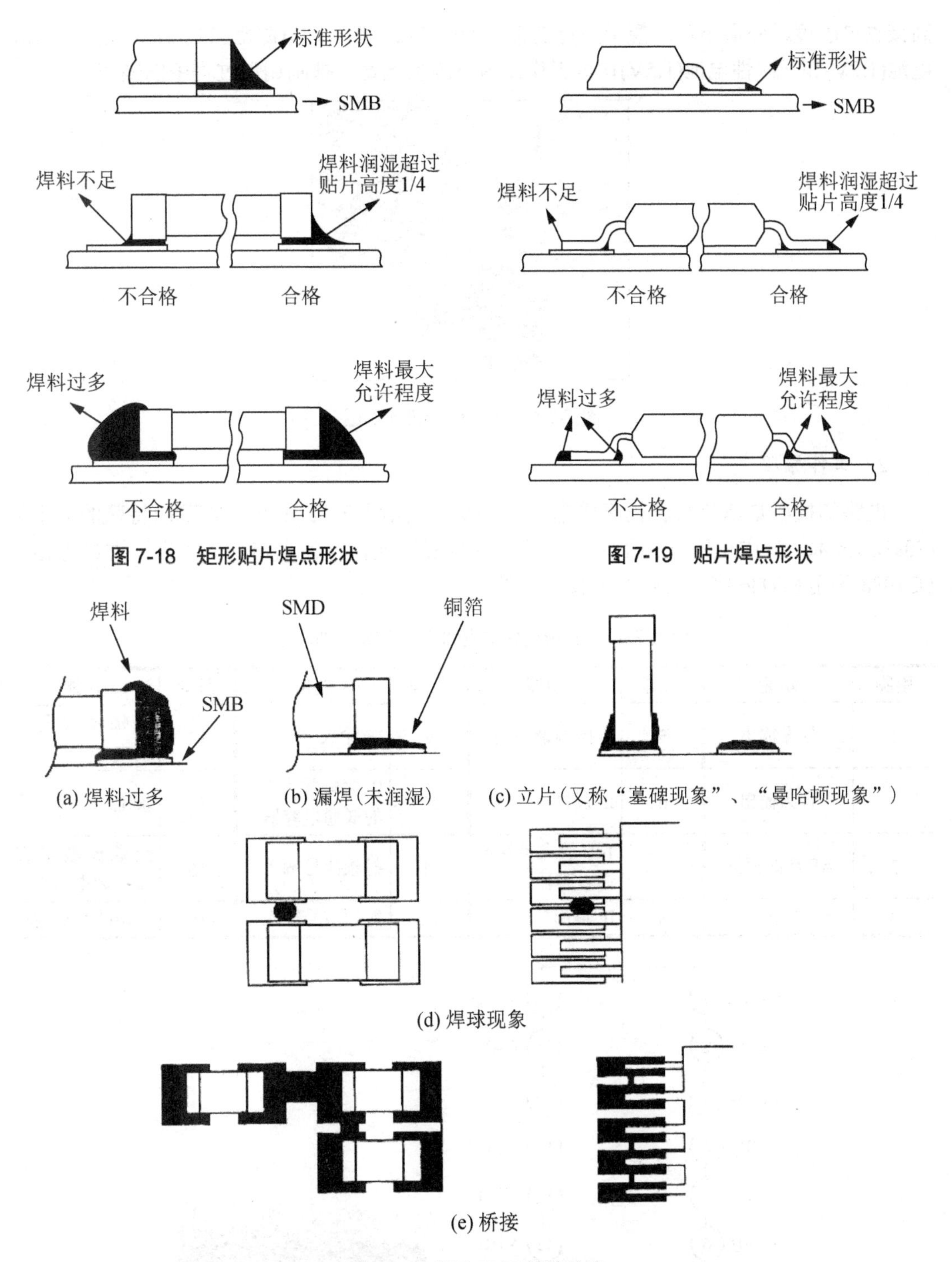

图 7-18　矩形贴片焊点形状

图 7-19　贴片焊点形状

(a) 焊料过多　(b) 漏焊(未润湿)　(c) 立片(又称“墓碑现象”、“曼哈顿现象”)

(d) 焊球现象

(e) 桥接

图 7-20　常见 SMT 焊接缺陷

7.2.4　FM 微型(电调谐)收音机工作原理

1. 产品特点

采用电调谐单片 FM 收音机集成电路，调谐方便准确。接收频率为 87～108MHz，较高接收灵敏度，外形小巧，便于随身携带，如图 7-21 所示。电源范围是 1.8～3.5V，充电电池(1.2V)和一次性电池(1.5V)均可工作。内设静噪电路，抑制调谐过程中的噪声。

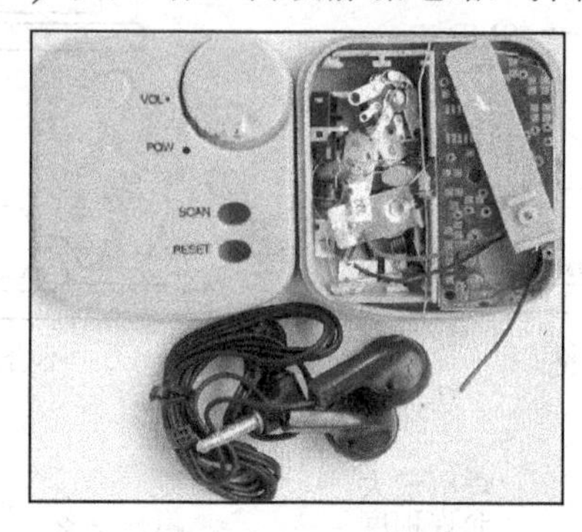

图 7-21　SMT 收音机外形图

2. 工作原理

电路的核心是单片收音机集成电路 SC1088，如图 7-22 所示。它采用特殊的低中频(70kHz)技术，外围电路省去了中频变压器和陶瓷滤波器，使电路简单可靠，调试方便。SC1088 采用 SOT16 脚封装，各引脚功能见表 7-13 所示。

表 7-13　收音机集成电路 SC1088 引脚功能

引脚	功能	引脚	功能	引脚	功能	引脚	功能
1	静噪输出	5	本振调谐回路	9	IF 输入	13	限幅器失调电压电容
2	音频输出	6	IF 反馈	10	IF 限幅放大器的低通电容器	14	接地
3	AF 环路滤波	7	1dB 放大器的低通电容器	11	射频信号输入	15	全通滤波电容搜索调谐输入
4	VCC	8	IF 输出	12	射频信号输入	16	电调谐 AFC 输出

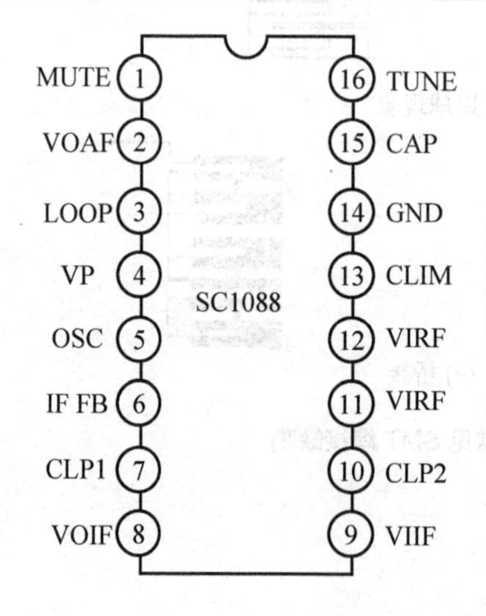

图 7-22　集成 IC 外形图

SMT 调频收音机组成方框图，如图 7-23 所示。

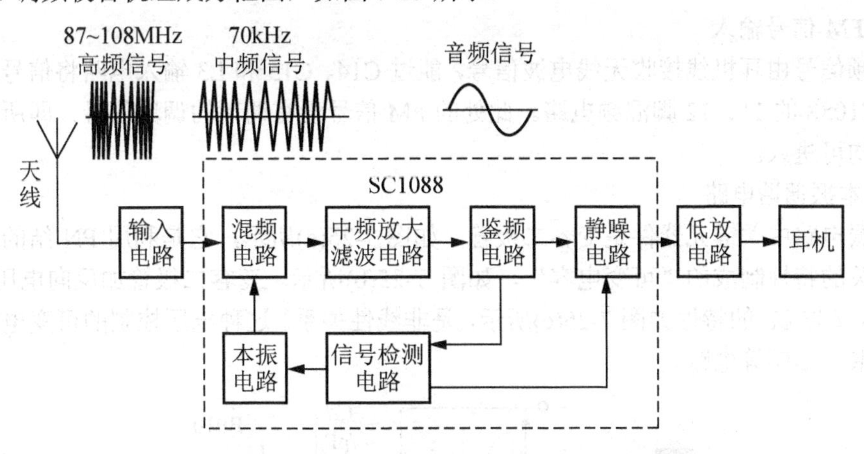

图 7-23　SMT 调频收音机组装方框图

SMT 调频收音机电气原理图，如图 7-24 所示。

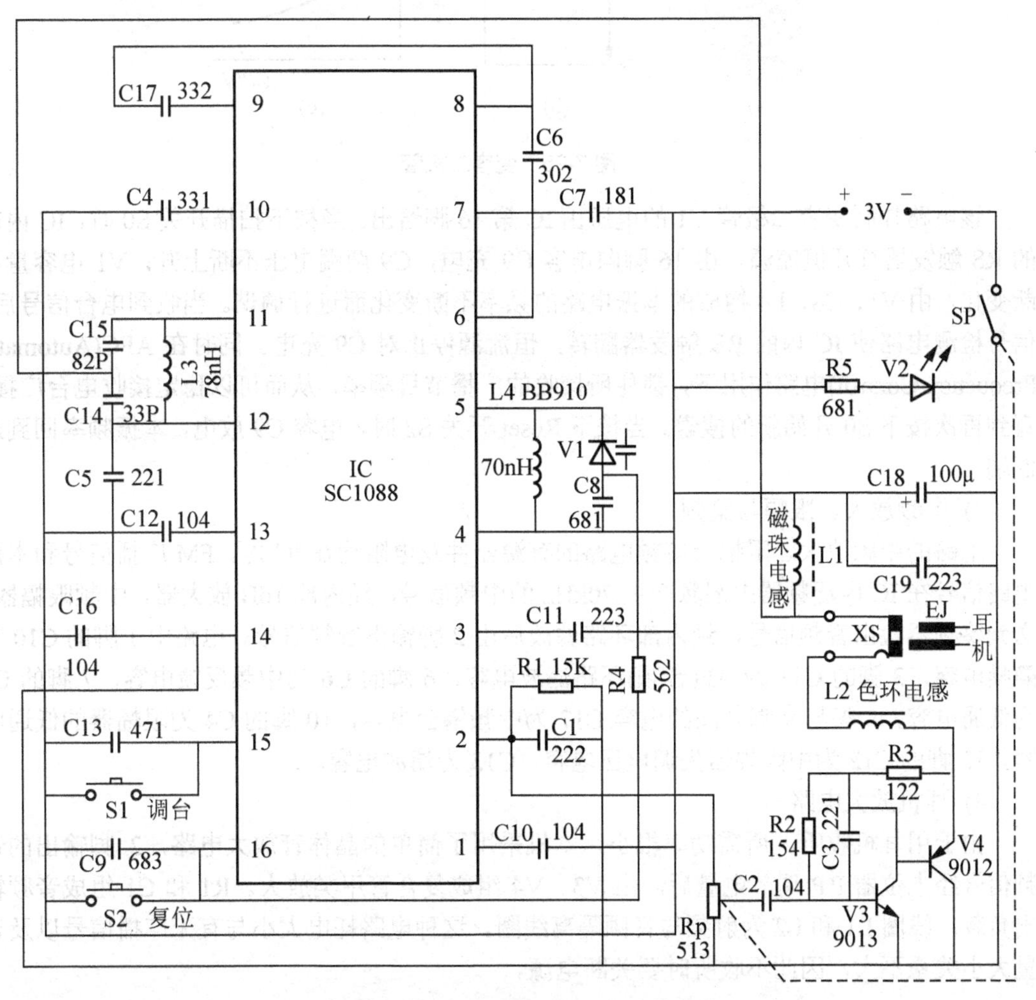

图 7-24　SMT 调频收音机电气原理图

基本原理如下。

1) FM 信号输入

调频信号由耳机线接收无线电波信号，能过 C14、C15 和 L3 输入电路将信号送入集成电路 SC1088 的 11、12 脚混频电路。此处的 FM 信号没有调谐的调频信号，即所有调频电台信号均可进入。

2) 本振调谐电路

本振电路中关键元器件是变容二极管，如图 7-25(a)所示，它是利用 PN 结的结电容与偏压有关的特性制成的“可变电容”，如图 7-25(b)所示。变容二极管加反向电压 *Ud*，其结电容 *Cd* 与 *Ud* 的特性如图 7-25(c)所示，是非线性关系。这种电压控制的可变电容广泛用于电调谐、扫频等电路。

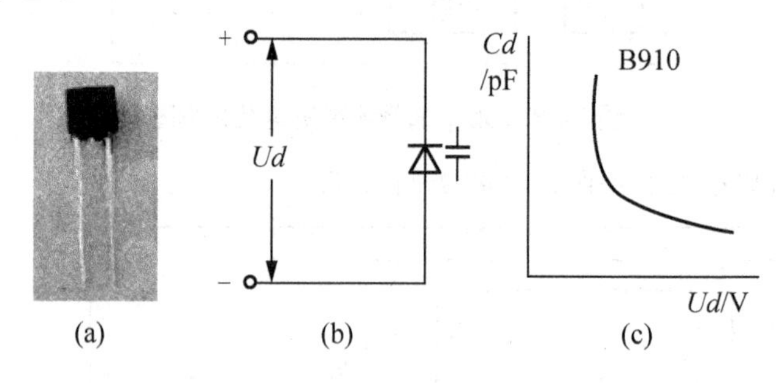

图 7-25　变容二极管

该电路控制变容二极管 V1 的电压由 IC 第 16 脚给出。当按下扫描开关 S0 时，IC 内部的 RS 触发器打开恒流源，由 16 脚向电容 C9 充电，C9 两端电压不断上升，V1 电容量不断变化，由 V1、C8、L4 构成的本振电路的频率不断变化而进行调谐。当收到电台信号后，信号检测电路使 IC 内的 RS 触发器翻转，恒流源停止对 C9 充电。同时在 AFC(Automatic Frequency Control)电路作用下，锁住所接收的广播节目频率，从而可以稳定接收电台广播。直到再次按下 S0 开始新的搜索。当按下 Reset 开关 S2 时，电容 C9 放电，本振频率回到最低端。

3) 中频放大、限幅与鉴频

电路的中频放大、限幅及鉴频电路的有源器件及电阻均在 IC 内。FM 广播信号和本振电路信号在 IC 内混频器中混频产生 70kHz 的中频信号，经内部 1dB 放大器，中频限幅器，送到鉴频器检出音频信号，经内部环路滤波后由 2 脚输出音频信号。电路中 1 脚的 C10 为静噪电容，3 脚的 C11 为 AF(音频)环路滤波电容，6 脚的 C6 为中频反馈电容，7 脚的 C7 为低通电容，8 脚与 9 脚之间的电容 C17 为中频耦台电容，10 脚的 C4 为限幅器的低通电容，13 脚的 C12 为中限幅器失调电压电容，C13 为滤波电容。

4) 耳机放大电路

由于用耳机收听，所需功率很小，本机采用了简单的晶体管放大电路，2 脚输出的音频信号经电位器 RP 调节电量后，由 V3、V4 组成复合管甲类放大。R1 和 C1 组成音频输出负载，线圈 L1 和 L2 为射频与音频隔离线圈。这种电路耗电大小与有无广播信号以及音量大小关系不大，因此不收听时要关断电源。

7.3 项目实施

7.3.1 SMT 微型贴片收音机元器件准备

(1) SMT 调频收音机元器件清单，见表 7-14。

表 7-14 SMT 微型贴片收音机元器件清单

序号	名称	型号	位号	数量	序号	名称	型号	位号	数量
1	贴片集成块	SC1088	IC	1	26	贴片电容	104	C10	1
2	贴片三极管	9014	V3	1	27	贴片电容	223	C11	1
3	贴片三极管	9012	V4	1	28	贴片电容	104	C12	1
4	二极管	BB910	V1	1	29	贴片电容	471	C13	1
5	二极管	LED	V2	1	30	贴片电容	33	C14	1
6	磁珠电感	47 μH	L1	1	31	贴片电容	82	C15	1
7	色环电感	4.7 μH	L2	1	32	贴片电容	104	C16	1
8	空芯电感	78nH8 圈	L3	1	33	插件电容	332	C17	1
9	空芯电感	70nH5 圈	L4	1	34	电解电容	100 μF 6×6	C18	1
10	耳机	32×2	EJ	1	35	插件电容	223	C19	1
11	贴片电阻	153	R1	1	36	导线	0.8mm×6mm		2
12	贴片电阻	154	R2	1	37	前盖			1
13	贴片电阻	122	R3	1	38	后盖			1
14	贴片电阻	562	R4	1	39	电位器旋钮			各 1
15	插件电阻	681	R5	1	40	开关按钮		SCAN	1
16	电位器	51K	RP	1	41	开关按钮		RESET	1
17	贴片电容	222	C1	1	42	挂勾			1
18	贴片电容	104	C2	1	43	电池正负连体片			各 1
19	贴片电容	221	C3	1	44	印制板	55mm×25mm		1
20	贴片电容	331	C4	1	45	轻触开关	二脚	S1 S2	各 2
21	贴片电容	221	C5	1	46	耳机及插座	3.5	XS	各 1
22	贴片电容	332	C6	1	47	电位器螺钉	6×5		1
23	贴片电容	181	C7	1	48	自攻螺钉	2×8		2
24	贴片电容	681	C8	1	49	自攻螺钉	2×5		1
25	贴片电容	683	C9	1	50	实习指导书			1

(2) SMT 微型贴片收音机元器件，如图 7-26 所示。

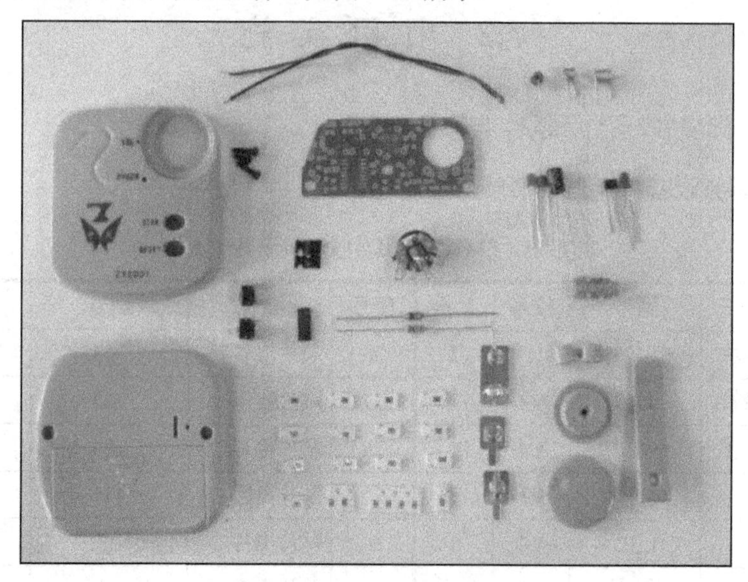

图 7-26　SMT 调频收音机套件

(3) SMT 收音机装配流程图，如图 7-27 所示。

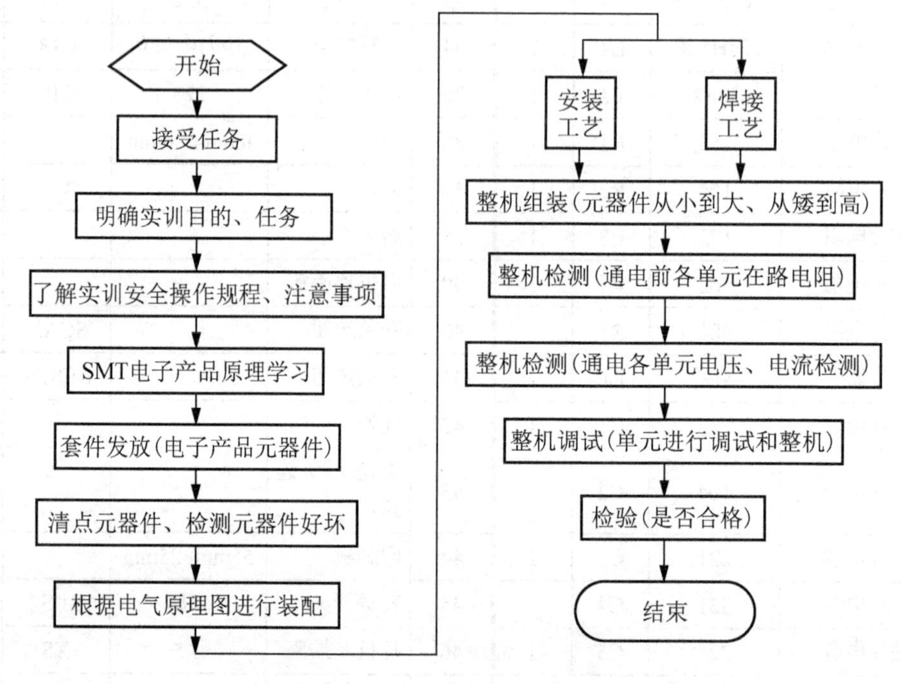

图 7-27　SMT 收音机装配流程图

7.3.2　SMT 微型贴片收音机装配

准备工作如下。

(1) 将所需电子产品元器件和工具如图 7-28 所示做好相关准备工作，将所用的元器件和工具摆放整齐。

(2) 掌握电子产品基本组成、工作原理、元器件质量好坏检测、电子装配流程及装配工艺注意事项等。

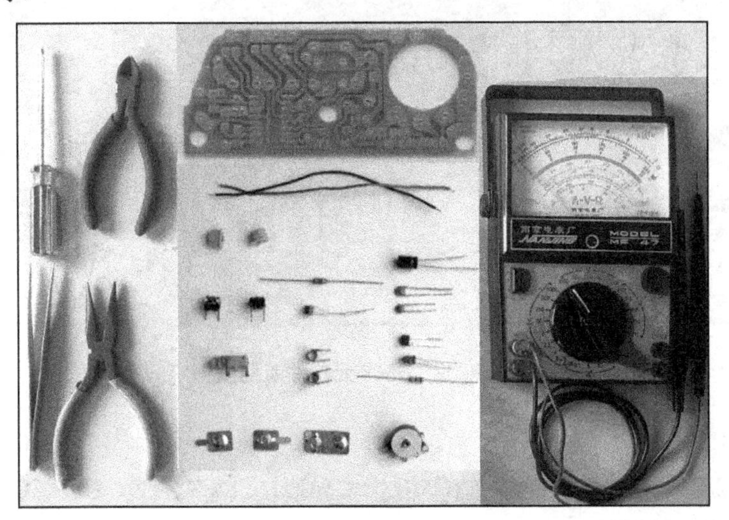

图 7-28　SMT 微型贴片收音机元器件准备

7.3.3　安装具体步骤

1. 准备工作

(1) 将电子产品元器件和工具如图 7-28 所示，做好相关准备工作，将所用的元器件和工具摆放整齐。

(2) 掌握电子产品基本组成、工作原理、元器件质量好坏检测、电子装配流程及装配工艺注意事项等。

2. 操作步骤

按 PCB 板标识图及元器件，把各元件放入或插入 PCB 板中，达到样品或要求规定的成型高度。

3. 工艺要求

(1) 元器件的整形、排列位置严格按文件规定要求，不能损伤元器件。

(2) 二极管、三极管、电解电容、有极性，必须按 PCB 板上的方向进行插件。

(3) 无极性元器件在装配过程中，必须保持一致性。

(4) 元器件不得有错插、漏插现象。

(5) 完工后清理设备及岗位。

7.3.4　SMT 电路安装

1. SMT 安装 PCB 板示意图

SMT 元器件装配 PCB 板示意图，如图 7-29 所示。

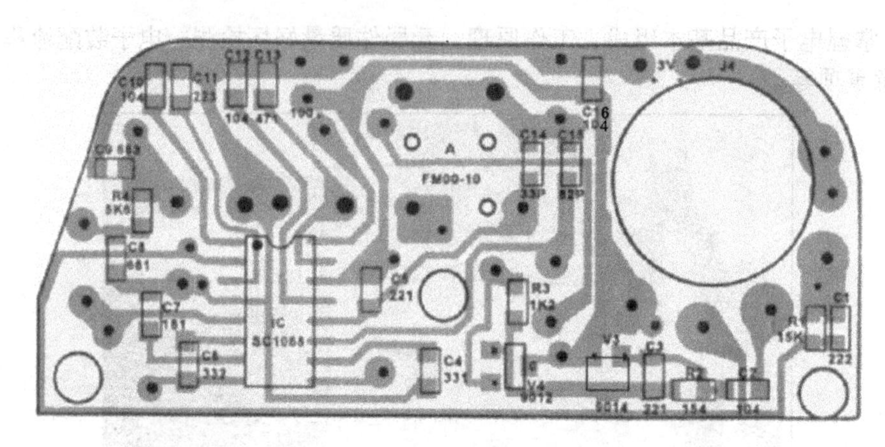

图 7-29　SMT 元器件装配图

2. 贴片元器件安装顺序

C1/R1、C2/R2、C3/V3、C4/V4、C5/R3、C6/C7、C8/R4、C9、C10、C11、C12、C13、C14、C15、C16、SC1088。

注意事项如下。

(1) SMC 和 SMD 不得用手拿。

(2) 用镊子夹持，不得夹到引线。

(3) 集成 IC“SC1088”标记方向。

(4) 贴片电容表面没有标志，一定要保证准确及时贴到指定位置，检查焊接质量及修补。

3. 贴片元器件准备

SMT 贴片元器件准备，如图 7-30 所示。

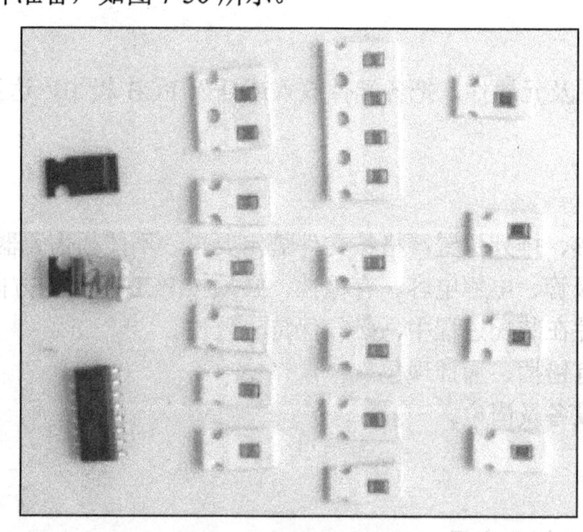

图 7-30　贴片元器件

4. 贴片元器件装配

贴片元器件装配效果图，如图 7-31 所示。

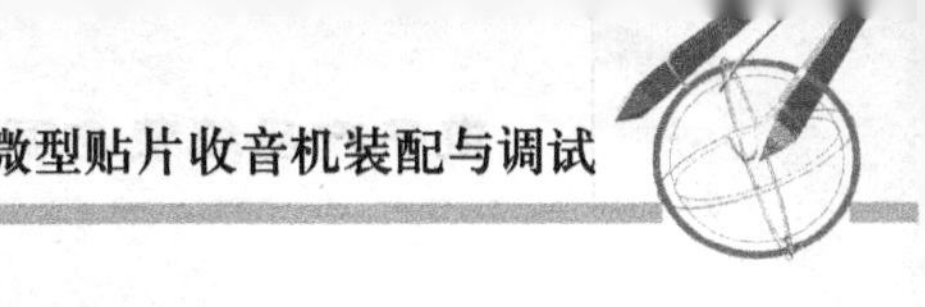

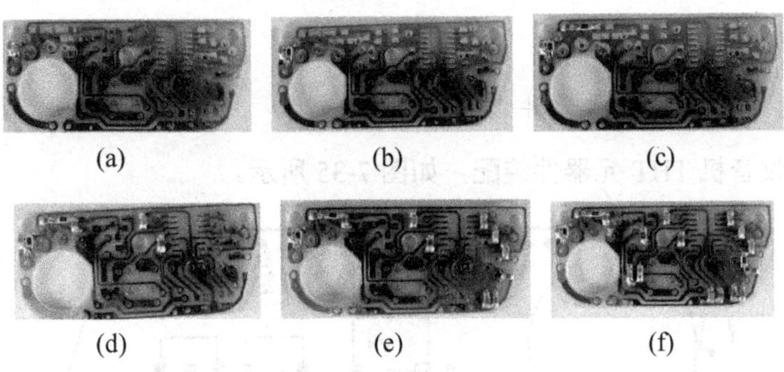

图 7-31　装配效果图

5. SC1088 集成 IC 安装效果图

SC1088 集成 IC 安装效果图，如图 7-32 所示。

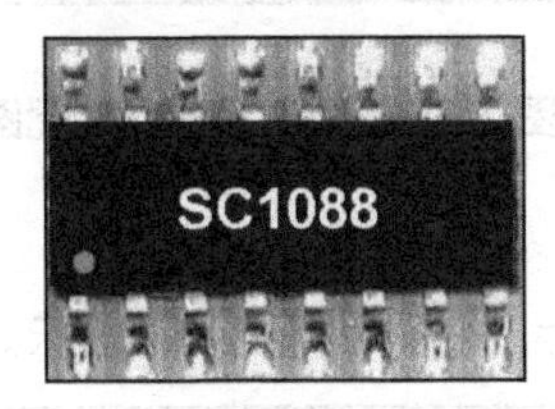

图 7-32　SC1088 集成 IC 安装效果图

6. SMT 装配焊接缺陷

贴片电阻、电容装配焊接缺陷图，如图 7-33 所示。

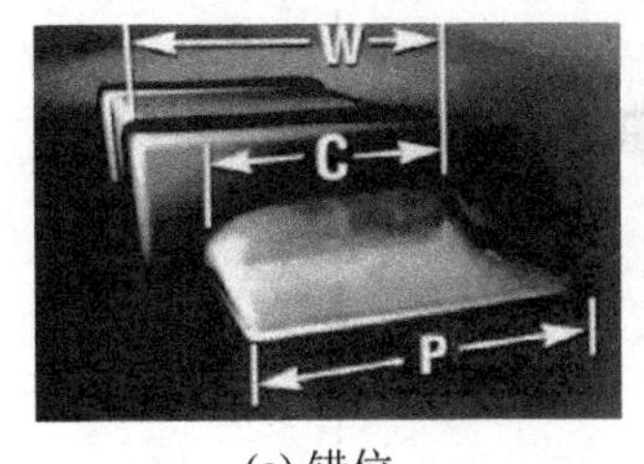

(a) 错位

(b) 焊锡过少

(c) 虚焊

图 7-33　SMT 贴片元器件焊点缺陷

7. 集成 IC 装配焊接缺陷

集成 IC 装配焊接缺陷，在装配过程中应避免不合格的焊点，如图 7-34 所示。

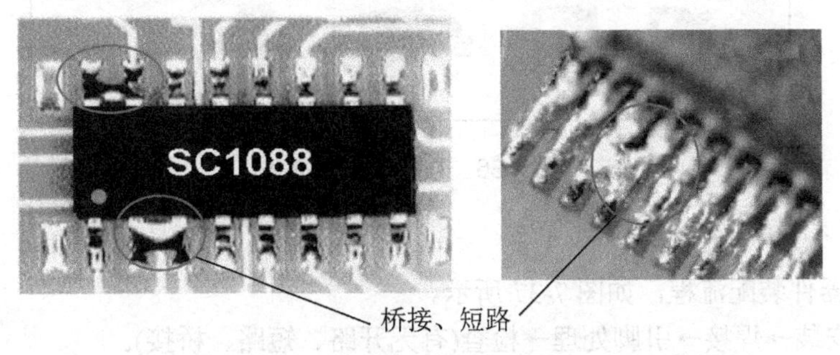

图 7-34　集成 ICSC1088 装配缺陷

7.3.5 THT 电路安装

1. SMT 贴片收音机 THT 元件装配

SMT 调频收音机 THT 元器件装配，如图 7-35 所示。

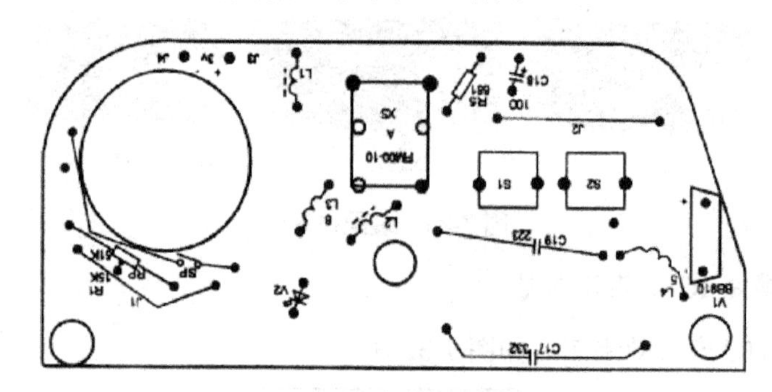

图 7-35 THT 元器件装配图

2. THT 元器件准备

SMT 调频收音机 THT 元器件准备，如图 7-36 所示。

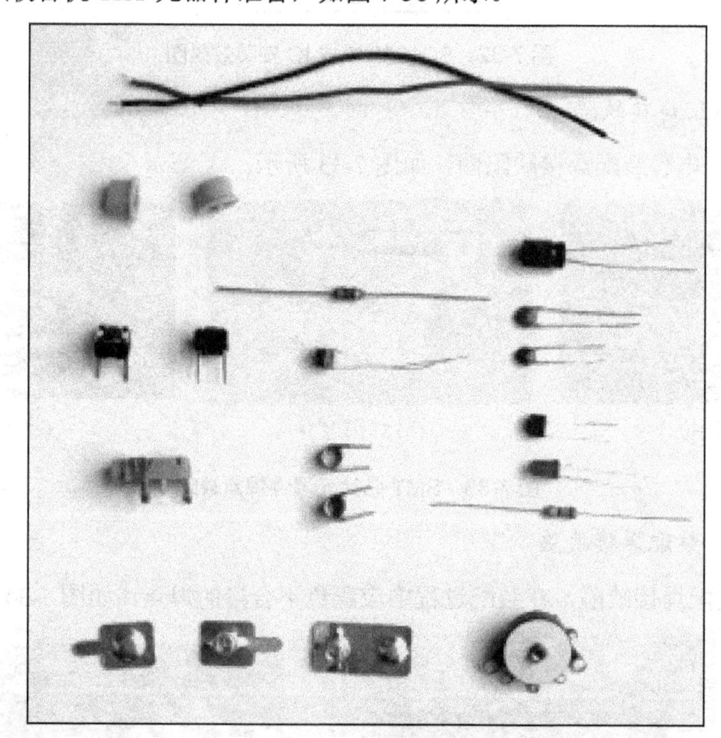

图 7-36 THT 元器件准备

3. THT 元器件装配流程

THT 元器件装配流程，如图 7-37 所示。

整形→安装→焊接→引脚处理→检查(有无开路、短路、桥接)。

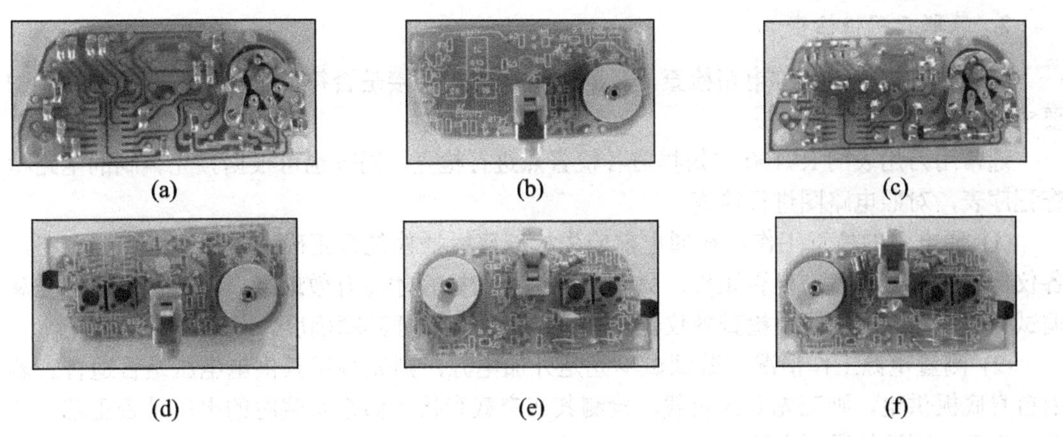

图 7-37 THT 元器件装配效果图

4. THT 装配注意事项

(1) 跨接线 J1、J2 可用剪下的元器件引线。

(2) 安装并焊接电位器 Rp，注意电位器不要与印制板平齐。

(3) 耳机插座 XS，焊接时烙铁不要过热，烙铁加热焊点时间要短，为确保焊接后耳机插座完好无损，可先将耳机插头插入耳机插座中，防止耳机插座烫坏，然后再实施焊接。

(4) 轻触开关 S1、S2。

(5) 电感线圈 L1～L4(磁环 L1、色环 L2、8 匝线圈 L3、5 匝线圈 L4)。

(6) 变容二极管 V1(注意极性方向标记)，R5(立式安装)，C17、C19。

(7) 电解电容 Cl8/100 μF (卧式安装)。

(8) 发光二极管 V2 注意装配高度和极性。

(9) 焊接电源连线 J3、J4 注意正负连线颜色。

7.3.6 整机安装工艺检测

整机总装完成后，按质量检查的内容进行检验，通常整机质量的检查有以下几个方面。

1. 外观检查

装配好的整机表面无损伤、涂层无划痕、脱落，金属结构件无开焊、开裂；元器件安装牢固、导线无损伤、元器件和端子套管的代号符合产品设计文件的规定。整机的活动部分活动自如，机内没有多余物(如焊料渣、零件、金属屑等)，如图 7-38 所示。

检查内容：元器件型号、规格、数量及安装位置，方向是否与图纸符合。安装与焊接工艺检查，有无虚、漏、桥接、飞溅等缺陷。

图 7-38 SMT 调频收音机焊接效果图

2. 装联正确性检查

装联正确性检查又称电路检查，目的是检查电气连接是否符合电路原理图和接线图的要求，导电性能是否良好。

通常用万用表的 R×100 欧姆挡对各检查点进行检查。同时也可根据预先编制的电路检查程序表，对照电路图进行检查。

(1) 通电前的检查工作。在通电前应先检查底板插件是否正确，是否有虚焊和短路，各仪器连接及工作状态是否正确。只有通过这样的检查才能有效地减小元器件损坏，提高调试效率。首次调试还要检查各仪器能否正常工作，验证其精确度。

(2) 测量电源工作情况。若调试单元是外加电源，则先测量其供电电压是否适合。若由自身底板供电，则应先断开负载，检测其在空载和接入假定负载时的电压是否正常；若电压正常，则再接通原电路。

(3) 通电观察。对电路通电，但暂不加入信号，也不要急于调试。首先观察有无异常现象，如冒烟、异味、元件发烫等。若有异常现象，则应立即关断电路的电源，再次检查底板。

(4) 单元电路测试与调整。测试是在安装后对电路的参数及工作状态进行测量。调整是指在测试的基础上对电路的参数进行修正，使之满足设计要求。

① 若整机电路是由分开的多块功能电路板组成的，可以先对各功能电路分别调试完后再组装一起调试。

② 对于单块电路板，先不要接各功能电路的连接线，待各功能电路调试完后再接上。分块调试比较理想的调试程序是按信号的流向进行，这样可以把前面调试过的输出信号作为后一级的输入信号，为最后联机调试创造条件。

③ 分块调试包括静态调试和动态调试：静态调试一般指没有外加信号的条件下测试电路各点的电位，测出的数据与设计数据相比较，若超出规定的范围，则应分析其原因，并作适当调整；动态调试一般指在加入信号(或自身产生信号)后，测量三极管、集成电路等的动态工作电压，以及有关的波形、频率、相位、电路放大倍数，并通过调整相应的可调元件，使其多项指标符合设计要求。若经过动、静态调试后仍不能达到原设计要求，则应深入分析其测量数据，并要作出修正。

(5) 整机性能测试与调整。由于使用了分块调试方法，有较多调试内容已在分块调试中完成，整机调试只需测试整机性能技术指标是否与设计指标相符，若不符合再作出适当调整。

(6) 对产品进行老化和环境试验。

7.3.7 整机通电前检测

电子产品通电前在路电阻检测，主要用于检测所装配电子产品是否出现短路、虚焊、漏焊、错焊、元器件装配不正确等问题。避免造成盲目通电而损坏电子元器件，或导致电子产品装配不成功等，在路检测可用万用表 R×100Ω挡或 R×10Ω挡检测。

1. 收音机电源电路关键点检测

收音机装配完成通电前在路测试，用于检查电路是否存在短路。将所测的结果记入表 7-15。

表 7-15　收音机电源关键点检测

电源检测	开关断开	开关闭合	发光二极管 V2
正向电阻			
反向电阻			

2. 收音机集成 ICSC1088 电路关键点检测

SC1088 是该调频收音机的主要核心器件，该芯片是收音机的关键，将所没的结果记入表 7-16 中。

表 7-16　集成 ICSC1088 引脚

引脚	1	2	3	4	5	6	7	8	9	10
正向电阻										
反向电阻										

7.3.8　SMT 调频收音机通电调试

经过通电前的检测与参考值进行比较，如果没有发现短路或开路，则可以进行下面步骤。

1. SMT 调频收音机供电电压检测

(1) 检查无误后，将电源线焊到电池片上。

(2) 在电位器开关断开的状态下装入电池。

(3) 插入耳机。

(4) 用万用表 10V 挡(指针表)接在电源输入端，在测电压时，应注意表笔极性，如图 7-39 所示。

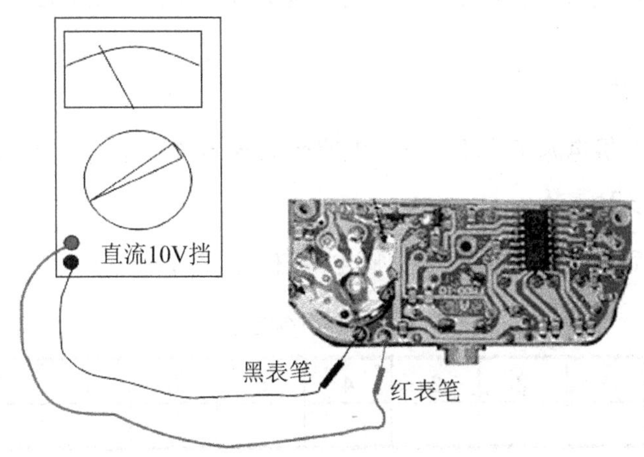

图 7-39　电源电压测试

2. SMT 调频收音机总电流检测

收音机总电流测试，如图 7-40 所示。

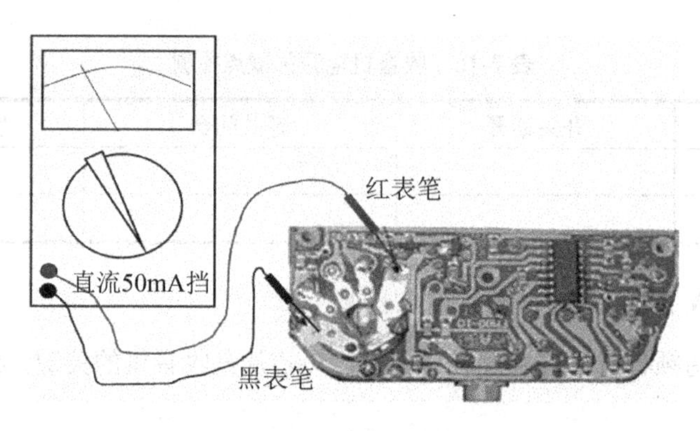

图 7-40　总电流测试

(1) 检查无误后将电源线焊在电池片上。

(2) 在电位器开关断开(逆时钟旋转到底)的状态下装入电池或加入3V直流电压(注意正负极)。

(3) 插上耳机。

(4) 用指针万用表 50mA 挡，接跨接在开关两端测电流，如图 7-40 所示。正常电流应为 7～30mA(与电源电压有关)，并且 LED 正常发光。以下是样机测试结果见表 7-17，可供参考。

表 7-17　收音机供电工作电流参数

工作电压/V	1.8	2.0	2.5	3.0	3.2
工作电流/mA	8	11	17	24	28

注意：如果电流为零或超过 35mA 应检查电路。

7.3.9 SMT 调频收音机通电检测与调试

经过通电前的检测后没有短路，也可与参考值进行比较，如果没有短路或开路，则可以进行下面步骤。

1. 电源通电调试

通电后如果收音机电源工作不正常可参照数据表 7-17，并找出问题，解决问题。

2. 集成 IC 各关键点检测

电源供电正常后，测试集成 IC 各引脚电源值，见表 7-18。

表 7-18　各引脚电源值

SC1088 引脚	1	2	3	4	5	6	7	8	9	10
电压/V										

3. 收音机调试搜索广播电台

如果电流在正常范围，可按 S1(SCAN)搜索广播电台，如图 7-41 所示。只要元器件质量完好，安装正确，焊接可靠，不用调任何部分即可收到电台广播。

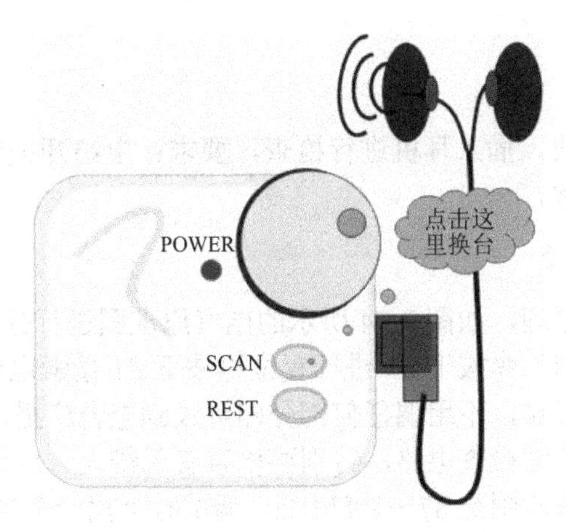

图 7-41　搜索广播电台

如果收不到广播先检查有无错装(由于片状电容表面无标志，电容错装检查用专用测量电容容量仪器进行测量并与正常印制板上电容容量进行比较来检查)、虚焊、漏焊等缺陷，然后通电检查集成电路引脚电压及三极管 3 个电极工作电压是否与正常工作时电压相符等来分析、检查、排除故障。

表 7-19 为收音机正常工作时集成电路各个引脚所测的电压及三极管 V3、V4 的各管脚电压，仅供参考。

表 7-19　集成电路及三极管各引脚电压值

SC1088 及三极管各关键点电压/V								
引脚	1	2	3	4	5	6	7	8
电压/V	2.56	0.80	3.0	3.0	2.70	2.70	2.70	1.95
引脚	9	10	11	12	13	14	15	16
电压/V	2.40	2.40	0.90	0.90	2.40	0	2.23	变化

测试点	V3(9014)			V4(9012)		
	Ue	Ub	Uc	Ue	Ub	Uc
电压/V	0	0.63	1.50	2.50	1.80	0

4．收音机总装

(1) 蜡封线圈。调试完成后将适量泡沫塑料填入线圈 L4(注意不要改变线圈形状及匝距)，滴入适量蜡使线圈固定。

(2) 固定印制板/装外壳。将外壳板平放到桌面上(注意不要划伤面板)，将 2 个按键帽放入孔内。

注意：SCAN 键帽上有缺口，放键帽时要对准机壳上的凸起，RESET 键帽上无缺口。

(3) 将印制板对准位置放入壳内。

① 注意对准 LED 位置，若有偏差可轻轻掰动，偏差过大必须重焊。

② 注意 3 个孔与外壳螺柱的配合。

③ 注意电源线，不妨碍机壳装配。

(4) 装上中间螺钉。

(5) 装电位器旋钮，注意旋钮上的凹点位置。

(6) 装后盖，装上两边的两个螺钉。

(7) 装卡子。

(8) 检查。

总装完毕，装入电池，插入耳机进行检查，要求：电源开关手感良好，表面无损伤、音量正常可调，收听正常。

5. 收音机调试与维修

根据故障现象分析原理，如图 7-24 所示的电气原理图进行分析。

如果电流在正常范围，先按下 S2 进行复位再按下 S1 搜索电台广播。只要元器件质量完好，安装正确，焊接可靠，不用调任何部分即可收到电台广播。

如果收不到广播应仔细检查电路，特别要检查有无错误、虚焊、漏焊等缺陷。

我国调频广播的频率范围是 87～108MHz，调试时可找一个当地频率最低的 FM 电台，适当改变 L4 的匝间距，使按 RESET 键后第一次按 SCAN 键可收到这个电台。

由于 SC1088 集成度高，如果元器件一致性好，一般收到低端电台后均可覆盖 FM 频段，故可不调高端而仅作检查(可用一个成品 FM 成品收音机对照检查)。

本机灵敏度由电路及元器件决定，一般不用调整，调好覆盖后即可正常收听。无线电爱好者可在收听中频段电台时适当调整 L4 匝距，使灵敏度最高(耳机监听音量最大)。不过实际效果不明显。

7.4 项 目 考 核

项目考核评分标准见表 7-20。

表 7-20 项目考核评分标准

项目	配分	扣分标准(每项目累计扣分不超过配分)	扣分记录	得分
原理图与PCB的设计	15分	1. 原理图设计 5 分，每错一处扣 0.5 分，扣至 0 分为止； 2. 生成网络表 2 分，未生成网络表扣 2 分； 3. PCB 布线、布局及设计规则检查 8 分，未创建文件扣 2 分，未加载网络表扣 3 分，尺寸未设置扣 2 分，未加地填充扣 1 分		
电子元器件识别与检测	15分	1. 能从所给定的元器件中筛选所需全部元器件，否则每缺选一个或错选一个扣 2 分； 2. 能正确判别有极性元器件极性，否则每错一个元器件扣 2 分； 3. 能正确判断元器件质量好坏，否则每错一个元器件扣 2 分		
电子元器件与电路板焊接	20分	1. 虚焊、桥接、漏焊、半边焊、毛刺、焊锡过量或过少、助焊剂过量等，每处焊点扣 0.5 分； 2. 焊盘翘起、脱落(含未装元器件处)，每处扣 2 分； 3. 损坏元器件，每只扣 1 分； 4. 烫伤导线、塑料件、外壳，每处扣 2 分； 5. 连接线焊接处应牢固工整，导线线头加工及浸锡合理规范，线头不外露，否则每处扣 1 分； 6. 插座插针垂直整齐，否则每个扣 0.5 分； 7. 插孔式元器件引脚长度 2～3mm，且剪切整齐，否则酌情扣 1 分； 8. 整板焊接点未进行清洁处理扣 1 分		

续表

项目	配分	扣分标准(每项目累计扣分不超过配分)	扣分记录	得分
电子产品装配	20 分	1. 元器件引脚成型符合要求，否则每只扣 1 分； 2. 元器件装配到位，装配高度、装配形式符合要求，否则每只扣 1 分； 3. 元器件标识应外露便于识读，否则每处扣 1 分； 4. 跳线长度适宜，不交叉，否则每处扣 1 分； 5. 外壳及紧固件装配到位，不松动，不压线，否则每处扣 2 分		
电子产品调试	20 分	1. 通电开机 (1) 开机烧集成电路或其他电路，扣 40 分； (2) 开机正常，发光二极管发光但收音机不能工作，扣 20 分； (3) 开机正常，接收电台少或只能接收 2 个以内电台，扣 10 分； 2. 参数测试 (1) 参数测试结果的误差大于 50%，每项参数扣 5 分； (2) 参数测试结果的误差大于 30%小于或等于 50%，每项参数扣 4 分； (3) 参数测试结果的误差大于 20%小于或等于 30%，每项参数扣 3 分； (4) 参数测试结果的误差大于 10%小于或等于 20%，每项参数扣 2 分		
安全操作	10 分	1. 使用仪表工具摆放操作步骤不正确扣 2 分； 2. 操作过失造成损坏设备、仪器或短路烧保险扣 10 分，造成触电事故的取消本项分		
总　分				

附录

国际电子元器件命名方法及参数

1. 常用电气图形符号

附表 1　电阻器、电容器、电感器和变压器

图形符号	名称与说明	图形符号	名称与说明
	电阻器一般符号		电感器、线圈、绕组或扼流图 注：符号中半圆数不得少于 3 个
	可变电阻器或可调电阻器		带磁心、铁心的电感器
	滑动触点电位器		带磁心连续可调的电感器
+	极性电容		双绕组变压器 注：可增加绕组数目
	可变电容器或可调电容器		绕组间有屏蔽的双绕组变压器 注：可增加绕组数目
	双联同调可变电容器 注：可增加同调联数		在一个绕组上有抽头的变压器
	微调电容器		

附表 2　半导体器件

图形符号	名称与说明	图形符号	名称与说明
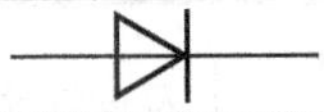	二极管的符号	(1) 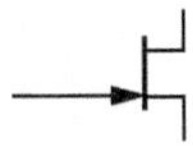 (2) 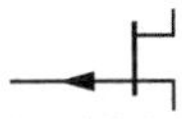	JFET 结型场效应管 (1) N 沟道 (2) P 沟道
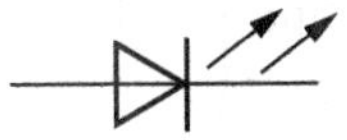	发光二极管		
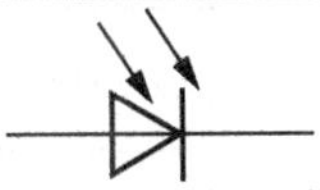	光电二极管	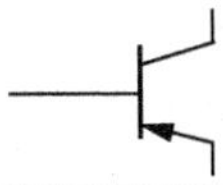	PNP 型晶体三极管
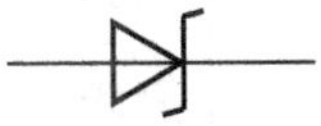	稳压二极管	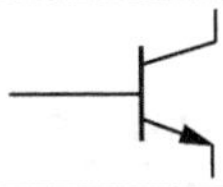	NPN 型晶体三极管
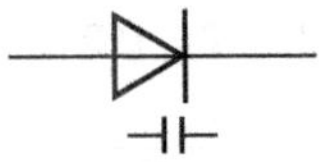	变容二极管	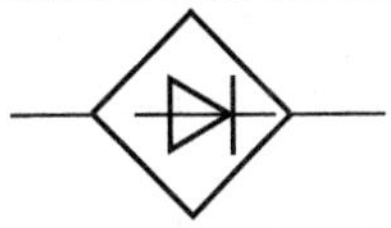	全波桥式整流器

附表 3　其他电气图形符号

图形符号	名称与说明	图形符号	名称与说明
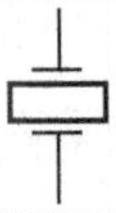	具有两个电极的压电晶体 注：电极数目可增加	 或 	接机壳或底板
	熔断器	 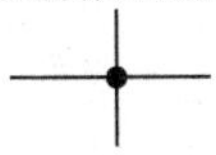	导线的连接
	指示灯及信号灯	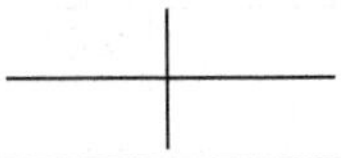	导线的不连接
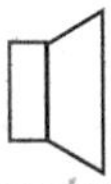	扬声器		动合(常开)触点开关
	蜂鸣器		动断(常闭)触点开关
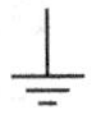	接大地	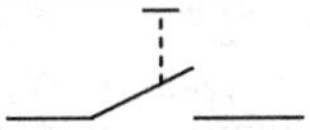	手动开关

2. 常用电子元器件型号命名法及主要技术参数

附表 4　部分半导体二极管的参数

类型	参数 型号	最大整流电流/mA	正向电流/mA	正向压降(在左栏电流值下)/V	反向击穿电压/V	最高反向工作电压/V	反向电流/μA	零偏压电容/pF	反向恢复时间/ns
普通检波二极管	2AP9	≤16	≥2.5	≤1	≥40	20	≤250	≤1	f_H(MHz)150
	2AP7		≥5		≥150	100			
	2AP11	≤25	≥10	≤1		≤10	≤250	≤1	f_H(MHz)40
	2AP17	≤15	≥10			≤100			
锗开关二极管	2AK1		≥150	≤1	30	10		≤3	≤200
	2AK2				40	20			
	2AK5		≥200	≤0.9	60	40		≤2	≤150
	2AK10		≥10	≤1	70	50			
	2AK13		≥250	≤0.7	60	40		≤2	≤150
	2AK14				70	50			
硅开关二极管	2CK70A～E		≥10	≤0.8	A≥30 B≥45 C≥60 D≥75 E≥90	A≥20 B≥30 C≥40 D≥50 E≥60		≤1.5	≤3
	2CK71A～E		≥20						≤4
	2CK72A～E		≥30						
	2CK73A～E		≥50	≤1				≤1	≤5
	2CK74A～D		≥100						
	2CK75A～D		≥150						
	2CK76A～D		≥200						
整流二极管	2CZ52B～H	2	0.1	≤1		25～600			同普通二极管
	2CZ53B～M	6	0.3	≤1		50～1000			
	2CZ54B～M	10	0.5	≤1		50～1000			
	2CZ55B～M	20	1	≤1		50			
	2CZ56B～B	65	3	≤0.8		50			
	1N4001～4007	30	1	1.1		50	5		
	1N5391～5399	50	1.5	1.4		50～1000	10		
	1N5400～5408	200	3	1.2		50～1000	10		

附表 5　几种单相桥式整流器的参数

参数 型号	不重复正向浪涌电流/A	整流电流/A	正向电压降/V	反向漏电/μA	反向工作电压/V	最高工作结温/°C
QL1	1	0.05	≤1.2	≤10	常见的分档为 25，50，100，200，400，500，600，700，800，900，1000	130
QL2	2	0.1				
QL4	6	0.3				
QL5	10	0.5				
QL6	20	1				
QL7	40	2		≤15		
QL8	60	3				

附表 6　部分稳压二极管的主要参数

测试条件 参数 / 型号	工作电流为稳定电流	稳定电压下	环境温度<50°C		稳定电流下	稳定电流下	环境温度<10°C
	稳定电压/V	稳定电流/mA	最大稳定电流/mA	反向漏电流	动态电阻/Ω	电压温度系数(10^{-4})/°C	最大耗散功率/W
2CW51	2.5～3.5		71	≤5	≤60	≥-9	
2CW52	3.2～4.5		55	≤2	≤70	≥-8	
2CW53	4～5.8	10	41	≤1	≤50	-6～4	
2CW54	5.5～6.5		38		≤30	-3～5	0.25
2CW56	7～8.8		27		≤15	≤7	
2CW57	8.5～9.8		26	≤0.5	≤20	≤8	
2CW59	10～11.8		20		≤30	≤9	
2CW60	11.5～12.5	5	19		≤40	≤9	
2CW103	4～5.8	50	165	≤1	≤20	-6～4	
2CW110	11.5～12.5	20	76	≤0.5	≤20	≤9	1
2CW113	16～19	10	52	≤0.5	≤40	≤11	
2CW1A	5	30	240		≤20		1
2CW6C	15	30	70		≤8		1
2CW7C	6.0～6.5	10	30		≤10	0.05	0.2

附表 7　3AX51(3AX31)型半导体三极管的参数

	原型号	3AX31				测试条件
	新型号	3AX51A	3AX51B	3AX51C	3AX51D	
极限参数	P_{CM}/mW	100	100	100	100	T_a=25℃
	I_{CM}/mA	100	100	100	100	
	T_{jM}/℃	75	75	75	75	
	BV_{CBO}/V	≥30	≥30	≥30	≥30	I_C=1mA
	BV_{CEO}/V	≥12	≥12	≥18	≥24	I_C=1mA
直流参数	I_{CBO}/μA	≤12	≤12	≤12	≤12	V_{CB}=-10V
	I_{CEO}/μA	≤500	≤500	≤300	≤300	V_{CE}=-6V
	I_{EBO}/μA	≤12	≤12	≤12	≤12	V_{EB}=-6V
	h_{FE}	40～150	40～150	30～100	25～70	V_{CE}=-1V　I_C=50mA
交流参数	f_α/kHz	≥500	≥500	≥500	≥500	V_{CB}=-6V　I_E=1mA
	N_F/dB	—	≤8	—	—	V_{CB}=-2V　I_E=0.5mA　f=1kHz
	h_{ie}/kΩ	0.6～4.5	0.6～4.5	0.6～4.5	0.6～4.5	
	h_{re}(×10)	≤2.2	≤2.2	≤2.2	≤2.2	V_{CB}=-6V　I_E=1mA　f=1kHz
	h_{oe}/μs	≤80	≤80	≤80	≤80	
	h_{fe}	—	—	—	—	
h_{FE}色标分档		红 25～60；绿 50～100；蓝 90～150				
管　脚		B　E　C				

附表 8　33AX81 型 PNP 型锗低频小功率三极管的参数

型　　号		3AX81A	3AX81B	测试条件
极限参数	P_{CM}/mW	200	200	
	I_{CM}/mA	200	200	
	T_{jM}/℃	75	75	
	BV_{CBO}/V	−20	−30	I_C=4mA
	BV_{CEO}/V	−10	−15	I_C=4mA
	BV_{EBO}/V	−7	−10	I_E=4mA
直流参数	I_{CBO}/μA	≤30	≤15	V_{CB}=−6V
	I_{CEO}/μA	≤1000	≤700	V_{CE}=−6V
	I_{EBO}/μA	≤30	≤15	V_{EB}=−6V
	V_{BES}/V	≤0.6	≤0.6	V_{CE}=−1V　I_C=175mA
	V_{CES}/V	≤0.65	≤0.65	V_{CE}=V_{BE}　V_{CB}=0　I_C=200mA
	h_{FE}	40～270	40～270	V_{CE}=−1V　I_C=175mA
交流参数	$f_β$kHz	≥6	≥8	V_{CB}=−6V　I_E=10mA
h_{FE} 色标分档		黄 40～55；绿 55～80；蓝 80～120；紫 120～180；灰 180～270；白 270～400		
管　脚		B E C		

附表 9　3BX31 型 NPN 型锗低频小功率三极管的参数

型　号		3BX31M	3BX31A	3BX31B	3BX31C	测试条件
极限参数	P_{CM}/mW	125	125	125	125	T_a=25℃
	I_{CM}/mA	125	125	125	125	
	T_{jM}/℃	75	75	75	75	
	BV_{CBO}/V	−15	−20	−30	−40	I_C=1mA
	BV_{CEO}/V	−6	−12	−18	−24	I_C=2mA
	BV_{EBO}/V	−6	−10	−10	−10	I_E=1mA
直流参数	I_{CBO}/μA	≤25	≤20	≤12	≤6	V_{CB}=6V
	I_{CEO}/μA	≤1000	≤800	≤600	≤400	V_{CE}=6V
	I_{EBO}/μA	≤25	≤20	≤12	≤6	V_{EB}=6V
	V_{BES}/V	≤0.6	≤0.6	≤0.6	≤0.6	V_{CE}=6V　I_C=100mA
	V_{CES}/V	≤0.65	≤0.65	≤0.65	≤0.65	V_{CE}=V_{BE}　V_{CB}=0　I_C=125mA
	h_{FE}	80～400	40～180	40～180	40～180	V_{CE}=1V　I_C=100mA
交 流 参 数	$f_β$(kHz)	—	—	≥8	$f_α$≥465	V_{CB}=−6V　I_E=10mA
h_{FE} 色标分档		黄 40～55；绿 55～80；蓝 80～120；紫 120～180；灰 180～270；白 270～400				
管　脚		B E C				

附表 10　3DG100(3DG6)型 NPN 型硅高频小功率三极管的参数

原　型　号		3DG6				测试条件
新　型　号		3DG100A	3DG100B	3DG100C	3DG100D	
极限参数	P_{CM}/mW	100	100	100	100	
	I_{CM}/mA	20	20	20	20	
	BV_{CBO}/V	≥30	≥40	≥30	≥40	I_C=100μA
	BV_{CEO}/V	≥20	≥30	≥20	≥30	I_C=100μA
	BV_{EBO}/V	≥4	≥4	≥4	≥4	I_E=100μA
直流参数	I_{CBO}/μA	≤0.01	≤0.01	≤0.01	≤0.01	V_{CB}=10V
	I_{CEO}/μA	≤0.1	≤0.1	≤0.1	≤0.1	V_{CE}=10V
	I_{EBO}/μA	≤0.01	≤0.01	≤0.01	≤0.01	V_{EB}=1.5V
	V_{BES}/V	≤1	≤1	≤1	≤1	I_C=10mA　I_B=1mA
	V_{CES}/V	≤1	≤1	≤1	≤1	I_C=10mA　I_B=1mA
	h_{FE}	≥30	≥30	≥30	≥30	V_{CE}=10V　I_C=3mA
交流参数	f_T/MHz	≥150	≥150	≥300	≥300	V_{CB}=10V　I_E=3mA　f=100MHz　R_L=5Ω
	K_P/dB	≥7	≥7	≥7	≥7	V_{CB}=−6V　I_E=3mA　f=100MHz
	C_{ob}/pF	≤4	≤4	≤4	≤4	V_{CB}=10V　I_E=0
h_{FE}色标分档		红 30～60；绿 50～110；蓝 90～160；白>150				
管　脚		B E C				

附表 11　3DG130(3DG12) 型 NPN 型硅高频小功率三极管的参数

原　型　号		3DG12				测试条件
新　型　号		3DG130A	3DG130B	3DG130C	3DG130D	
极限参数	P_{CM}/mW	700	700	700	700	
	I_{CM}/mA	300	300	300	300	
	BV_{CBO}/V	≥40	≥60	≥40	≥60	I_C=100μA
	BV_{CEO}/V	≥30	≥45	≥30	≥45	I_C=100μA
	BV_{EBO}/V	≥4	≥4	≥4	≥4	I_E=100μA
直流参数	I_{CBO}/μA	≤0.5	≤0.5	≤0.5	≤0.5	V_{CB}=10V
	I_{CEO}/μA	≤1	≤1	≤1	≤1	V_{CE}=10V
	I_{EBO}/μA	≤0.5	≤0.5	≤0.5	≤0.5	V_{EB}=1.5V
	V_{BES}/V	≤1	≤1	≤1	≤1	I_C=100mA　I_B=10mA
	V_{CES}/V	≤0.6	≤0.6	≤0.6	≤0.6	I_C=100mA　I_B=10mA
	h_{FE}	≥30	≥30	≥30	≥30	V_{CE}=10V　I_C=50mA
交流参数	f_T/MHz	≥150	≥150	≥300	≥300	V_{CB}=10V　I_E=50mA　f=100MHz　R_L=5Ω
	K_P/dB	≥6	≥6	≥6	≥6	V_{CB}=−10V　I_E=50mA　f=100MHz
	C_{ob}/pF	≤10	≤10	≤10	≤10	V_{CB}=10V　I_E=0
h_{FE}色标分档		红 30～60；绿 50～110；蓝 90～160；白>150				
管　脚		B E C				

附表 12　9011～9018 塑封硅三极管的参数

型　号		(3DG) 9011	(3CX) 9012	(3DX) 9013	(3DG) 9014	(3CG) 9015	(3DG) 9016	(3DG) 9018
极限参数	P_{CM}/mW	200	300	300	300	300	200	200
	I_{CM}/mA	20	300	300	100	100	25	20
	BV_{CBO}/V	20	20	20	25	25	25	30
	BV_{CEO}/V	18	18	18	20	20	20	20
	BV_{EBO}/V	5	5	5	4	4	4	4
直流参数	I_{CBO}/μA	0.01	0.5	0,5	0.05	0.05	0.05	0.05
	I_{CEO}/μA	0.1	1	1	0.5	0.5	0.5	0.5
	I_{EBO}/μA	0.01	0.5	0,5	0.05	0.05	0.05	0.05
	V_{CES}/V	0.5	0.5	0.5	0.5	0.5	0.5	0.35
	V_{BES}/V		1	1	1	1	1	1
	h_{FE}	30	30	30	30	30	30	30
交流参数	f_T/MHz	100			80	80	500	600
	C_{ob}/pF	3.5			2.5	4	1.6	4
	K_P/dB							10
h_{FE} 色标分档		红 30～60；绿 50～110；蓝 90～160；白>150						
管　脚		EBC						

附表 13　常用场效应三极管主要参数

参数名称	N 沟道结型				MOS 型 N 沟道耗尽型		
	3DJ2	3DJ4	3DJ6	3DJ7	3D01	3D02	3D04
	D～H	D～H	D～H	D～H	D～H	D～H	D～H
饱和漏源电流 I_{DSS}/mA	0.3～10	0.3～10	0.3～10	0.35～1.8	0.35～10	0.35～25	0.35～10.5
夹断电压 V_{GS}/V	<|1～9|	<|1～9|	<|1～9|	<|1～9|	≤|1～9|	≤|1～9|	≤|1～9|
正向跨导 g_m/μV	>2000	>2000	>1000	>3000	≥1000	≥4000	≥2000
最大漏源电压 BV_{DS}/V	>20	>20	>20	>20	>20	>12～20	>20
最大耗散功率 P_{DNI}/mW	100	100	100	100	100	25～100	100
栅源绝缘电阻 r_{GS}/Ω	$\geqslant 10^8$	$\geqslant 10^8$	$\geqslant 10^8$	$\geqslant 10^8$	$\geqslant 10^8$	$\geqslant 10^8 \sim 10^9$	≥100
管脚	S D 或 S G						

3. 模拟集成电路命名法及主要技术参数

附表 14　模拟集成电路命名方法

第零部分		第一部分		第二部分	第三部分		第四部分	
用字母表示器件符合国家标准		用字母表示器件的类型		用阿拉伯数字表示器件的系列和品种代号	用字母表示器件的工作温度范围		用字母表示器件的封装	
符号	意义	符号	意义		符号	意义	符号	意义
C	中国制造	T	TTL		C	0～70℃	W	陶瓷扁平
		H	HTL		E	-40～85℃	B	塑料扁平
		E	ECL		R	-55～85℃	F	全封闭扁平
		C	CMOS		M	-55～125℃	D	陶瓷直插
		F	线性放大器		…	……	P	塑料直插
		D	音响、电视电路		…		J	黑陶瓷直插
		W	稳压器				K	金属菱形
		J	接口电路				T	金属圆形

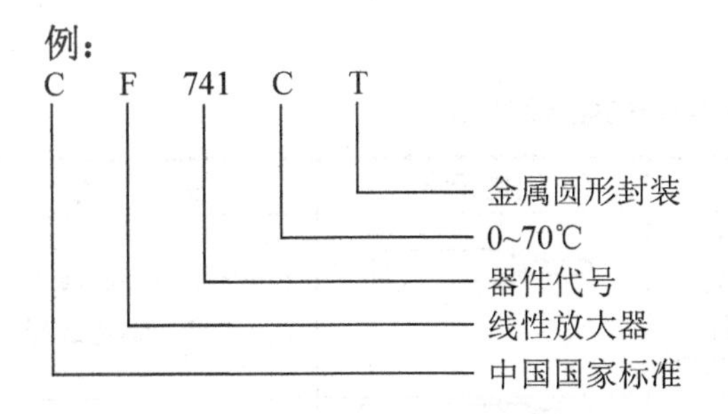

附表 15　国外部分公司及产品代号

公司名称	代　号	公司名称	代　号
美国无线电公司(BCA)	CA	美国悉克尼特公司(SIC)	NE
美国国家半导体公司(NSC)	LM	日本电气工业公司(NEC)	μPC
美国莫托洛拉公司(MOTA)	MC	日本日立公司(HIT)	RA
美国仙童公司(PSC)	μA	日本东芝公司(TOS)	TA
美国德克萨斯公司(TII)	TL	日本三洋公司(SANYO)	LA，LB
美国模拟器件公司(ANA)	AD	日本松下公司	AN
美国英特西尔公司(INL)	IC	日本三菱公司	M

附表 16　μA741 集成电路主要性能参数

电源电压 $+U_{CC}-U_{EE}$	+3V～+18V，典型值+15V -3V～-18V，-15V	工作频率	10kHz
输入失调电压 U_{IO}	2mV	单位增益带宽积 $A_u \cdot BW$	1MHz
输入失调电流 I_{IO}	20nA	转换速率 S_R	0.5V/μS
开环电压增益 A_{uo}	106dB	共模抑制比 *CMRR*	90dB
输入电阻 R_i	2MΩ	功率消耗	50mW
输出电阻 R_o	75Ω	输入电压范围	±13V

附表 17　LA4100～LA4102 集成电路主要性能参数

参数名称/单位	条　件	典　型　值	
		LA4100	LA4102
耗散电流/mA	静　态	30.0	26.1
电压增益/dB	R_{NF}=220Ω，f=1kHz	45.4	44.4
输出功率/W	THD=10%，f=1kHz	1.9	4.0
总谐波失真×100	P_0=0.5W，f=1kHz	0.28	0.19
输出噪声电压/mV	R_g=0，U_G=45dB	0.24	0.21

附表 18　CW78××，CW79××，CW317 集成电路主要性能参数

参数名称/单位	CW7805	CW7812	CW7912	CW317
输入电压/V	+10	+19	−19	≤40
输出电压范围/V	+4.75～+5.25	+11.4～+12.6	−11.4～−12.6	+1.2～+37
最小输入电压/V	+7	+14	−14	+3≤V_i−V_o≤+40
电压调整率/mV	+3	+3	+3	0.02%/V
最大输出电流/A	加散热片可达 1A			1.5

4. 绝缘电线电缆的型号和用途

附表 19　绝缘电线电缆的型号和用途

型号	名称	用　途	结构示意	备　注
AV	聚氯乙烯绝缘安装线	用于 250V 以下交流或 500V 以下直流电压，如小电流的仪器和电信设备。使用温度为−60℃到+70℃	1　2	1—镀锡铜线心线 2—聚氯乙烯绝缘层
RVB	聚氯乙烯绝缘平行连接软线	用于交流额定电压 250V 以下的移动式日用电器	1　2	1—铜心线 2—聚氯乙烯绝缘层
RVS	聚氯乙烯绝缘双绞连接软线	用于交流额定电压 500V 以下的移动式电器连接	1　2	3—铜心线 4—聚氯乙烯绝缘层
ASER	纤维绝缘安装软线	用于电子仪器和弱电设备的固定安装	1　2　3	1—镀锡铜心线 2，3—天然丝包线 4—尼龙丝编织线
SBVD	带型电视引线	电视接收天线引线，使用温度−40℃～+60℃	1　2	1—铜心线 2—聚氯乙烯绝缘层
YHR	橡皮软电缆	用于移动电器设备连接，使用温度−50℃～+50℃	1　2　3	1—铜心线 2—橡皮绝缘 3—橡皮护套 4—玻璃丝编织(或乳胶玻璃布带绕包) 5—镀锡铜线编织
AVV	聚氯乙烯安装电缆	用于野外电路和仪表固定安装	1　2　3　4	1—镀锡铜心线 2—聚氯乙烯绝缘 3—聚氯乙烯薄膜绕包 4—聚氯乙烯护套 5—镀锡铜编织线

参 考 文 献

[1] 吉雷. Protel 99 从入门到精通[M]. 西安：西安电子科技大学出版社，2000.
[2] 华成英，童诗白. 模拟电子技术基础[M]. 北京：高等教育出版社，2006.
[3] 余红娟，杨承毅. 电子技术基本技能[M]. 北京：人民邮电出版社，2009.
[4] 张怀武. 现代印制电路原理与工艺[M]. 北京：机械工业出版社，2006.
[5] 杨承毅，刘起义. 电工电子仪表的使用[M]. 北京：人民邮电出版社，2009.
[6] 王成安. 电子技术基本技能综合训练[M]. 北京：人民邮电出版社，2005.
[7] 龙立钦. 电子产品结构工艺[M]. 北京：电子工业出版社，2005.
[8] 朱国兴. 电子技能与训练[M]. 北京：高等教育出版社，2000.
[9] http://www.bzjsw.com/
[10] http://www.wwwstandard.cn/
[11] http://zxkj201111.51sole.com
[12] http://www.bzko.com/

北京大学出版社高职高专机电系列规划教材

序号	书号	书名	编著者	定价	出版日期
1	978-7-301-12181-8	自动控制原理与应用	梁南丁	23.00	2012.1 第3次印刷
2	978-7-5038-4869-8	设备状态监测与故障诊断技术	林英志	22.00	2013.2 第4次印刷
3	978-7-301-13262-3	实用数控编程与操作	钱东东	32.00	2011.8 第3次印刷
4	978-7-301-13383-5	机械专业英语图解教程	朱派龙	22.00	2013.1 第5次印刷
5	978-7-301-13582-2	液压与气压传动技术	袁　广	24.00	2011.3 第3次印刷
6	978-7-301-13662-1	机械制造技术	宁广庆	42.00	2010.11 第2次印刷
7	978-7-301-13574-7	机械制造基础	徐从清	32.00	2012.7 第3次印刷
8	978-7-301-13653-9	工程力学	武昭晖	25.00	2011.2 第3次印刷
9	978-7-301-13652-2	金工实训	柴增田	22.00	2013.1 第4次印刷
10	978-7-301-14470-1	数控编程与操作	刘瑞已	29.00	2011.2 第2次印刷
11	978-7-301-13651-5	金属工艺学	柴增田	27.00	2011.6 第2次印刷
12	978-7-301-12389-8	电机与拖动	梁南丁	32.00	2011.12 第2次印刷
13	978-7-301-13659-1	CAD/CAM 实体造型教程与实训(Pro/ENGINEER 版)	诸小丽	38.00	2012.1 第3次印刷
14	978-7-301-13656-0	机械设计基础	时忠明	25.00	2012.7 第3次印刷
15	978-7-301-17122-6	AutoCAD 机械绘图项目教程	张海鹏	36.00	2011.10 第2次印刷
16	978-7-301-17148-6	普通机床零件加工	杨雪青	26.00	2010.6
17	978-7-301-17398-5	数控加工技术项目教程	李东君	48.00	2010.8
18	978-7-301-17573-6	AutoCAD 机械绘图基础教程	王长忠	32.00	2010.8
19	978-7-301-17557-6	CAD/CAM 数控编程项目教程(UG 版)	慕　灿	45.00	2012.4 第2次印刷
20	978-7-301-17609-2	液压传动	龚肖新	22.00	2010.8
21	978-7-301-17679-5	机械零件数控加工	李　文	38.00	2010.8
22	978-7-301-17608-5	机械加工工艺编制	于爱武	45.00	2012.2 第2次印刷
23	978-7-301-17707-5	零件加工信息分析	谢　蕾	46.00	2010.8
24	978-7-301-18357-1	机械制图	徐连孝	27.00	2012.9 第2次印刷
25	978-7-301-18143-0	机械制图习题集	徐连孝	20.00	2011.1
26	978-7-301-18470-7	传感器检测技术及应用	王晓敏	35.00	2012.7 第2次印刷
27	978-7-301-18471-4	冲压工艺与模具设计	张　芳	39.00	2011.3
28	978-7-301-18852-1	机电专业英语	戴正阳	28.00	2011.5
29	978-7-301-19272-6	电气控制与 PLC 程序设计(松下系列)	姜秀玲	36.00	2011.8
30	978-7-301-19297-9	机械制造工艺及夹具设计	徐　勇	28.00	2011.8
31	978-7-301-19319-8	电力系统自动装置	王　伟	24.00	2011.8
32	978-7-301-19374-7	公差配合与技术测量	庄佃霞	26.00	2011.8
33	978-7-301-19436-2	公差与测量技术	余　键	25.00	2011.9
34	978-7-301-19010-4	AutoCAD 机械绘图基础教程与实训(第2版)	欧阳全会	36.00	2013.1 第2次印刷
35	978-7-301-19638-0	电气控制与 PLC 应用技术	郭　燕	24.00	2012.1
36	978-7-301-19933-6	冷冲压工艺与模具设计	刘洪贤	32.00	2012.1
37	978-7-301-20002-5	数控机床故障诊断与维修	陈学军	38.00	2012.1
38	978-7-301-20312-5	数控编程与加工项目教程	周晓宏	42.00	2012.3
39	978-7-301-20414-6	Pro/ENGINEER Wildfire 产品设计项目教程	罗　武	31.00	2012.5
40	978-7-301-15692-6	机械制图	吴百中	26.00	2012.7 第2次印刷
41	978-7-301-20945-5	数控铣削技术	陈晓罗	42.00	2012.7
42	978-7-301-21053-6	数控车削技术	王军红	28.00	2012.8
43	978-7-301-21119-9	数控机床及其维护	黄应勇	38.00	2012.8
44	978-7-301-20752-9	液压传动与气动技术(第2版)	曹建东	40.00	2012.8
45	978-7-301-18630-5	电机与电力拖动	孙英伟	33.00	2011.3
46	978-7-301-16448-8	Pro/ENGINEER Wildfire 设计实训教程	吴志清	38.00	2012.8
47	978-7-301-21239-4	自动生产线安装与调试实训教程	周　洋	30.00	2012.9
48	978-7-301-21269-1	电机控制与实践	徐　锋	34.00	2012.9
49	978-7-301-16770-0	电机拖动与应用实训教程	任娟平	36.00	2012.11
50	978-7-301-20654-6	自动生产线调试与维护	吴有明	28.00	2013.1
51	978-7-301-21988-1	普通机床的检修与维护	宋亚林	33.00	2013.1
52	978-7-301-21873-0	CAD/CAM 数控编程项目教程(CAXA 版)	刘玉春	42.00	2013.3
53	978-7-301-22315-4	低压电气控制安装与调试实训教程	张　郭	24.00	2013.4
54	978-7-301-19848-3	机械制造综合设计及实训	裘俊彦	37.00	2013.4

北京大学出版社高职高专电子信息系列规划教材

序号	书号	书名	编著者	定价	出版日期
1	978-7-301-12180-1	单片机开发应用技术	李国兴	21.00	2010.9 第 2 次印刷
2	978-7-301-12386-7	高频电子线路	李福勤	20.00	2013.2 第 3 次印刷
3	978-7-301-12384-3	电路分析基础	徐 锋	22.00	2010.3 第 2 次印刷
4	978-7-301-13572-3	模拟电子技术及应用	刁修睦	28.00	2012.8 第 3 次印刷
5	978-7-301-12390-4	电力电子技术	梁南丁	29.00	2010.7 第 2 次印刷
6	978-7-301-12383-6	电气控制与 PLC(西门子系列)	李 伟	26.00	2012.3 第 2 次印刷
7	978-7-301-12387-4	电子线路 CAD	殷庆纵	28.00	2012.7 第 4 次印刷
8	978-7-301-12382-9	电气控制及 PLC 应用(三菱系列)	华满香	24.00	2012.5 第 2 次印刷
9	978-7-301-16898-1	单片机设计应用与仿真	陆旭明	26.00	2012.4 第 2 次印刷
10	978-7-301-16830-1	维修电工技能与实训	陈学平	37.00	2010.7
11	978-7-301-17324-4	电机控制与应用	魏润仙	34.00	2010.8
12	978-7-301-17569-9	电工电子技术项目教程	杨德明	32.00	2012.4 第 2 次印刷
13	978-7-301-17696-2	模拟电子技术	蒋 然	35.00	2010.8
14	978-7-301-17712-9	电子技术应用项目式教程	王志伟	32.00	2012.7 第 2 次印刷
15	978-7-301-17730-3	电力电子技术	崔 红	23.00	2010.9
16	978-7-301-17877-5	电子信息专业英语	高金玉	26.00	2011.11 第 2 次印刷
17	978-7-301-17958-1	单片机开发入门及应用实例	熊华波	30.00	2011.1
18	978-7-301-18188-1	可编程控制器应用技术项目教程(西门子)	崔维群	38.00	2013.6 第 2 次印刷
19	978-7-301-18322-9	电子 EDA 技术(Multisim)	刘训非	30.00	2012.7 第 2 次印刷
20	978-7-301-18144-7	数字电子技术项目教程	冯泽虎	28.00	2011.1
21	978-7-301-18519-3	电工技术应用	孙建领	26.00	2011.3
22	978-7-301-18770-8	电机应用技术	郭宝宁	33.00	2011.5
23	978-7-301-18520-9	电子线路分析与应用	梁玉国	34.00	2011.7
24	978-7-301-18622-0	PLC 与变频器控制系统设计与调试	姜永华	34.00	2011.6
25	978-7-301-19310-5	PCB 板的设计与制作	夏淑丽	33.00	2011.8
26	978-7-301-19326-6	综合电子设计与实践	钱卫钧	25.00	2011.8
27	978-7-301-19302-0	基于汇编语言的单片机仿真教程与实训	张秀国	32.00	2011.8
28	978-7-301-19153-8	数字电子技术与应用	宋雪臣	33.00	2011.9
29	978-7-301-19525-3	电工电子技术	倪 涛	38.00	2011.9
30	978-7-301-19953-4	电子技术项目教程	徐超明	38.00	2012.1
31	978-7-301-20000-1	单片机应用技术教程	罗国荣	40.00	2012.2
32	978-7-301-20009-4	数字逻辑与微机原理	宋振辉	49.00	2012.1
33	978-7-301-20706-2	高频电子技术	朱小祥	32.00	2012.6
34	978-7-301-21055-0	单片机应用项目化教程	顾亚文	32.00	2012.8
35	978-7-301-17489-0	单片机原理及应用	陈高锋	32.00	2012.9
36	978-7-301-21147-2	Protel 99 SE 印制电路板设计案例教程	王 静	35.00	2012.8
37	978-7-301-19639-7	电路分析基础(第 2 版)	张丽萍	25.00	2012.9
38	978-7-301-22362-8	电子产品组装与调试实训教程	何 杰	28.00	2013.6